新世纪高职高专规划教材·计算机系列

AutoCAD机械制图

实训教程(2011版)

陈国治　张嘉钰　编著

清华大学出版社

北　京

内 容 简 介

本书由浅入深、循序渐进地介绍了由美国 Autodesk 公司最新推出的计算机绘图软件——中文版 AutoCAD 2011 的操作方法和使用技巧。全书共分 11 章，分别介绍了 AutoCAD 2011 的基本操作与基本概念、绘制基本二维图形、编辑图形、图层、精确绘图与图形显示控制、标注文字、创建表格、块与属性、图案填充、尺寸标注、设计中心、打印图形、三维绘图基本操作、三维编辑以及创建机械零件的实体模型等内容。每一章的最后还安排了综合性上机练习以及习题，用于提高和拓宽读者对 AutoCAD 2011 操作的掌握与应用。

本书内容丰富，结构清晰，语言简练，图文并茂，具有很强的实用性和可操作性，是一本适合于高职高专院校、成人高等学校以及相关专业的优秀教材，也是广大初、中级辅助设计人员的自学参考书。

本书对应的电子教案、实例源文件和习题答案可以到 http://www.tupwk.com.cn/teach 网站下载。

图书在版编目(CIP)数据

AutoCAD 机械制图实训教程(2011 版)/陈国治，张嘉钰 编著. —北京：清华大学出版社，2011.1
(新世纪高职高专规划教材·计算机系列)
ISBN 978-7-302-24376-2

Ⅰ. ①A…　Ⅱ. ①陈…②张…　Ⅲ. ①机械制图：计算机制图—应用软件，AutoCAD 2011—高等学校：技术学校—教材　Ⅳ. ①TH126

中国版本图书馆 CIP 数据核字(2010)第 245164 号

责任编辑：胡辰浩(huchenhao@263.net)　袁建华
装帧设计：孔祥丰
责任校对：成凤进
责任印制：王秀菊

出版发行：清华大学出版社　　　　　　　　地　　址：北京清华大学学研大厦 A 座
　　　　　http://www.tup.com.cn　　　　邮　　编：100084
　　　　　社　总　机：010-62770175　　邮　　购：010-62786544
　　　　　投稿与读者服务：010-62776969，c-service@tup.tsinghua.edu.cn
　　　　　质　量　反　馈：010-62772015，zhiliang@tup.tsinghua.edu.cn
印　刷　者：北京富博印刷有限公司
装　订　者：北京市密云县京文制本装订厂
经　　销：全国新华书店
开　　本：185×260　印　张：18.5　字　数：497 千字
版　　次：2011 年 1 月第 1 版　　印　　次：2011 年 1 月第 1 次印刷
印　　数：1～4000
定　　价：30.00 元

产品编号：039683-01

编审委员会

新世纪高职高专规划教材

丛书序

高职高专教育是我国高等教育的重要组成部分，它的根本任务是培养生产、建设、管理和服务第一线需要的德、智、体、美全面发展的高等技术应用型专门人才，所培养的学生在掌握必要的基础理论和专业知识的基础上，应重点掌握从事本专业领域实际工作的基本知识和职业技能，因此与其对应的教材也必须有自己的体系和特色。

为了顺应当前我国高职高专教育的发展形势，配合高职高专院校的教学改革和教材建设，进一步提高我国高职高专教育教材质量，在教育部的指导下，清华大学出版社组织出版了"新世纪高职高专规划教材"。

为推动规划教材的建设，清华大学出版社组织并成立"新世纪高职高专规划教材编审委员会"，旨在对清华版的全国性高职高专教材及教材选题进行评审，并向清华大学出版社推荐各院校办学特色鲜明、内容质量优秀的教材选题。教材选题由个人或各院校推荐，经编审委员会认真评审，最后由清华大学出版社出版。编审委员会的成员皆来源于教改成效大、办学特色鲜明、师资实力强的高职高专院校和普通高校，教材的编写者和审定者都是从事高职高专教育第一线的骨干教师和专家。

编审委员会根据教育部最新文件政策，规划教材体系，"以就业为导向"，以"专业技能体系"为主，突出人才培养的实践性、应用性的原则，重新组织系列课程的教材结构，整合课程体系；按照教育部制定的"高职高专教育基础课程教学基本要求"，教材的基础理论以"必要、够用"为度，突出基础理论的应用和实践技能的培养。

"新世纪高职高专规划教材"具有以下特点。

(1) 前期调研充分，适合实际教学。本套教材在内容体系、系统结构、案例设计、编写方法等方面进行了深入细致的调研，目的是在教材编写前充分了解实际教学需求。

(2) 精选作者，保证质量。本套教材的作者，既有来自院校一线的授课老师，也有来自IT企业、科研机构等单位的资深技术人员。通过老师丰富的实际教学经验和技术人员丰富的实践工程经验相融合，为广大师生编写适合教学实际需求的高质量教材。

(3) 突出能力培养，适应人才市场要求。本套教材注重理论技术和实际应用的结合，注重实际操作和实践动手能力的培养，为学生快速适应企业实际需求做好准备。

(4) 教材配套服务完善。对于每一本教材，我们在出版的同时，都将提供完备的PPT教学课件、案例的源程序、相关素材文件、习题答案等内容，并且提供实时的网络交流平台。

高职高专教育正处于新一轮改革时期，从专业设置、课程体系建设到教材编写，依然是新课题。清华大学出版社将一如既往地出版高质量的优秀教材，并提供完善的教材服务体系，为我国的高职高专教育事业作出贡献。

新世纪高职高专规划教材编审委员会

丛书书目

本套教材涵盖了计算机各个应用领域，包括计算机硬件知识、操作系统、数据库、编程语言、文字录入和排版、办公软件、计算机网络、图形图像、三维动画、网页制作以及多媒体制作等。众多的图书品种可以满足各类院校相关课程设置的需要。

➤ 已经出版的图书书目

书　名	书　号	定　价
《中文版 Photoshop CS5 图像处理实训教程》	978-7-302-24377-9	30.00 元
《中文版 Flash CS5 动画制作实训教程》	978-7-302-24127-0	30.00 元
《SQL Server 2008 数据库应用实训教程》	978-7-302-24361-8	30.00 元
《AutoCAD 机械制图实训教程(2011 版) 》	978-7-302-24376-2	30.00 元
《AutoCAD 建筑制图实训教程(2010 版) 》	978-7-302-24128-7	30.00 元
《网络组建与管理实训教程》	978-7-302-24342-7	30.00 元
《ASP.NET 3.5 动态网站开发实训教程》	978-7-302-24188-1	30.00 元
《Java 程序设计实训教程》	978-7-302-24341-0	30.00 元
《计算机基础实训教程》	978-7-302-24074-7	30.00 元
《电脑组装与维护实训教程》	978-7-302-24343-4	30.00 元
《电脑办公实训教程》	978-7-302-24408-0	30.00 元
《Visual C#程序设计实训教程》	978-7-302-24424-0	30.00 元
《ASP 动态网站开发实训教程》	978-7-302-24375-5	30.00 元
《中文版 AutoCAD 2011 实训教程》	978-7-302-24348-9	30.00 元
《中文版 3ds Max 2011 三维动画创作实训教程》	978-7-302-24339-7	30.00 元
《中文版 CorelDRAW X5 平面设计实训教程》	978-7-302- 24340-3	30.00 元
《网页设计与制作实训教程》	978-7-302-24338-0	30.00 元

前言

新世纪高职高专规划教材

AutoCAD 是 Autodesk 公司开发的著名产品，该软件拥有强大的二维、三维绘图功能，灵活的编辑修改功能，规范的文件管理功能，人性化的界面设计等。该软件已经广泛地应用于建筑规划、方案设计、施工图设计、施工管理等各类工程制图领域。AutoCAD 已经成为土木建筑工程领域必不可少的工具之一。

本书从教学实际需求出发，合理安排知识结构，从零开始、由浅入深、循序渐进地讲解了 AutoCAD 2010 在建筑制图中的应用技术，本书共分为 10 章，主要内容如下：

第 1 章介绍了 AutoCAD 2010 中文版的操作界面、基本文件操作方法、绘图环境设置、图层的使用、对象特性设置、目标对象的选择、视图操作和图形输出等内容。

第 2 章介绍了基本的二维绘图命令、二维图形编辑命令、图案填充技术以及块的使用，并通过轴线编号和餐桌椅的绘制介绍了二维绘图技术在实际绘图中的使用方法。

第 3 章介绍了文字样式的创建和编辑、文字的创建和编辑、表格的创建和编辑以及尺寸标注的创建和编辑等内容，重点介绍了文字和标注技术在样板图和建筑制图说明中的应用。

第 4 章介绍了建筑总平面图的绘制内容和步骤，并通过一个小区总平面图的绘制向读者介绍建筑总平面图的绘制思路和方法。

第 5、6、7、8 章分别介绍了建筑平面图、立面图、剖面图和详图的绘制内容以及一般步骤，通过常见的别墅平、立、剖以及详图的绘制向读者演示了一般建筑图纸的绘制思路和方法。

第 9 章介绍了建筑制图中常见的三维绘图技术，包括三维坐标系的使用、视图视口操作、基本三维面和三维体的绘制、三维实体编辑技术以及三维实体渲染技术等内容。

第 10 章介绍了建筑图纸中三维单体家具，三维单体房间以及小区三维效果图的绘制方法，向读者演示了建筑三维图纸的绘制思路和技术。

附录部分为读者整理了 AutoCAD 2010 版本常见的快捷命令，希望对读者提高绘图速度有所帮助。

本书图文并茂，条理清晰，通俗易懂，内容丰富，在讲解每个知识点时都配有相应的实例，方便读者上机实践。同时在难于理解和掌握的部分内容上给出相关提示，使读者能够快速地提高操作技能。此外，本书配有大量综合实例和练习，让读者在不断地实际操作中更加牢固地掌握书中讲解的内容。

本书免费提供书中所有实例的素材文件、源文件以及电子教案、习题答案等教学相关内容，读者可以在丛书支持网站(http://www.tupwk.com.cn/teach)上免费下载。

本书是集体智慧的结晶，参加本书编写和制作的人员还有王忠云、徐岩、张鹏飞、张晓龙、刘霞、刘桂辉、王春艳、王明、严志慧、邱红、贺川、梁媛、高金权、周建利、王亚洲、程涛等人。由于作者水平有限，本书不足之处在所难免，欢迎广大读者批评指正。我们的邮箱是：huchenhao@263.net，电话：010-62796045。

作者

2010 年 11 月

章　名	重 点 掌 握 内 容	教 学 课 时
第1章　基本操作、基本概念	1. 安装、启动 AutoCAD 2011 2. AutoCAD 2011 经典工作界面介绍 3. 如何执行 AutoCAD 的命令 4. AutoCAD 图形文件管理 5. 如何确定点的位置 6. 基本绘图设置 7. AutoCAD 的帮助功能	3 学时
第2章　绘制基本二维图形	1. 绘制直线 2. 绘制曲线 3. 绘制点及设置点样式 4. 绘制多段线 5. 绘制矩形和正多边形	4 学时
第3章　编辑图形	1. 删除对象 2. 选择对象的方法 3. 编辑命令的使用 4. 利用特性选项板编辑图形 5. 利用夹点功能编辑图形	5 学时
第4章　线型、线宽、颜色及图层的概念与使用	1. 线型、线宽与颜色的基本概念 2. 图层及其使用	3 学时
第5章　精确绘图、图形显示控制	1. 捕捉模式、栅格显示及正交功能 2. 对象捕捉 3. 自动追踪 4. 图形显示比例及显示位置控制	3 学时
第6章　文字与表格	1. 文字样式 2. 标注文字 3. 编辑文字 4. 表格样式 5. 创建表格 6. 编辑表格	3 学时
第7章　块、属性及图案填充	1. 块的定义与使用 2. 属性 3. 图案填充与编辑	3 学时

(续表)

章　名	重点掌握内容	教学课时
第 8 章　尺寸标注	1. 定义标注样式 2. 标注尺寸 3. 多重引线标注 4. 标注尺寸公差和形位公差 5. 编辑尺寸	5 学时
第 9 章　设计中心、打印图形及样板 文件	1. AutoCAD 设计中心 2. 图形打印设置及打印图形 3. 样板文件	3 学时
第 10 章　三维绘图基本操作	1. 三维建模界面 2. 视觉样式 3. 用户坐标系 4. 视点 5. 绘制简单三维对象 6. 创建曲面对象 7. 创建基本实体模型	4 学时
第 11 章　三维编辑、创建复杂实体	1. 三维编辑 2. 创建机械零件的实体模型	4 学时

注：1. 教学课时安排仅供参考，授课教师可根据情况作调整。

　　2. 每章安排一定学时的上机练习。

目录 CONTENTS

第1章　基本操作、基本概念 …………… 1

1.1　安装、启动 AutoCAD 2011 …… 1

　1.1.1　安装 AutoCAD 2011 ………… 1

　1.1.2　启动 AutoCAD 2011 ………… 2

1.2　AutoCAD 2011 经典
　　　工作界面介绍 …………………… 2

1.3　如何执行 AutoCAD 的命令 …… 7

1.4　AutoCAD 图形文件管理 ……… 8

　1.4.1　创建新图形文件 …………… 8

　1.4.2　打开已有图形 ……………… 9

　1.4.3　将图形保存到文件 ………… 9

1.5　如何确定点的位置 …………… 10

　1.5.1　确定点的位置的方法 ……… 10

　1.5.2　利用绝对坐标确定点
　　　　　的位置 …………………… 11

　1.5.3　利用相对坐标确定点
　　　　　的位置 …………………… 11

1.6　基本绘图设置 ………………… 11

　1.6.1　设置绘图单位 ……………… 11

　1.6.2　设置绘图范围 ……………… 13

　1.6.3　设置系统变量 ……………… 14

1.7　AutoCAD 的帮助功能 ……… 15

1.8　上机实战 ……………………… 15

1.9　习题 …………………………… 16

第2章　绘制基本二维图形 …………… 19

2.1　绘制直线 ……………………… 19

　2.1.1　绘制直线段 ………………… 19

　2.1.2　绘制射线 …………………… 20

　2.1.3　绘制构造线 ………………… 21

2.2　绘制曲线 ……………………… 23

　2.2.1　绘制圆 ……………………… 23

　2.2.2　绘制圆环 …………………… 24

　2.2.3　绘制圆弧 …………………… 24

　2.2.4　绘制椭圆和椭圆弧 ………… 28

2.3　绘制点及设置点样式 ………… 29

　2.3.1　绘制点 ……………………… 29

　2.3.2　设置点的样式 ……………… 30

2.4　绘制多段线 …………………… 30

2.5　绘制矩形和正多边形 ………… 33

　2.5.1　绘制矩形 …………………… 33

　2.5.2　绘制正多边形 ……………… 35

2.6　上机实战 ……………………… 36

2.7　习题 …………………………… 38

第3章　编辑图形 ……………………… 41

3.1　删除对象 ……………………… 41

3.2　选择对象的方式 ……………… 42

3.3　移动对象 ……………………… 45

3.4　复制对象 ……………………… 45

3.5　镜像对象 ……………………… 46

3.6　旋转对象 ……………………… 47

3.7　缩放对象 ……………………… 48

3.8　修剪对象 ……………………… 48

3.9　延伸对象 ……………………… 50

3.10　偏移对象 ……………………… 52

3.11　阵列对象 ……………………… 53

　3.11.1　矩形阵列 …………………… 54

　3.11.2　环形阵列 …………………… 55

3.12　拉伸对象 ……………………… 56

3.13　改变对象的长度 ……………… 57

3.14　打断对象 ……………………… 59

3.15　合并对象 ……………………… 60

3.16　创建倒角 ……………………… 61

3.17　创建圆角 ……………………… 63

3.18　编辑多段线 …………………… 64

3.19 利用特性选项板
　　　编辑图形 ················68
3.20 利用夹点功能编辑图形·······69
3.21 上机实战 ···············72
3.22 习题 ··················79

第 4 章 线型、线宽、颜色及图层
的概念与使用 ·········85
4.1 线型、线宽及颜色的
　　 基本概念 ···············83
　　4.1.1 线型与线宽 ·········83
　　4.1.2 颜色 ···············86
4.2 图层 ··················86
　　4.2.1 图层管理 ··········86
　　4.2.2 【图层】工具栏 ·····91
4.3 上机实战 ···············92
4.4 习题 ··················100

第 5 章 精确绘图、图形
显示控制 ·········103
5.1 捕捉模式、栅格显示
　　 及正交功能 ···········103
　　5.1.1 使用捕捉模式 ·······103
　　5.1.2 使用栅格显示功能 ·····104
　　5.1.3 使用正交功能 ·······106
5.2 对象捕捉 ··············106
5.3 对象自动捕捉 ···········111
5.4 自动追踪 ··············112
　　5.4.1 极轴追踪 ·········112
　　5.4.2 对象捕捉追踪 ·······113
5.5 图形显示控制 ···········116
　　5.5.1 改变图形的显示比例 ··116
　　5.5.2 平移视图 ·········119
5.6 上机实战 ··············119
5.7 习题 ·················127

第 6 章 文字与表格 ··········129
6.1 文字样式 ··············129
6.2 标注文字 ··············132

6.2.1 用 DTEXT 命令
　　　标注文字 ·········132
6.2.2 用文字编辑器
　　　标注文字 ·········136
6.3 编辑文字 ··············141
6.4 注释性文字 ············142
　　6.4.1 注释性文字样式 ·····142
　　6.4.2 标注注释性文字 ·····143
6.5 表格样式 ··············143
6.6 创建表格 ··············145
6.7 编辑表格 ··············147
　　6.7.1 编辑表格数据 ·······147
　　6.7.2 修改表格 ·········147
6.8 上机实战 ··············148
6.9 习题 ·················153

第 7 章 块、属性及图案填充 ·······155
7.1 块 ··················155
　　7.1.1 定义块 ···········155
　　7.1.2 插入块 ···········157
　　7.1.3 定义外部块、设置基点 ·159
　　7.1.4 编辑块定义 ·······160
7.2 属性 ·················161
　　7.2.1 定义属性 ·········161
　　7.2.2 修改属性定义 ·······164
　　7.2.3 属性显示控制 ·······165
　　7.2.4 利用对话框编辑属性 ···165
7.3 图案填充 ··············166
　　7.3.1 填充图案 ·········166
　　7.3.2 编辑图案 ·········172
7.4 上机实战 ··············174
7.5 习题 ·················179

第 8 章 尺寸标注 ···········181
8.1 尺寸的基本概念 ·········181
8.2 标注样式 ··············182
8.3 标注尺寸 ··············194
　　8.3.1 线性标注 ·········194

8.3.2　对齐标注 ················197
8.3.3　角度标注 ················197
8.3.4　直径标注 ················200
8.3.5　半径标注 ················200
8.3.6　弧长标注 ················200
8.3.7　折弯标注 ················201
8.3.8　基线标注 ················201
8.3.9　连续标注 ················202
8.3.10　绘制圆心标记 ·······205
8.4　多重引线标注 ··············205
8.4.1　创建多重引线样式 ···205
8.4.2　多重引线标注操作 ···209
8.5　标注尺寸公差与形位公差 ···210
8.5.1　标注尺寸公差 ········210
8.5.2　标注形位公差 ········211
8.6　编辑尺寸 ·····················211
8.6.1　修改尺寸值 ···········212
8.6.2　修改尺寸文字的位置 ·······212
8.6.3　用 DIMEDIT 命令
　　　修改尺寸 ···········212
8.6.4　翻转尺寸箭头 ········214
8.6.5　调整尺寸线间距 ····214
8.6.6　折弯标注 ··············214
8.6.7　折断标注 ··············215
8.7　上机实战 ·····················215
8.8　习题 ·····················220

第 9 章　设计中心、打印图形及
　　　　样板文件 ···········223
9.1　AutoCAD 设计中心 ······223
9.1.1　设计中心简介 ·······223
9.1.2　设计中心的使用 ····225
9.2　打印图形 ·····················228
9.2.1　打印设置 ··············228
9.2.2　图形的打印 ···········230
9.3　样板文件 ·····················231
9.4　上机实战 ·····················232
9.5　习题 ·····················234

第 10 章　三维绘图基本操作 ·········237
10.1　三维建模界面 ············237
10.2　视觉样式 ··················239
10.3　用户坐标系 ···············241
10.4　视点 ·····················242
10.4.1　利用命令设置视点 ···242
10.4.2　快速设置特殊视点 ···243
10.4.3　设置平面视图 ·······243
10.5　绘制简单三维对象 ······244
10.5.1　绘制、编辑三维
　　　　多段线 ···········244
10.5.2　绘制螺旋线 ·········245
10.5.3　绘制其他图形 ······246
10.6　创建曲面对象 ············246
10.6.1　创建平面曲面 ······246
10.6.2　创建三维面 ·········247
10.6.3　创建旋转曲面 ······247
10.6.4　创建平移曲面 ······248
10.6.5　创建直纹曲面 ······249
10.7　创建基本实体模型 ······249
10.7.1　创建长方体 ·········249
10.7.2　创建楔体 ············251
10.7.3　创建球体 ············252
10.7.4　创建圆柱体 ·········252
10.7.5　创建圆锥体 ·········253
10.7.6　创建圆环体 ·········255
10.7.7　创建多段体 ·········255
10.7.8　拉伸 ··················257
10.7.9　旋转 ··················258
10.8　上机实战 ··················259
10.9　习题 ·····················262

第 11 章　三维编辑、创建
　　　　复杂实体 ···········263
11.1　三维编辑 ··················263
11.1.1　创建圆角 ············263
11.1.2　创建倒角 ············264
11.1.3　三维旋转 ············265

新世纪高职高专规划教材

11.1.4 三维镜像 ···········265
11.1.5 三维阵列 ···········267
11.2 布尔操作 ·················268
11.2.1 并集操作 ···········268
11.2.2 差集操作 ···········268

11.2.3 交集操作 ···········269
11.3 创建复杂实体 ·············269
11.4 上机实战 ················273
11.5 习题 ···················280

第 **1** 章

基本操作、基本概念

主要内容　通过本章的学习，可以使读者了解 AutoCAD 2011 的一些基本操作和概念，包括安装、启动 AutoCAD 2011、AutoCAD 2011 经典工作界面以及基本的绘图设置等。本章介绍的内容是读者学习 AutoCAD 2011 所需掌握的基础知识。

本章重点
- ➤ 安装、启动 AutoCAD 2011
- ➤ AutoCAD 2011 经典工作界面介绍
- ➤ 如何执行 AutoCAD 的命令
- ➤ AutoCAD 图形文件管理
- ➤ 基本绘图设置

1.1　安装、启动 AutoCAD 2011

AutoCAD 2011 软件是以光盘形式提供的。使用该软件时需要利用安装光盘将其安装到计算机中。

§ 1.1.1　安装 AutoCAD 2011

AutoCAD 2011 软件的安装光盘中有名为 SETUP.EXE 的安装文件，执行该安装文件(将 AutoCAD 2011 安装盘放入 DVD-ROM 后，系统一般自动执行 SETUP.EXE 文件)，会弹出安装向导主界面，如图 1-1 所示。

单击界面中的【安装产品】项，会依次显示出各安装页，用户可根据提示在各安装页中进行必要的设置。通过安装页完成各安装设置后，系统会自动显示如图 1-2 所示的安装界面，并开始安装软件，直至软件安装完毕。

 提示

安装 AutoCAD 2011 后，还应进行产品的注册。

§ 1.1.2　启动 AutoCAD 2011

安装 AutoCAD 2011 后，通常会在 Windows 桌面上生成一个快捷方式图标 。双击该图标可启动 AutoCAD 2011。与其他应用程序的启动类似，用户可以通过 Windows 资源管理器或 Windows 任务栏上的 开始 按钮等启动 AutoCAD 2011。

图 1-1　安装向导主界面　　　　　　　图 1-2　安装界面

1.2　AutoCAD 2011 经典工作界面介绍

AutoCAD 2011 有 4 种工作界面(又称为绘图界面)，即 AutoCAD 经典、二维草图与注释、三维建模和三维基础工作界面。用户可以在各工作界面之间进行切换。

 提示

切换工作界面的方法之一：单击状态栏(位于绘图界面中最下面的一栏)右侧有 🔘 图标的切换工作空间按钮，从弹出的菜单中选择对应的绘图工作空间，如图 1-3 所示。

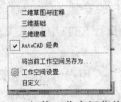

图 1-3　切换工作空间菜单

提示

利用该菜单可以切换 AutoCAD 2011 的工作界面。

如图 1-4 所示即为 AutoCAD 2011 的经典工作界面，它由标题栏、菜单栏、菜单浏览器、多个工具栏、绘图窗口、光标、坐标系图标、模型/布局选项卡、状态栏、命令窗口、滚动条及 ViewCube 等组成。

下面介绍工作界面中主要项的功能。

1. 标题栏

标题栏位于工作界面的最上方，用于显示 AutoCAD 2011 的程序图标及当前所操作图形文件的名称等。

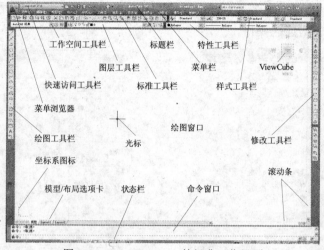

图 1-4　AutoCAD 2011 的经典工作界面

2. 菜单栏

菜单栏是 AutoCAD 2011 的主菜单。利用 AutoCAD 2011 提供的菜单可以执行 AutoCAD 的大部分命令。单击菜单栏中的某一项，系统会弹出相应的下拉菜单。如图 1-5 所示为【修改】下拉菜单(部分)。AutoCAD 2011 的下拉菜单具有以下特点：

(1) 右侧显示有【 ▶ 】的菜单命令，表示在该命令下还有子菜单。图 1-5 中还显示出了【对象】子菜单。

(2) 右侧显示有【 ⋯ 】的菜单命令，表示选择该菜单命令后会打开一个对话框。例如，选择【修改】|【阵列】命令，打开【阵列】对话框，如图 1-6 所示。

(3) 右侧没有内容的菜单命令，选择后会直接执行相应的 AutoCAD 命令。

 提示

> AutoCAD 2011 提供了各种快捷菜单，右击即可打开快捷菜单。当前的操作不同或者是光标所处的位置不同，弹出的快捷菜单也不同。

图 1-5　【修改】下拉菜单

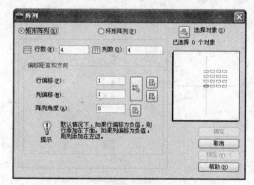

图 1-6　【阵列】对话框

新世纪高职高专规划教材

3. 菜单浏览器

AutoCAD 2011 提供了菜单浏览器(其位置见图 1-4 所示)。单击该菜单浏览器,AutoCAD 展开浏览器,如图 1-7 所示。

在浏览器菜单中,将光标置于显示有小箭头的菜单项上,会在右侧显示子菜单,如图 1-8 所示,通过它可执行对应的操作。

图 1-7 菜单浏览器菜单   图 1-8 菜单浏览器子菜单

4. 工具栏

AutoCAD 2011 提供了 40 多个工具栏,用于启动 AutoCAD 的命令。用户可以根据自己的需要打开或关闭任意一个工具栏。打开或关闭工具栏的方法之一是:在已有工具栏上右击,AutoCAD 弹出列有工具栏目录的快捷菜单,如图 1-9 所示(将工具栏分两列显示)。在快捷菜单中,前面有 ✔ 图标的菜单命令表示已打开了对应的工具栏。在菜单中单击没有 ✔ 图标的菜单命令,会打开对应的工具栏。如果单击有 ✔ 图标的菜单命令,则会关闭对应的工具栏。

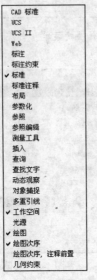

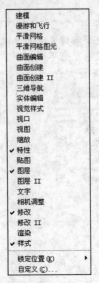

图 1-9 工具栏快捷菜单

提示

通过下拉菜单【工具】|【工具栏】|AutoCAD，可以打开一个列有各工具栏名称的下拉菜单，通过该菜单也可以控制工具栏的打开与关闭。

AutoCAD 的工具栏是浮动的，用户可以将工具栏拖放到工作界面的任意位置。由于用计算机绘图时的绘图区域有限，因此在绘图时，应根据需要只打开当前使用或常用的工具栏，并将其放到绘图窗口的适当位置。

 提示

首次启动 AutoCAD 2011 后，会默认打开一些工具栏，如【快速访问】、【标准】、【样式】、【工作空间】、【图层】、【特性】、【绘图】和【修改】等工具栏(参见图 1-4)。

工具栏上有一些命令按钮，单击某一按钮即可以启动对应的 AutoCAD 命令。如果将光标置于命令按钮上稍做停留，AutoCAD 会弹出工具提示(即文字提示标签)，说明该按钮的功能以及对应的绘图命令。例如，图 1-10 所示为【绘图】工具栏与【直线】按钮 对应的工具提示。

将光标放到工具栏按钮上，并在显示出工具提示标签后稍作停留(约两秒钟)，会显示出扩展的工具提示，如图 1-11 所示。扩展的工具提示为与该按钮对应的绘图命令给出了更详细的说明。

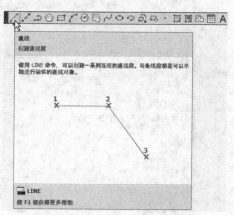

图 1-11 扩展的工具提示

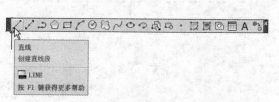

图 1-10 【绘图】工具栏及工具提示

工具栏中，右下角有小黑三角形 的按钮，可引出一个包含相关命令的弹出工具栏。将光标放在这样的按钮上，按下鼠标左键，即可打开弹出工具栏。例如，通过【标准】工具栏的【窗口缩放】按钮 ，可以打开如图 1-12 所示的工具栏。

AutoCAD 2011 还可以提供快速访问工具栏(其位置参见图 1-4)。该工具栏用于放置那些需要经常使用的命令按钮，默认为【新建】按钮 、【打开】按钮 、【保存】按钮 及【打印】按钮 等。

用户可以为快速访问工具栏添加命令按钮。添加方法如下：

① 在快速访问工具栏上右击，AutoCAD 弹出快捷菜单，如图 1-13 所示。

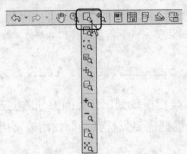

图 1-12　弹出工具栏　　　　　　　　　图 1-13　快捷菜单

② 选择【自定义快速访问工具栏】命令，打开【自定义用户界面】对话框，如图 1-14 所示。

③ 从该对话框的命令列表框中找到需要添加的命令后，将其拖到快速访问工具栏中，即可为该工具栏添加对应的命令按钮。

5. 绘图窗口

绘图窗口类似于手工绘图时的图纸，是用户用 AutoCAD 2011 绘图并显示所绘图形的区域。

图 1-14　【自定义用户界面】对话框

提示

用户可通过与【仅所有命令】对应的列表设置在对话框中所显示的命令范围。

6. 光标

当光标位于 AutoCAD 的绘图窗口时变为十字形状，称其为十字光标。十字线的交点为光标的当前位置。AutoCAD 的光标用于绘图、选择对象等操作。

新世纪高职高专规划教材

7. 坐标系图标

坐标系图标用于说明当前的坐标系形式(甚至坐标原点)。二维绘图时,坐标系图标通常位于绘图窗口的左下角。AutoCAD 2011 提供了世界坐标系(World Coordinate System,WCS)和用户坐标系(User Coordinate System,UCS)两种。世界坐标系为默认坐标系,且默认为水平向右方向为 X 轴正方向,垂直向上方向为 Y 轴正方向。对于二维绘图,世界坐标系已满足绘图要求。但当绘制三维图形时,一般需要使用用户坐标系。

8. 命令窗口

命令窗口是 AutoCAD 显示用户从键盘输入的命令和 AutoCAD 提示信息的地方。默认状态下,AutoCAD 在命令窗口保留最后 3 行所执行的命令或提示信息。用户可以通过拖动窗口边框的方式来改变命令窗口的大小,以显示多于 3 行或少于 3 行的信息。

 提示

利用组合键 Ctrl+9 可以控制是否显示命令窗口的切换。

9. 状态栏

状态栏用于显示或设置当前的绘图状态。状态栏上位于左侧的一组数字反映当前光标的坐标,其余按钮从左到右分别表示当前是否启用推断约束、捕捉模式、栅格显示、正交模式、极轴追踪、对象捕捉、三维对象捕捉、对象捕捉追踪、允许/禁止动态 UCS、动态输入以及显示/隐藏线宽等功能。单击某一按钮实现启用或关闭对应功能的切换,按钮为蓝颜色时启用对应的功能,按钮为灰颜色时则关闭相应的功能。本书的后续章节将陆续介绍其中常用按钮的功能与使用方法。

10. 模型/布局选项卡

模型/布局选项卡用于实现模型空间与图纸空间的切换。

11. 滚动条

利用水平和垂直滚动条,可以使图纸沿水平或垂直方向移动,即平移绘图窗口中显示的内容。

12. ViewCube

ViewCube 是一种导航工具,用户可以利用它方便地将视图按不同的方位显示。AutoCAD 默认打开 ViewCube,但对于二维绘图而言,此功能的作用不大。可以通过菜单【视图】|【显示】|【ViewCube】设置控制是否显示 ViewCube。

1.3 如何执行 AutoCAD 的命令

AutoCAD 的各种操作是通过执行命令来启动的。AutoCAD 提供了多种命令执行方式。

一般情况下，用户可以通过以下方式执行 AutoCAD 2011 的命令。

(1) 通过键盘输入命令

当在命令窗口中给出的最后一行提示为【命令:】时，可以通过键盘输入命令，然后按 Enter 键或 Space 键执行该命令，但这种方式需要用户牢记 AutoCAD 的命令。

(2) 通过菜单执行命令

选择下拉菜单或菜单浏览器中的某一命令，可以执行相应的操作。

(3) 通过工具栏执行命令

单击工具栏上的某一按钮，也能够执行相应的 AutoCAD 命令。显然，通过菜单和工具栏执行命令更为方便、简单。

(4) 重复执行命令

当完成某一命令的执行后，如果需要重复执行该命令，除了可以通过上述 3 种方式执行该命令外，还可以用以下方式重复命令的执行：

➢ 直接按键盘上的 Enter 键或按 Space 键。

➢ 使光标位于绘图窗口，右击，在 AutoCAD 弹出快捷菜单的第一行显示重复执行上一次所执行的命令，选择此命令即可。

技巧

在执行 AutoCAD 命令过程中，可通过按 Esc 键，或右击并从弹出的快捷菜单中选择【取消】命令的方式终止命令的执行。

1.4 AutoCAD 图形文件管理

用 AutoCAD 绘图时，经常需要新建图形文件、打开已有图形以进行处理或者保存当前所绘图形。本节将介绍这方面的内容。

提示

AutoCAD 图形文件的扩展名为 dwg。

§ 1.4.1 创建新图形文件

在 AutoCAD 2011 中，单击【标准】工具栏上的【新建】按钮，或选择【文件】|【新建】命令，或执行 NEW 命令，均可启动创建新图形的操作。创建新图形的操作如下：

提示

AutoCAD 的命令不区分大小写，本书一般用大写字母表示命令。

执行 NEW 命令，AutoCAD 打开【选择样板】对话框，如图 1-15 所示。

通过该对话框选择相应的样板后(初学者一般选择样板文件 acadiso.dwt 即可)，单击【打开】按钮，AutoCAD 就会以相应的样板为模板建立新图形。

图 1-15 【选择样板】对话框

 提示

AutoCAD 样板文件是扩展名为 dwt 的文件。样板文件上通常包括一些通用图形对象，如图框、标题栏等，还包含一些与绘图相关的标准(或通用)设置，如图层、文字样式、尺寸标注样式等。用户可以根据需要建立自己的样板文件。

§ 1.4.2 打开已有图形

在 AutoCAD 2011 中，单击【标准】工具栏上的【打开】按钮，或选择【文件】|【打开】命令，或执行 OPEN 命令，均可打开已有图形。打开图形的操作如下：

执行 OPEN 命令，AutoCAD 打开【选择文件】对话框，此对话框与图 1-15 类似，只是将【文件类型】改为【图形(*.dwg)】。用户可通过【选择文件】对话框确定要打开的文件并将其打开。

 提示

AutoCAD 2011 支持多文档操作，即可以同时打开多个图形文件。可以通过【窗口】下拉菜单中的相应命令指定所打开图形(窗口)的排列形式。

§ 1.4.3 将图形保存到文件

在 AutoCAD 2011 中，单击【标准】工具栏上的【保存】按钮，或者选择【文件】|【保存】命令，或者直接执行 QSAVE 命令，均可启动保存图形到文件的操作。保存图形的操作步骤如下：

执行 QSAVE 命令时，如果当前所绘制的图形还没有命名保存过，AutoCAD 打开【图形另存为】对话框，如图 1-16 所示。

图 1-16 　【图形另存为】对话框

在该对话框中指定文件的保存位置以及文件名后，单击【保存】按钮，即可完成图形的保存。

如果执行 QSAVE 命令前已对当前绘制的图形做过命名保存，那么执行 QSAVE 后，AutoCAD 直接以原文件名保存图形，不再要求用户指定文件的保存位置和文件名。

提示

> AutoCAD 2011 还提供了换名保存图形的功能。实现此功能的命令是 SAVEAS，通过菜单命令【文件】|【另存为】实现。执行 SAVEAS 命令，AutoCAD 也会打开【图形另存为】对话框，用户通过该对话框确定文件的保存位置及文件名即可。

1.5 　如何确定点的位置

新世纪高职高专规划教材

用 AutoCAD 2011 绘图时，经常需要确定点的位置，如确定圆心、端点等的位置。本节将介绍如何确定点的位置。

§ 1.5.1 　确定点的位置的方法

当 AutoCAD 2011 提示用户指定点的位置时，通常可以用以下方式来确定点。

(1) 用鼠标在屏幕上拾取点

移动鼠标，使光标移到相应的位置(AutoCAD 一般会在状态栏动态地显示出光标的当前坐标)，单击鼠标拾取键(一般为鼠标左键)。通常把这种确定点的方法称为在屏幕上拾取点。

(2) 利用对象捕捉方式捕捉特殊点

利用 AutoCAD 提供的对象捕捉功能，用户可以准确地捕捉到一些特殊点，如圆心、切点、中点以及交点等。本书 5.2 节介绍对象捕捉功能。

(3) 通过键盘输入点的坐标

当通过键盘输入点的坐标时，既可以采用绝对坐标模式，也可以采用相对坐标模式，而且每一种坐标模式又有直角坐标、极坐标等。下面分别介绍它们的含义。

§ 1.5.2　利用绝对坐标确定点的位置

点的绝对坐标是指相对于当前坐标系原点的坐标。二维绘图时，有直角坐标和极坐标两种形式。

1. 直角坐标

直角坐标用点的 X、Y 及 Z 坐标值表示该点，且各坐标值之间用逗号隔开。例如，要指定一个点，其 X 坐标为 80，Y 坐标为 50，Z 坐标为 120，则应在指定点的提示后输入 80,50,120。当绘制二维图形时，点的 Z 坐标为 0，且用户不需要输入 Z 坐标值。

2. 极坐标

点的极坐标表示方法为：距离<角度。其中，距离表示该点与坐标系原点之间的距离；角度表示坐标系原点与该点的连线同 X 轴正方向的夹角。如某二维点距坐标系原点的距离为 150，坐标系原点与该点的连线相对于 X 轴正方向的夹角为 45°，那么该点的极坐标为：150<45。

§ 1.5.3　利用相对坐标确定点的位置

相对坐标是指相对于前一坐标点的坐标。相对坐标也有直角坐标、极坐标等形式，其输入格式与绝对坐标相同，但要在输入的坐标前加前缀@。如已知当前点的直角坐标为(40,150)，如果在指定点的提示后输入@60,-45，则新确定点的绝对坐标为(100,105)。

1.6　基本绘图设置

本节将介绍用 AutoCAD 2011 绘图时的一些基本设置，如设置绘图单位格式、绘图范围等。

§ 1.6.1　设置绘图单位

在 AutoCAD 2011 中，选择【格式】|【单位】命令，或者直接执行 UNITS 命令，均可启动设置绘图单位的操作。设置绘图单位的操作如下。

执行 UNITS 命令，AutoCAD 打开【图形单位】对话框，如图 1-17 所示。下面介绍对话框中主要项的功能。

(1)【长度】选项组

用于确定图形的长度单位及精度。其中，【类型】下拉列表用于确定测量单位的当前格式，列表中有【分数】、【工程】、【建筑】、【科学】和【小数】5 个选择。其中，【工程】和【建筑】格式提供英尺和英寸显示，并假设每个图形单位表示一英寸，其他格式则可以表示任何真实世界单位。我国的工程制图通常采用【小数】格式。

【精度】下拉列表用于设置长度单位的精度，根据需要从列表中选择即可。

(2)【角度】选项组

用于确定图形的角度单位、精度以及正方向。其中，【类型】下拉列表框用于设置当前的角度格式，列表中有【百分度】、【度/分/秒】、【弧度】、【勘测单位】和【十进制度数】5 种选择，默认设置为【十进制度数】。AutoCAD 将角度格式的标记约定为：十进制度数以十进制数表示；百分度用小写字母 g 为后缀；度/分/秒格式用小写字母 d 表示度、用符号 ' 表示分、用符号 " 表示秒；弧度用小写字母 r 为后缀；勘测单位也有其专门的表示方式。

【精度】下拉列表框用于设置当前角度显示的精度，从相应的列表中选择即可。

【顺时针】复选框用于确定角度的正方向。如果没有选中该复选框，表示逆时针方向为角度的正方向，它是 AutoCAD 的默认角度正方向设置。如果选中此复选框，则表示顺时针方向为角度的正方向。

(3)【方向】按钮

用于确定角度的 0 度方向。单击该按钮，AutoCAD 将打开【方向控制】对话框，如图 1-18 所示。

在该对话框中，【东】、【北】、【西】和【南】4 个单选按钮分别表示以东、北、西或南方向作为角度的 0 度方向。如果选中【其他】单选按钮，则表示将以其他某一方向作为角度的 0 度方向。此时，用户可以在【角度】文本框中输入 0 度方向与 X 轴正向的夹角值，也可以单击相应的【角度】按钮，从绘图屏幕上直接指定。

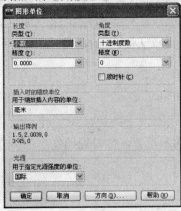

图 1-17 【图形单位】对话框

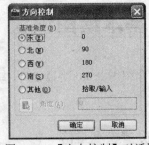

图 1-18 【方向控制】对话框

提示

设置图形单位后，AutoCAD 在状态栏上用对应的格式和精度显示光标的坐标。

【例 1-1】设置满足机械制图要求的图形单位格式。

(1) 选择【格式】|【单位】命令，即执行 UNITS 命令，AutoCAD 打开【图形单位】对话框(参见图 1-17)。在该对话框中的【长度】选项组中，通过【类型】下拉列表将长度尺寸的单位格式设为【小数】，通过【精度】下拉列表将长度尺寸的精度取整。在【角度】选项组中，通过【类型】下拉列表将角度尺寸的单位格式设为【度/分/秒】，通过【精度】下拉列表将角度尺寸的精度设为 0d00'(或 0d)，其余采用系统默认设置，如图 1-19 所示。

(2) 单击对话框中的【确定】按钮，完成绘图单位格式及其精度的设置。

 提示

> 机械制图中，长度单位一般采用【小数】格式，角度单位一般采用【度/分/秒】格式。

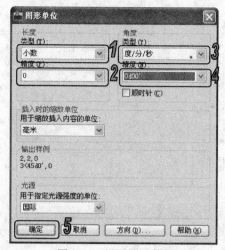

 提示

> 用户可以根据绘图需求设置长度单位和角度单位的精度。

图 1-19 设置图形单位

§ 1.6.2 设置绘图范围

在 AutoCAD 2011 中，选择【格式】|【图形界限】命令，或直接执行 LIMITS 命令，均可启动设置绘图范围(即图形界限)的操作。设置绘图范围的操作如下。

执行 LIMITS 命令，AutoCAD 提示：

指定左下角点或 [开(ON)/关(OFF)] <0.0000,0.0000>:

下面介绍提示中各选项的含义。

(1)【指定左下角点】

指定图形界限的左下角位置。如果直接按 Enter 键或 Space 键则采用默认值。指定图形界限的左下角位置后，AutoCAD 提示：

指定右上角点:(指定图形界限的右上角位置)

(2)【开(ON)】、【关(OFF)】

【开(ON)】选项用于打开绘图范围检验功能，即执行该选项后，用户只能在设定的图形界限内绘图，如果所绘图形超出设定界限，AutoCAD 将拒绝执行，并给出相应的提示信息。【关(OFF)】选项用于关闭 AutoCAD 的图形界限检验功能，执行该选项后，用户所绘图形的范围不再受所设图形界限的限制。

 提示

> 用 LIMITS 命令设置图形界限后，选择【视图】|【缩放】|【全部】命令，可以使所设置的绘图范围充满整个绘图窗口。

新世纪高职高专规划教材

提示

　　国家标准《机械制图》对图纸幅面和图框格式均作出了规定,如图 1-20 和表 1-1 所示(这里只列出了需要装订线的基本幅面)。

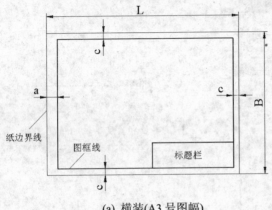

(a) 横装(A3 号图幅)　　　　　　　　　　(b) 竖装(A4 号图幅)

图 1-20　图幅尺寸

表 1-1　图幅尺寸

幅 面 代 号	A0	A1	A2	A3	A4
B×L	841×1189	594×841	420×594	297×420	210×297
c	10			5	
a	25				

【例 1-2】将图形界限设置成竖装 A4 图幅(即尺寸为 210×297),并使所设图形界限有效。

(1) 执行 LIMITS 命令,AutoCAD 提示:

　　指定左下角点或 [开(ON)/关(OFF)] <0.0000,0.0000>:✓(本书用符号✓表示按Enter键或按Space键)

　　指定右上角点: 210,297　　(也可以输入相对坐标@210,297)

　　继续执行 LIMITS 命令,AutoCAD 提示:

　　指定左下角点或 [开(ON)/关(OFF)] <0.0000,0.0000>: ON　　(使所设图形界限生效)

(2) 选择【视图】|【缩放】|【全部】命令,使所设置的绘图范围充满绘图窗口。

§ 1.6.3　设置系统变量

　　AutoCAD 系统变量用于控制 AutoCAD 的一些绘图设置。每个系统变量都有对应的数据类型,例如整数、实数、字符串和开关类型等,其中开关类型变量有 On(开)或 Off(关)两个值,分别用 1 和 0 表示。

　　用户可以浏览、更改系统变量的值,但有些系统变量是只读变量,不允许更改。浏览、更改系统变量值的方法为:在命令窗口中的【命令:】提示后输入系统变量的名称并按 Enter 键或 Space 键,AutoCAD 会显示出该系统变量的当前值,如果系统变量可改,此时,用户可以输入新的值。

　　例如,系统变量 SAVETIME(系统变量不区分大小写,本书一般用大写字母表示)用于以分钟为单位设置自动保存时间间隔，默认值是 10。如果在【命令:】提示下输入 SAVETIME 后按 Enter 键或 Space 键，AutoCAD 提示：

> 输入 SAVETIME 的新值 <10>:

提示中位于尖括号中的 10 表示系统变量的当前默认值。如果直接按 Enter 键或 Space 键，变量值保持不变；如果输入新值后按 Enter 键或 Space 键，则变量更改为新值。

提示
利用 AutoCAD 2011 帮助可以浏览 AutoCAD 2011 提供的全部系统变量及其功能。

1.7 AutoCAD 的帮助功能

AutoCAD 2011 提供了强大的帮助功能，用户在绘图时可以随时使用帮助。如图 1-21 所示即为 AutoCAD 2011 的【帮助】菜单。

选择【帮助】菜单中的【帮助】命令，AutoCAD 弹出【AutoCAD 2011 帮助】窗口，用户可以通过此窗口了解相关的帮助信息以及 AutoCAD 2011 提供的全部命令和系统变量的功能与使用方法。

图 1-21 【帮助】菜单

技巧
可以通过【新功能专题研习】选项了解 AutoCAD 2011 的新功能。

1.8 上机实战

本章的上机实战主要让读者熟悉绘图范围以及绘图单位的设置方法。主要内容有：以文件 acadiso.dwt 为样板创建新图形，并对其进行如下设置。

➢ 绘图单位：将长度单位设为小数格式，精度取整；将角度单位设为【度/分/秒】，精度为 0d(即精确到度)，其余设置均采用默认设置。

➢ 图形界限：将图形界限设为横装 A0 图幅(尺寸：1189×841)，并使所设图形界限有效。

➢ 保存图形：将图形以 A0 为文件名保存。

(1) 选择【格式】|【单位】命令，即执行 UNITS 命令，打开【图形单位】对话框(参见图 1-17)。在该对话框中的【长度】选项组中，在【类型】下拉列表中将长度尺寸的单位格式设为【小数】，在【精度】下拉列表中将长度尺寸的精度取整。在【角度】选项组中，在【类型】下拉列表中将角度尺寸的单位格式设为【度/分/秒】，在【精度】下拉列表中将角度尺

新世纪高职高专规划教材

寸的精度设为 0d，其余采用系统默认设置，如图 1-22 所示。单击对话框中的【确定】按钮，完成绘图单位格式及其精度的设置。

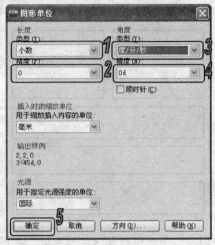

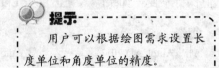

提示

用户可以根据绘图需求设置长度单位和角度单位的精度。

图 1-22　设置图形单位

(2) 执行 LIMITS 命令，AutoCAD 提示：

指定左下角点或 [开(ON)/关(OFF)] <0.0000,0.0000>:✓

指定右上角点: 210,297✓ (也可以输入相对坐标@1189,840)

继续执行 LIMITS 命令，AutoCAD 提示：

指定左下角点或 [开(ON)/关(OFF)] <0.0000,0.0000>: ON✓ (使所设图形界限生效)

(3) 选择【视图】|【缩放】|【全部】命令，使所设绘图范围充满绘图窗口。

(4) 选择【文件】|【保存】命令，将当前图形以文件名 "A0.DWG" 保存。

1.9 习题

1. 判断题

(1) AutoCAD 是由 Autodesk 公司开发的绘图软件。(　　)

(2) 启动 AutoCAD 2011 与启动一般 Windows 应用程序的方法相同。(　　)

(3) AutoCAD 2011 提供了 4 种工作界面，即 AutoCAD 经典、二维草图与注释、三维基础和三维建模。(　　)

(4) 用户在绘图期间可以打开或关闭任一个工具栏。(　　)

(5) AutoCAD 2011 中的坐标系图标用于说明当前所使用的坐标系的形式。(　　)

(6) 用户可以通过工具栏按钮、菜单或直接输入命令的方式执行 AutoCAD 的绘图命令。(　　)

(7) AutoCAD 图形文件的扩展名是 dwg。(　　)

(8) AutoCAD 2011 的命令和系统变量区分大小写。(　　)

(9) 用 LIMITS 命令设置了绘图范围后，只能在所设置的范围内绘图。(　　)

(10) 利用 AutoCAD 2011 提供的帮助窗口，可以了解 AutoCAD 2011 的所有命令和系统变量的功能及其使用方法。(   )

2. 操作题

(1) 在 AutoCAD 绘图环境中，通过工具栏快捷菜单(参见图 1-9)打开或关闭其中的某些工具栏，并调整部分工具栏在工作界面中的位置。

(2) 在 AutoCAD 2011 的安装目录中，在 Sample 文件夹中提供了一些图例文件。通过这些文件练习打开图形、关闭图形、保存图形以及换名保存等操作。最后，同时打开几个图形，通过【窗口】菜单分别按层叠、水平平铺以及垂直平铺等方式显示各窗口。

(3) 以样板文件 acadiso.dwt 为起始，绘制一幅新图形，并对其进行如下设置。

绘图单位：将长度单位设为小数，精度为小数点后 0 位；将角度单位设为【度/分/秒】，精度为 0d(即"度")，其余设置采用默认设置。

图形界限：将图形界限设为横装 A1 图幅(尺寸：841×594)，并使所设图形界限有效。

保存图形：将图形以 A1 为文件名保存。

(4) 打开帮助窗口，了解 AutoCAD 2011 提供的各种帮助功能。

(5) 打开帮助窗口，查看 AutoCAD 2011 提供的各种命令和系统变量。并通过帮助窗口了解对绘圆弧命令 CIRCLE 和对系统变量 DATE 等的说明。

新世纪高职高专规划教材

绘制基本二维图形

主要内容 　　无论工程样图多么复杂，一般均由基本图形对象，即由直线段、圆以及圆弧等对象组成。因此，利用 AutoCAD 进行机械制图时，应首先掌握基本图形的绘制。通过本章的学习，读者可以掌握如何利用 AutoCAD 2011 绘制各种基本二维图形对象。

本章重点
- ➤ 绘制各种直线对象
- ➤ 绘制各种曲线对象
- ➤ 绘制点对象
- ➤ 设置点的样式
- ➤ 绘制多段线

2.1 绘制直线

　　利用 AutoCAD 2011，可以绘制直线段、构造线和射线等直线对象。本节将介绍这些图形对象的绘制方法。

§ 2.1.1 绘制直线段

　　在 AutoCAD 2011 中，单击【绘图】工具栏上的【直线】按钮，或选择【绘图】|【直线】命令，或直接执行 LINE 命令，均可执行绘制直线段的操作。绘制直线段的操作如下。

　　执行 LINE 命令，AutoCAD 提示：

> 指定第一点:(确定直线段的起点)
> 指定下一点或 [放弃(U)]:(确定直线段的另一端点位置，或执行【放弃(U)】选项重新确定起点)
> 指定下一点或 [放弃(U)]:(可以直接按 Enter 键或 Space 键结束命令，或确定直线段的另一端点位置，或执行【放弃(U)】选项取消前一次操作)
> 指定下一点或 [闭合(C)/放弃(U)]:(可以直接按 Enter 键或 Space 键结束命令，或在这样的提示下，继续确定直线段的另一端点位置，或执行【放弃(U)】选项取消前一次操作，或执行【闭合(C)】选项创建封闭多边形)

完成上述操作后，可绘制出连接对应端点的一系列的直线段，这些直线段均为独立的对象，用户可以对各直线段进行单独的编辑操作。

提示

(1) 执行 LINE 命令后，当 AutoCAD 提示【指定下一点或 [放弃(U)]:】或【指定下一点或 [闭合(C)/放弃(U)]:】时，拖动鼠标，AutoCAD 会从前一点引出一条随鼠标动态变化的直线，通常称其为橡皮筋线。如果将光标移到某一位置后单击，AutoCAD 会将橡皮筋线转化为实际的直线段。

提示

(2) 执行 AutoCAD 的某一命令，且当 AutoCAD 给出的提示中有多个选择项时，用户可以直接执行默认选项，可以通过键盘输入要执行选项的关键字母(即位于选择项括号内的字母。输入的字母不区分大小写，本书一般采用大写)，然后按 Enter 键或 Space 键执行对应的选择项；也可以右击，从弹出的快捷菜单中选择相应的项。

【例 2-1】 绘制如图 2-1 所示的直角三角形。

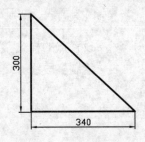

图 2-1　直角三角形

提示

此直角三角形较为简单，由 3 条直线段组成，用 LINE 命令即可绘出。

执行 LINE 命令，AutoCAD 提示：

> 指定第一点:(在绘图窗口内任意拾取一点作为多边形的上角点)
> 指定下一点或 [放弃(U)]: @0,-300✓ (采用相对直角坐标绘制垂直直线)
> 指定下一点或 [放弃(U)]: @340<0✓ (采用相对极坐标绘制水平直线)
> 指定下一点或 [闭合(C)/放弃(U)]: C✓ (封闭图形，绘制出斜线，并结束命令)

 提示

使用 AutoCAD 绘图过程中，用户可随时删除不需要的图形，本书 3.1 节将介绍如何删除图形。如果所绘制图形的显示比例或显示位置不合适，用户也可以改变图形的显示比例与显示位置，本书 5.5.1 节和 5.5.2 节将分别介绍如何改变图形的显示比例与显示位置。

§ 2.1.2　绘制射线

射线是沿单方向无限延长的直线，一般用作辅助线。

在 AutoCAD 2011 中，选择【绘图】|【射线】命令，或直接执行 RAY 命令，均可启动绘制射线的操作。绘制射线的操作如下。

执行 RAY 命令，AutoCAD 提示：

指定起点:(确定射线的起点位置)

指定通过点:(确定射线通过的任一点。确定后 AutoCAD 绘出过起点与该点的射线)

指定通过点:↙(也可以在此提示下继续指定通过点,绘制过同一起点的其他射线)

§2.1.3 绘制构造线

构造线是沿两个方向无限延长的直线,一般也用作辅助线。

在 AutoCAD 2011 中,单击【绘图】工具栏上的【构造线】按钮，或选择【绘图】|【构造线】命令,或直接执行 XLINE 命令,均可启动绘制构造线的操作。绘制构造线的操作如下。

执行 XLINE 命令,AutoCAD 提示:

指定点或 [水平(H)/垂直(V)/角度(A)/二等分(B)/偏移(O)]:

下面介绍提示中各选项的含义及其操作。

(1)【指定点】

绘制通过指定两点的构造线,为默认选项。如果在上面的提示下确定一点的位置,即执行默认选项,AutoCAD 提示:

指定通过点:

在此提示下再确定一点,AutoCAD 绘制出过指定两点的构造线,同时提示:

指定通过点:

此时如果继续确定点的位置,AutoCAD 会绘制出过第一点与该点的构造线;如果按 Enter 键或 Space 键,结束命令的执行。

(2)【水平(H)】

绘制通过指定点的水平构造线。执行该选项,AutoCAD 提示:

指定通过点:

在此提示下确定一点,AutoCAD 绘制出通过该点的水平构造线,同时继续提示:

指定通过点:

在此提示下继续确定点的位置,AutoCAD 绘制出通过指定点的水平构造线;如果按 Enter 键或 Space 键,结束命令的执行。

(3)【垂直(V)】

绘制垂直构造线,具体绘制过程与绘制水平构造线类似,此处不再叙述。

(4)【角度(A)】

绘制沿指定方向或与指定直线之间的夹角为指定角度的构造线。执行该选项,AutoCAD 提示:

输入构造线的角度(0)或 [参照(R)]:

如果在该提示下直接输入角度值,即响应默认选项【输入构造线的角度】,AutoCAD

提示:

指定通过点:

在此提示下确定点的位置，AutoCAD 绘制出通过该点且与 X 轴正方向之间的夹角为指定角度的构造线，而后 AutoCAD 会继续提示【指定通过点:】，在该提示下，用户可以绘制多条与 X 轴正方向之间的夹角为指定角度的平行构造线。

如果在【输入构造线的角度(0)或 [参照(R)]:】提示下执行【参照(R)】选项，表示将绘制与已知直线之间的夹角为指定角度的构造线，AutoCAD 提示:

选择直线对象:

在此提示下选择已有直线，AutoCAD 提示:

输入构造线的角度:

在此提示下输入角度值后按 Enter 键或 Space 键，AutoCAD 提示:

指定通过点:

在该提示下确定一点，AutoCAD 绘制出过该点，且与指定直线之间的夹角为给定角度的构造线。同样，在后续的【指定通过点:】提示下继续指定新点，可以绘制出多条平行构造线；如按 Enter 键或 Space 键，则结束命令的执行。

(5)【二等分(B)】

确定 3 点分别作为一个角的顶点、起点和另一端点，绘制平分该角的构造线。执行该选项，AutoCAD 提示:

指定角的顶点:(确定角的顶点位置)
指定角的起点:(确定角的起点位置)
指定角的端点:(确定角的另一端点位置)

(6)【偏移(O)】

绘制与指定直线平行的构造线。执行该选项，AutoCAD 提示:

指定偏移距离或 [通过(T)]:

此时，可以通过两种方法绘制构造线。如果执行【通过(T)】选项，表示绘制过指定点且与指定直线平行的构造线，此时，AutoCAD 提示:

选择直线对象:(选择被平行直线)
指定通过点:(确定构造线所通过的点位置)
选择直线对象:

此时可继续重复上述过程绘制构造线，或按 Enter 键或 Space 键结束命令的执行。

如果在【指定偏移距离或 [通过(T)]:】提示下输入一个值，表示要绘制与指定直线平行，且与其距离为输入值的构造线，此时，AutoCAD 提示:

选择直线对象:(选择被平行直线)
指定向哪侧偏移:(相对于所选择直线，在构造线所在一侧的任意位置单击鼠标左键)
选择直线对象:(继续选择直线对象绘制与其平行的构造线，或者按 Enter 键或 Space 键结束命令的执行)。

2.2　绘制曲线

曲线对象包括圆、圆弧、椭圆以及椭圆弧等。本节将介绍这些曲线对象的绘制方法。

§ 2.2.1　绘制圆

在 AutoCAD 2011 中，单击【绘图】工具栏上的【圆】按钮，或执行 CIRCLE 命令，均可启动绘制圆的操作。绘制圆的操作如下。

执行 CIRCLE 命令，AutoCAD 提示：

指定圆的圆心或 [三点(3P)/两点(2P)/相切、相切、半径(T)]

下面介绍该提示中各选项的含义及其操作。

(1)【指定圆的圆心】

根据圆心位置以及圆的半径(或直径)来绘制圆，为默认选项。响应该选项，即指定圆心位置后，AutoCAD 提示：

指定圆的半径或 [直径(D)]:

此时可以直接输入半径值来绘制圆；也可以执行【直径(D)】选项，通过指定圆的直径来绘制圆。

(2)【三点(3P)】

绘制过指定三点的圆。执行该选项，AutoCAD 依次提示：

指定圆上的第一个点：
指定圆上的第二个点：
指定圆上的第三个点：

指定 3 个点后，AutoCAD 绘出过指定三点的圆。

(3)【两点(2P)】

绘制过指定两点，且以这两点之间的距离为直径的圆。执行该选项，AutoCAD 依次提示：

指定圆直径的第一个端点：
指定圆直径的第二个端点：

指定两点后，AutoCAD 绘出过指定两点，且以这两点间的距离为直径的圆。

(4)【相切、相切、半径(T)】

绘制与已有两对象相切，且半径为给定值的圆。执行该选项，AutoCAD 依次提示：

指定对象与圆的第一个切点:(选择第一相切对象)
指定对象与圆的第二个切点:(选择第二相切对象)
指定圆的半径:(输入圆的半径)

 提示

当利用【相切、相切、半径(T)】选项绘制圆时，如果在【指定圆的半径:】提示下给出的圆半径太小，则不能绘制出圆，AutoCAD 会结束命令的执行，并提示"圆不存在"。

新世纪高职高专规划教材

AutoCAD 提供了用于绘圆的子菜单，如图 2-2 所示。该子菜单中，前 5 个命令的含义及其操作与前面介绍的对应选项相同，【相切、相切、相切(A)】命令则用于绘制与 3 个已有对象均相切的圆。

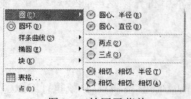

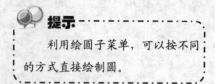

提示

利用绘圆子菜单，可以按不同的方式直接绘制圆。

图 2-2　绘圆子菜单

§ 2.2.2　绘制圆环

在 AutoCAD 2011 中，选择【绘图】|【圆环】命令，或直接执行 DONUT 命令，均可启动绘制圆环的操作。绘制圆环的操作如下。

执行 DONUT 命令，AutoCAD 提示：

指定圆环的内径:(输入圆环的内径)

指定圆环的外径:(输入圆环的外径)

指定圆环的中心点或<退出>:(指定圆环的中心点位置；或按 Enter 键或 Space 键，执行【退出】结束命令的执行)

提示

执行 DONUT 命令时，如果在提示【指定圆环的内径:】下用 0 响应，AutoCAD 绘制出填充的圆。

§ 2.2.3　绘制圆弧

在 AutoCAD 2011 中，单击【绘图】工具栏上的【圆弧】按钮，或执行 ARC 命令，均可启动绘制圆弧的操作。

AutoCAD 提供了多种绘制圆弧的方法，如图 2-3 所示为绘制圆弧的子菜单。

提示

利用绘圆弧子菜单，可以按不同的方式直接绘制圆弧。

图 2-3　绘制圆弧的子菜单

执行 ARC 命令后，AutoCAD 提示：

指定圆弧的起点或 [圆心(C)]:

新世纪高职高专规划教材

此时用户可以执行不同的选项来绘制圆弧。下面将通过菜单命令来介绍圆弧的绘制方法。

(1) 根据三点绘制圆弧

三点是指圆弧的起点、圆弧上的任意一点以及圆弧终点。通过【绘图】|【圆弧】|【三点】命令可实现根据三点绘制圆弧。执行该命令，AutoCAD 提示：

指定圆弧的起点或 [圆心(C)]: (确定圆弧的起点位置)
指定圆弧的第二个点或 [圆心(C)/端点(E)]: (确定圆弧上的任一点)
指定圆弧的端点: (确定圆弧的终点位置)

(2) 根据圆弧的起点、圆心和终点绘制圆弧

可通过【绘图】|【圆弧】|【起点、圆心、端点】命令，实现根据圆弧的起点、圆心和终点绘制圆弧。执行该命令，AutoCAD 提示：

指定圆弧的起点或 [圆心(C)]:(确定圆弧的起点位置)
指定圆弧的第二个点或 [圆心(C)/端点(E)]: _c 指定圆弧的圆心: (确定圆弧的圆心)
指定圆弧的端点或 [角度(A)/弦长(L)]: (确定圆弧的终点位置)

(3) 根据圆弧的起点、圆心和包含角(圆心角)绘制圆弧

可通过【绘图】|【圆弧】|【起点、圆心、角度】命令，实现根据圆弧的起点、圆心和包含角绘制圆弧。执行该命令，AutoCAD 提示：

指定圆弧的起点或 [圆心(C)]: (确定圆弧的起点位置)
指定圆弧的第二个点或 [圆心(C)/端点(E)]: _c 指定圆弧的圆心: (确定圆弧的圆心位置)
指定圆弧的端点或 [角度(A)/弦长(L)]: _a 指定包含角: (输入圆弧的包含角，即圆心角)

提示

在默认角度正方向设置下，当提示【指定包含角:】时，若输入正角度值(在角度值前加或不加+号)，AutoCAD 从起点绕圆心沿逆时针方向绘制圆弧；如果输入负角度值(即用符号-作为角度值的前缀)，则AutoCAD 沿顺时针方向绘制圆弧。在其他绘制圆弧的方法中，在此提示下有相同的规则。用户可以设置正角度的方向，具体操作见 1.6.1 节对图 1-17 所示的【图形单位】对话框中的【顺时针】复选框的说明。

(4) 根据圆弧的起点、圆心和弦长绘制圆弧

可通过【绘图】|【圆弧】|【起点、圆心、长度】命令实现根据圆弧的起点、圆心和弦长绘制圆弧。执行该命令，AutoCAD 提示：

指定圆弧的起点或 [圆心(C)]: (确定圆弧的起点位置)
指定圆弧的第二个点或 [圆心(C)/端点(E)]: _c 指定圆弧的圆心: (确定圆弧的圆心位置)
指定圆弧的端点或 [角度(A)/弦长(L)]: _l 指定弦长: (输入圆弧的弦长)

(5) 根据圆弧的起点、终点和包含角绘制圆弧

可通过【绘图】|【圆弧】|【起点、端点、角度】命令实现根据圆弧的起点、终点和包含角绘制圆弧。执行该命令，AutoCAD 提示：

指定圆弧的起点或 [圆心(C)]: (确定圆弧的起点位置)

新世纪高职高专规划教材

指定圆弧的第二个点或 [圆心(C)/端点(E)]: _e

指定圆弧的端点: (确定圆弧的终点位置)

指定圆弧的圆心或 [角度(A)/方向(D)/半径(R)]: _a 指定包含角: (确定圆弧的包含角)

(6) 根据圆弧的起点、终点和起点切线方向绘制圆弧

可通过【绘图】|【圆弧】|【起点、端点、方向】命令实现根据圆弧的起点、终点和起点切线方向绘制圆弧。执行该命令，AutoCAD 提示：

指定圆弧的起点或 [圆心(C)]:(确定圆弧的起点位置)

指定圆弧的第二个点或 [圆心(C)/端点(E)]: _e

指定圆弧的端点: (确定圆弧的终点位置)

指定圆弧的圆心或 [角度(A)/方向(D)/半径(R)]: _d 指定圆弧的起点切向: (输入圆弧起点处的切线方向与水平方向的夹角)

 提示 -

当 AutoCAD 提示【指定圆弧的起点切向:】时，可通过拖动鼠标的方式动态确定圆弧起点的切线。

(7) 根据圆弧的起点、终点和半径绘制圆弧

可通过【绘图】|【圆弧】|【起点、端点、半径】命令实现根据圆弧的起点、终点和半径绘制圆弧。执行该命令，AutoCAD 提示：

指定圆弧的起点或 [圆心(C)]:(确定圆弧的起点位置)

指定圆弧的第二个点或 [圆心(C)/端点(E)]: _e

指定圆弧的端点: (确定圆弧的终点位置)

指定圆弧的圆心或 [角度(A)/方向(D)/半径(R)]: _r 指定圆弧的半径:(输入圆弧的半径)

(8) 根据圆弧的圆心、起点和终点位置绘制圆弧

可通过【绘图】|【圆弧】|【圆心、起点、端点】命令实现根据圆弧的圆心、起点和终点位置绘制圆弧。执行该命令，AutoCAD 提示：

指定圆弧的起点或 [圆心(C)]: _c 指定圆弧的圆心:(确定圆弧的圆心位置)

指定圆弧的起点: (确定圆弧的起点位置)

指定圆弧的端点或 [角度(A)/弦长(L)]: (确定圆弧的终点位置)

(9) 根据圆弧的圆心、起点和包含角绘制圆弧

可通过【绘图】|【圆弧】|【圆心、起点、角度】命令实现根据圆弧的圆心、起点和包含角绘制圆弧。执行该命令，AutoCAD 提示：

指定圆弧的起点或 [圆心(C)]: _c 指定圆弧的圆心:(确定圆弧的圆心位置)

指定圆弧的起点:(确定圆弧的起点位置)

指定圆弧的端点或 [角度(A)/弦长(L)]: _a 指定包含角: (输入圆弧的包含角)

(10) 根据圆弧的圆心、起点和弦长绘制圆弧

可通过【绘图】|【圆弧】|【圆心、起点、长度】命令实现根据圆弧的圆心、起点和弦长绘制圆弧。执行该命令，AutoCAD 提示：

指定圆弧的起点或 [圆心(C)]: _c 指定圆弧的圆心:(确定圆弧的圆心位置)

指定圆弧的起点:(确定圆弧的起点位置)

指定圆弧的端点或 [角度(A)/弦长(L)]: _l 指定弦长: (输入圆弧的弦长)

(11) 绘制连续圆弧

可通过【绘图】|【圆弧】|【继续】命令实现以最后一次绘制直线或圆弧时确定的终点作为新圆弧的起点，并以最后所绘直线的方向或以所绘圆弧在终点处的切线方向为新圆弧在起点处的切线方向开始绘制圆弧。执行该命令，AutoCAD 提示：

指定圆弧的端点:

在此提示下确定圆弧的终点，即可绘制出圆弧。

【例 2-2】绘制如图 2-4 所示的图形。

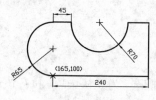

提示

本图形由圆弧和直线段组成。

图 2-4　绘制圆弧

(1) 绘制左侧圆弧

根据圆弧的起点、终点和包含角绘制该圆弧。选择【绘图】|【圆弧】|【起点、端点、角度】命令，AutoCAD 提示：

指定圆弧的起点或 [圆心(C)]: 165,100↙

指定圆弧的第二个点或 [圆心(C)/端点(E)]: _e

指定圆弧的端点: @0,130↙

指定圆弧的圆心或 [角度(A)/方向(D)/半径(R)]: _a 指定包含角: -180↙

(2) 绘制位于上方左侧的短直线段

选择【绘图】|【直线】|命令，AutoCAD 提示：

指定第一点: 165,230↙

指定下一点或 [放弃(U)]: @45,0↙

指定下一点或 [放弃(U)]:↙

(3) 绘制位于上方的圆弧

根据圆弧的起点、端点和半径绘制该圆弧。选择【绘图】|【圆弧】|【起点、端点、半径】命令，AutoCAD 提示：

指定圆弧的起点或 [圆心(C)]: 210,230↙

指定圆弧的第二个点或 [圆心(C)/端点(E)]: _e

指定圆弧的端点: @140,0↙

指定圆弧的圆心或 [角度(A)/方向(D)/半径(R)]: _r 指定圆弧的半径: 70↙

(4) 绘制其余直线段

选择【绘图】|【直线】|命令，AutoCAD 提示：

新世纪高职高专规划教材

指定第一点: 350,230✓

指定下一点或 [放弃(U)]: @55,0✓

指定下一点或 [放弃(U)]: @0,-130✓

指定下一点或 [闭合(C)/放弃(U)]: @-240,0✓

指定下一点或 [闭合(C)/放弃(U)]:✓

§2.2.4　绘制椭圆和椭圆弧

在 AutoCAD 2011 中，单击【绘图】工具栏上的【椭圆】按钮，或执行 ELLIPSE 命令，均可启动绘制椭圆或椭圆弧的操作。绘制椭圆或椭圆弧的操作如下。

执行 ELLIPSE 命令，AutoCAD 提示:

指定椭圆的轴端点或 [圆弧(A)/中心点(C)]:

下面分别介绍各选项的含义及其操作方法。

(1)【指定椭圆的轴端点】

根据椭圆某一条轴上的两个端点的位置及其他条件绘制椭圆，为默认选项。执行该选项，即确定椭圆上某一条轴的端点位置后，AutoCAD 提示:

指定轴的另一个端点:(确定同一轴上的另一端点位置)

指定另一条半轴长度或 [旋转(R)]:

在此提示下如果直接输入另一条半轴长度，AutoCAD 绘制出对应的椭圆。

如果执行【旋转(R)】选项，AutoCAD 提示:

指定绕长轴旋转的角度:

在此提示下输入角度值，AutoCAD 即可绘制出以所指定两点之间的距离为直径的圆围绕所确定椭圆轴旋转指定角度后得到的投影椭圆。

(2)【中心点(C)】

根据椭圆的中心位置等参数绘制椭圆。执行该选项，AutoCAD 提示:

指定椭圆的中心点:(确定椭圆的中心位置)

指定轴的端点:(确定椭圆某一轴的某端点位置)

指定另一条半轴长度或 [旋转(R)]:(输入另一轴的半长。或通过【旋转(R)】选项确定椭圆)

(3)【圆弧(A)】

绘制椭圆弧。执行该选项，AutoCAD 提示:

指定椭圆弧的轴端点或 [中心点(C)]:

此时的操作与前面介绍的绘制椭圆的操作相同。确定椭圆形状后，AutoCAD 继续提示:

指定起始角度或 [参数(P)]:

下面介绍这两个选项的含义。

①【指定起始角度】

通过确定椭圆弧的起始角(在椭圆上确定的第一条轴的端点位置为 0 度方向)来绘制椭圆

弧。响应该选项，即输入椭圆弧的起始角，AutoCAD 提示：

指定终止角度或 [参数(P)/包含角度(I)]:

其中，【指定终止角度】选项要求用户根据椭圆弧的终止角确定椭圆弧另一端点的位置；【包含角度(I)】选项将根据椭圆弧的包含角确定椭圆弧；【参数(P)】选项将通过参数确定椭圆弧的另一个端点位置，该选项的执行方式与上一提示下选择执行选项【参数(P)】的操作相同，如下所示。

② 【参数(P)】

允许用户通过指定的参数绘制椭圆弧。执行该选项，AutoCAD 提示：

指定起始参数或 [角度(A)]:

其中，【角度(A)】选项可切换到前面介绍的利用角度确定椭圆弧的方式。如果在该提示下输入参数，即执行默认选项【指定起始参数】，AutoCAD 将按下面公式确定椭圆弧的起始角 P(n)：

$P(n)=c+a \times \cos(n)+b \times \sin(n)$

其中，n 为用户输入的参数；c 为椭圆弧的半焦距；a 和 b 分别为椭圆长轴与短轴的半轴长。输入起始参数后，AutoCAD 提示：

指定终止参数或 [角度(A)/包含角度(I)]:

此时，可通过【角度(A)】选项确定椭圆弧另一端点的位置；通过【包含角度(I)】选项确定椭圆弧的包含角。如果利用【指定终止参数】默认选项给出椭圆弧的另一参数，AutoCAD 仍按前面介绍的公式确定椭圆弧的另一端点的位置。

AutoCAD 提供了用于绘制椭圆的子菜单，如图 2-5 所示。

图 2-5 绘制椭圆子菜单

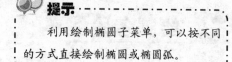

提示

利用绘制椭圆子菜单，可以按不同的方式直接绘制椭圆或椭圆弧。

2.3 绘制点及设置点样式

本节介绍如何绘制点以及如何设置点的样式。

§ 2.3.1 绘制点

在 AutoCAD 2011 中，单击【绘图】工具栏上的【点】按钮，或选择【绘图】|【点】|【多点】或【绘图】|【点】|【单点】命令，或执行 POINT 命令，均可启动绘制点的操作。绘制点的操作如下。

执行 POINT 命令，AutoCAD 提示：

新世纪高职高专规划教材

> 指定点:

在该提示下确定点的位置，AutoCAD 将在该位置绘制出相应的点，而后 AutoCAD 如果继续提示：

> 指定点:

此时可以继续绘制点，也可以按 Esc 键结束命令的执行。

§ 2.3.2　设置点的样式

在 AutoCAD 2011 中，选择【格式】|【点样式】|命令，或执行 DDPTYPE 命令，均可启动设置点样式的操作。设置点样式的操作如下：

执行 DDPTYPE 命令，AutoCAD 打开如图 2-6 所示的【点样式】对话框，用户可通过该对话框选择需要的点样式。此外，还可以在对话框的【点大小】文本框中设置点的大小。

图 2-6　【点样式】对话框

> **提示**
>
> 　　【相对于屏幕设置大小】单选按钮表示按屏幕尺寸的百分比设置点的显示大小；
> 　　【按绝对单位设置大小】单选按钮表示按实际单位设置点的显示大小。

2.4　绘制多段线

多段线是由直线段和圆弧段构成且可以有宽度的图形对象，如图 2-7 所示。在 AutoCAD 2011 中，单击【绘图】工具栏上的【多段线】按钮，或选择【绘图】|【多段线】命令，或执行 PLINE 命令，均可启动绘制多段线的操作。

> **提示**
>
> 　　用 PLINE 命令同时绘制出的直线段、圆弧段均属于一个图形对象。可以用 EXPLODE 命令(菜单命令：【修改】|【分解】命令)将多段线对象中构成多段线的直线段和圆弧段分解成单独的对象，即将原来属于一个对象的多段线分解成多个直线对象和圆弧对象，分解后得到的这些对象不再有线宽信息。

图 2-7　多段线

绘制多段线的操作如下。

新世纪高职高专规划教材

执行 PLINE 命令，AutoCAD 提示：

指定起点:(确定多段线的起始点)
当前线宽为 0.0000(说明当前的绘图线宽)
指定下一个点或 [圆弧(A)/半宽(H)/长度(L)/放弃(U)/宽度(W)]:

如果在此提示下再确定一点，即执行【指定下一个点】选项，AutoCAD 按当前线宽设置绘制出连接两点的直线段，同时提示：

指定下一点或 [圆弧(A)/闭合(C)/半宽(H)/长度(L)/放弃(U)/宽度(W)]:

与前面的提示相比，该提示增加了【闭合(C)】选项。下面介绍提示中各选项的含义及其操作。

(1)【指定下一点】

确定多段线另一端点的位置，为默认选项。用户响应后，AutoCAD 按当前线宽设置从前一点向该点绘一条直线段，而后重复提示：

指定下一点或 [圆弧(A)/闭合(C)/半宽(H)/长度(L)/放弃(U)/宽度(W)]:

(2)【圆弧(A)】

由绘制直线段方式切换为绘制圆弧段方式。执行该选项，AutoCAD 将当前点作为新绘制圆弧的起点，并提示：

指定圆弧的端点或
[角度(A)/圆心(CE)/闭合(CL)/方向(D)/半宽(H)/直线(L)/半径(R)/第二个点(S)/放弃(U)/宽度(W)]:

如果在此提示下直接确定圆弧的端点，即响应默认选项【指定圆弧的端点】，AutoCAD 绘制出以前一点和该点为两端点、以上一次所绘直线的方向或所绘弧的终点切线方向为起始点方向的圆弧，而后继续给出上面所示的绘圆弧提示。

下面介绍绘圆弧提示中其余各选项的含义及其操作。

①【角度(A)】

根据圆弧的包含角绘制圆弧。执行该选项，AutoCAD 提示：

指定包含角:(输入圆弧的包含角)
指定圆弧的端点或 [圆心(CE)/半径(R)]:

用户可以根据提示指定圆弧的终点、圆心或半径绘制圆弧。

②【圆心(CE)】

根据圆弧的圆心位置绘制圆弧。用户应输入 CE 执行该选项。执行【圆心(CE)】选项，AutoCAD 提示：

指定圆弧的圆心:(确定圆弧的圆心位置)
指定圆弧的端点或 [角度(A)/长度(L)]:

用户可以根据提示通过指定圆弧的终点、包含角或弦长来绘制圆弧。

③【闭合(CL)】

用一条圆弧封闭多段线。用户应输入 CL 执行该选项。封闭圆弧将以前一条直线段方向或前一条圆弧段的终点切线方向为新绘制圆弧的起点切线方向，以整条多段线的起点为圆弧的终点。

④【方向(D)】

确定所绘制圆弧在起始点处的切线方向。执行该选项，AutoCAD 提示：

> 指定圆弧的起点切向:(指定圆弧的起点切线方向)
> 指定圆弧的端点:(确定圆弧的另一个端点)

⑤【半宽(H)】

确定圆弧的起始半宽与终止半宽。执行此选项，AutoCAD 依次提示：

> 指定起点半宽:(输入起始半宽)
> 指定端点半宽:(输入终止半宽)

指定起始半宽和终止半宽后，AutoCAD 按此设置绘制圆弧段。

 提示 -

　　如果指定的起始半宽与终止半宽不一致，则只有在重新设置半宽后绘制出的对象按设置绘制，以后再绘制的对象按所设置的终止半宽绘制。

⑥【直线(L)】

将绘圆弧方式更改为绘直线方式。执行该选项，AutoCAD 返回到提示：

> 指定下一个点或 [圆弧(A)/闭合(C)半宽(H)/长度(L)/放弃(U)/宽度(W)]:

⑦【半径(R)】

根据半径绘制圆弧。执行该选项，AutoCAD 提示：

> 指定圆弧的半径:(输入圆弧的半径值)
> 指定圆弧的端点或 [角度(A)]:(指定圆弧的另一端点或包含角绘制圆弧)

⑧【第二个点(S)】

根据圆弧上的其他两点绘圆弧。执行该选项，AutoCAD 依次提示：

> 指定圆弧上的第二个点:(指定圆弧上的任意一点)
> 指定圆弧的端点:(指定圆弧上的终点)

⑨【放弃(U)】

取消上一次绘制的圆弧段。利用此选项，用户可以修改绘图中出现的错误。

⑩【宽度(W)】

确定所绘制圆弧的起始和终止宽度。执行此选项，AutoCAD 依次提示：

> 指定起点宽度:
> 指定端点宽度:

用户根据提示响应即可。设置宽度后，新绘制的第一条圆弧段按设置绘制，以后绘制的圆弧段将按终止宽度绘制。

(3)【闭合(C)】

执行此选项，AutoCAD 从当前点向多段线的起始点用当前宽度绘制直线段，即封闭所绘多段线，然后结束命令的执行。

(4)【半宽(H)】

确定所绘多段线的半宽度，即所设数值为多段线宽度的一半。执行该选项，AutoCAD 依次提示：

指定起点半宽：

指定端点半宽：

用户依次响应即可。设置半宽后，新绘制的第一条直线段按设置绘制，以后绘制的对象则按所设置的终止半宽绘制。

(5)【长度(L)】

从当前点绘制指定长度的直线段。执行该选项，AutoCAD 提示：

指定直线的长度：

在此提示下输入长度值，AutoCAD 沿着前一段直线方向绘出长度为输入值的直线段。如果前一段对象是圆弧，则所绘直线的方向沿着该圆弧终点的切线方向。

(6)【放弃(U)】

删除最后绘制的直线段或圆弧段。利用该选项，可以及时修改在绘制多段线过程中出现的错误。

(7)【宽度(W)】

确定多段线的宽度。执行该选项，AutoCAD 依次提示：

指定起点宽度：

指定端点宽度：

用户根据提示响应即可。设置宽度后，新绘制的第一条直线段按设置绘制，以后再绘制的对象则按所设置的终止宽度绘制。

2.5　绘制矩形和正多边形

在 AutoCAD 2011 中，利用本节介绍的方法绘制的矩形和正多边形均属于多段线对象。

§ 2.5.1　绘制矩形

在 AutoCAD 2011 中，单击【绘图】工具栏上的【矩形】按钮▢，或选择【绘图】|【矩形】命令，或执行 RECTANG 命令，均可启动绘制矩形的操作。绘制矩形的操作如下。

执行 RECTANG 命令，AutoCAD 提示：

指定第一个角点或 [倒角(C)/标高(E)/圆角(F)/厚度(T)/宽度(W)]:

此提示说明 AutoCAD 可以绘制出多种形式的矩形，与各选项对应的矩形如图 2-8 所示。

新世纪高职高专规划教材

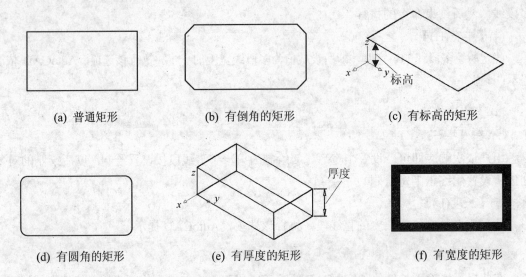

(a) 普通矩形	(b) 有倒角的矩形	(c) 有标高的矩形
(d) 有圆角的矩形	(e) 有厚度的矩形	(f) 有宽度的矩形

图 2-8　利用 RECTANG 命令绘制的矩形的形式

下面介绍该提示中各选项的含义及其操作。

(1)【指定第一个角点】

根据矩形的角点位置绘制矩形。此选项要求用户指定矩形的某一角点位置，为默认选项。确定矩形的一角点位置后，AutoCAD 提示：

指定另一个角点或 [面积(A)/尺寸(D)/旋转(R)]：

①【指定另一个角点】

指定矩形的对角点位置。确定该点后，AutoCAD 绘制出对应的矩形。

②【面积(A)】

根据面积绘制矩形。执行该选项，AutoCAD 提示：

输入以当前单位计算的矩形面积：(输入所绘制矩形的面积)

计算矩形标注时依据 [长度(L)/宽度(W)] <长度>：(利用【长度(L)】或【宽度(W)】选项输入矩形的长或宽。用户响应后，AutoCAD 按指定的面积和对应的尺寸绘制出矩形)

③【尺寸(D)】

根据矩形的长和宽绘制矩形。执行该选项，AutoCAD 提示：

指定矩形的长度：(输入矩形的长度)

指定矩形的宽度：(输入矩形的宽度)

指定另一个角点或 [面积(A)/尺寸(D)/旋转(R)]：(移动鼠标，相对于第一角点确定矩形的对角点位置，确定后单击，AutoCAD 按指定的长和宽绘制出矩形)

④【旋转(R)】

绘制旋转指定角度的矩形。执行该选项，AutoCAD 提示：

指定旋转角度或 [拾取点(P)] ：(输入旋转角度，或通过拾取点的方式确定角度)

指定另一个角点或 [面积(A)/尺寸(D)/旋转(R)]：(通过执行某一选项绘制出对应的矩形)

(2)【倒角(C)】

确定矩形的倒角尺寸，使所绘矩形在各角点处按设置的尺寸倒角。执行该选项，AutoCAD提示：

指定矩形的第一个倒角距离:(输入矩形的第一倒角距离)

指定矩形的第二个倒角距离:(输入矩形的第二倒角距离)

指定第一个角点或 [倒角(C)/标高(E)/圆角(F)/厚度(T)/宽度(W)]: (确定矩形的角点位置或进行其他设置)

(3)【标高(E)】

确定矩形的绘图高度，该高度指绘图面与 XY 面之间的距离。此功能一般用于三维绘图。执行【标高(E)】选项，AutoCAD 提示：

指定矩形的标高:(输入高度值)

指定第一个角点或 [倒角(C)/标高(E)/圆角(F)/厚度(T)/宽度(W)]:(确定矩形的角点位置或进行其他设置)

(4)【圆角(F)】

指定矩形在角点处的圆角半径，以便使所绘制的矩形在各角点处有圆角。执行该选项，AutoCAD 提示：

指定矩形的圆角半径:(输入圆角的半径值)

指定第一个角点或 [倒角(C)/标高(E)/圆角(F)/厚度(T)/宽度(W)]:(确定矩形的角点位置或进行其他设置)

(5)【厚度(T)】

指定矩形的绘图厚度，使所绘矩形具有一定的厚度。此功能一般用于三维绘图。执行【厚度(T)】选项，AutoCAD 提示：

指定矩形的厚度:(输入厚度值)

指定第一个角点或 [倒角(C)/标高(E)/圆角(F)/厚度(T)/宽度(W)]:(确定矩形的角点位置或进行其他设置)

(6)【宽度(W)】

设置矩形的线宽。执行该选项，AutoCAD 提示：

指定矩形的线宽:(输入宽度值)

指定第一个角点或 [倒角(C)/标高(E)/圆角(F)/厚度(T)/宽度(W)]:(确定矩形的角点位置或进行其他设置)

§ 2.5.2　绘制正多边形

正多边形即等边多边形。在 AutoCAD 2011 中，单击【绘图】工具栏上的【正多边形】按钮⬡，或选择【绘图】|【正多边形】命令，或执行 POLYGON 命令，均可启动绘制正多边形的操作。绘制正多边形的操作如下。

执行 POLYGON 命令，AutoCAD 提示：

输入边的数目:(确定多边形的边数，允许值为 3~1024)

指定正多边形的中心点或 [边(E)]:

下面介绍以上提示中各选项的含义及其操作。

(1)【指定正多边形的中心点】

要求用户确定正多边形的中心点，为默认选项。指定中心点后，AutoCAD 将用多边形的假想外接圆或内切圆来绘制正多边形。执行该选项，即指定多边形的中心点后，AutoCAD提示：

> 输入选项 [内接于圆(I)/外切于圆(C)]:

提示中的【内接于圆(I)】选项表示所绘多边形将内接于假想的圆，【外切于圆(C)】选项表示所绘多边形将外切于假想的圆。

如果执行【内接于圆(I)】选项，AutoCAD 提示：

> 指定圆的半径:

在此提示下输入圆的半径后，AutoCAD 会假设有一半径为输入值、圆心位于多边形中心的圆，并按照指定的边数绘制出与该圆内接的多边形。

如果执行【外切于圆(C)】选项，AutoCAD 提示：

> 指定圆的半径:

在此提示下输入圆的半径后，AutoCAD 会假设有一半径为输入值、圆心位于正多边形中心的圆，并按照指定的边数绘制出与该圆外切的多边形。

(2)【边(E)】

根据多边形某一条边的两个端点绘制多边形。执行该选项，AutoCAD 依次提示：

> 指定边的第一个端点:
> 指定边的第二个端点:

确定边的两端点后，AutoCAD 以指定的两点作为多边形一条边的两个端点，并按指定的边数绘制出等边多边形。

提示--
利用 AutoCAD 2011，还可以绘制样条曲线、多线等图形对象。因篇幅所限，在此不再介绍。

2.6　上机实战

一、绘制如图 2-9 所示的图形。

图 2-9　练习图

提示------------------
　本练习图由直线、圆和多段线组成。

(1) 绘制圆

选择【绘图】|【圆】|【圆心、半径】命令，AutoCAD 提示：

指定圆的圆心或 [三点(3P)/两点(2P)/切点、切点、半径(T)]:170,150↙

指定圆的半径或 [直径(D)]: 30 ↙

（2）绘制直线

单击【绘图】工具栏上的【直线】按钮，AutoCAD 提示：

指定第一点:100,150↙

指定下一点或 [放弃(U)]:@40,0↙

指定下一点或 [放弃(U)]:↙

单击【绘图】工具栏上的【直线】按钮，AutoCAD 提示：

指定第一点: 200,150↙

指定下一点或 [放弃(U)]: @40,0↙

指定下一点或 [放弃(U)]:↙

（3）绘制多段线

单击【绘图】工具栏上的【多段线】按钮，或选择【绘图】|【多段线】命令，AutoCAD 提示：

指定起点: 200,150↙

指定下一个点或 [圆弧(A)/半宽(H)/长度(L)/放弃(U)/宽度(W)]: w↙

指定起点宽度: 0↙

指定端点宽度: 15↙

指定下一个点或 [圆弧(A)/半宽(H)/长度(L)/放弃(U)/宽度(W)]:@-10,0↙

指定下一点或 [圆弧(A)/闭合(C)/半宽(H)/长度(L)/放弃(U)/宽度(W)]:↙

二、绘制如图 2-10 所示的图形。

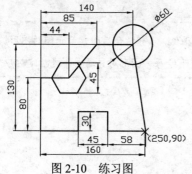

图 2-10　练习图

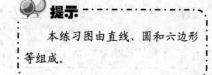

提示

本练习图由直线、圆和六边形等组成。

（1）启动 AutoCAD 2011，单击【标准】工具栏上的【新建】按钮，或选择【文件】|【新建】命令，从打开的【选择样板】对话框中选择样板文件【acadiso.dwt】，单击对话框中的【打开】按钮建立新图形。

（2）选择【视图】|【缩放】|【全部】命令，将样板文件【acadiso.dwt】设置的默认绘图范围显示在绘图窗口的中间。

（3）绘制直线轮廓

单击【绘图】工具栏上的【直线】按钮，选择【绘图】|【直线】命令，AutoCAD 提示：

新世纪高职高专规划教材

指定第一点: 250,90✓

指定下一点或 [放弃(U)]: @-58,0✓

指定下一点或 [放弃(U)]: @0,30✓

指定下一点或 [闭合(C)/放弃(U)]: @-45,0✓

指定下一点或 [闭合(C)/放弃(U)]: @0,-30✓

指定下一点或 [闭合(C)/放弃(U)]: @-57,0✓

指定下一点或 [闭合(C)/放弃(U)]: @0,80✓

指定下一点或 [闭合(C)/放弃(U)]: @44,0✓

指定下一点或 [闭合(C)/放弃(U)]: @41,50✓

指定下一点或 [闭合(C)/放弃(U)]: @55,0✓

指定下一点或 [闭合(C)/放弃(U)]: C✓

(4) 绘制圆

选择【绘图】|【圆】|【圆心、半径】命令，AutoCAD 提示:

指定圆的圆心或 [三点(3P)/两点(2P)/切点、切点、半径(T)]:230,220✓

指定圆的半径或 [直径(D)]: 30✓

(5) 绘制六边形

选择【绘图】|【正多边形】命令，AutoCAD 提示:

输入边的数目 <4>: 6✓

指定正多边形的中心点或 [边(E)]: 134,170✓

输入选项 [内接于圆(I)/外切于圆(C)] <I>:✓

指定圆的半径: 22.5✓

提示 -

　　从本练习可以看出，仅利用基本绘图命令绘图的效率很低，只有结合后面章节介绍的图形编辑以及

其他功能，才能够利用 AutoCAD 高效地绘制图形，而不是当绘每一图形对象时要事先确定对应的坐标。

2.7 习题

1. 判断题

(1) 执行一次 LINE 命令只能绘制一条直线段。(　　)

(2) 用 AutoCAD 进行机械制图时，射线和构造线一般可用作辅助线。(　　)

(3) 用 CIRCLE 命令的【相切、相切、半径(T)】选项绘制圆时，得到的相切圆与选择相切对象时的选择位置无关。(　　)

(4) 根据包含角绘制圆弧时，包含角有正、负之分。(　　)

(5) 利用多段线可以绘制机械制图中的箭头。(　　)

(6) 用 RECTANG 命令绘制的矩形和用 POLYGON 命令绘制的正多边形均属于多段线对

象。(　　)

(7) 用 AutoCAD 可绘制最多有 1024 条边的正多边形。(　　)

(8) 当根据正多边形上某一条边的两个端点位置绘制正多边形时，所得到的多边形的位置与两端点的指定顺序无关。(　　)

(9) 绘制矩形时，可以使矩形在各角点处有倒角或圆角。(　　)

(10) 绘制矩形时，所绘制的矩形可以有线宽。(　　)

2. 上机习题

绘制如图 2-11 所示的各图形(未注尺寸的图形由读者自行确定)。

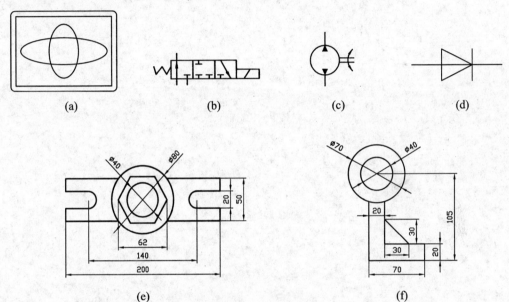

图 2-11　上机绘图练习

新世纪高职高专规划教材

第**3**章

编 辑 图 形

主要内容　　利用第 2 章介绍的基本绘图命令绘制各种机械图形效率较低,有时甚至难以完成。只有结合本章介绍的图形编辑以及后续章节介绍的相关功能,才能够利用 AutoCAD 高效、准确地绘制机械图形。本章将重点介绍 AutoCAD 2011 的二维图形编辑功能。

本章重点
- ➤ 选择对象的方式
- ➤ 编辑命令的使用
- ➤ 编辑多段线

- ➤ 利用【特性】选项板编辑图形
- ➤ 利用夹点编辑图形

3.1 删除对象

删除对象是指删除不需要的已有图形对象。在 AutoCAD 2011 中,单击【修改】工具栏上的【删除】按钮✐,或选择【修改】|【删除】命令,或直接执行 ERASE 命令,均可启动删除图形对象的操作。删除图形对象的操作如下。

执行 ERASE 命令,AutoCAD 提示:

> 选择对象:(选择要删除的对象。此时在绘图窗口中直接选择(又称为拾取)要删除的对象即可)
> 选择对象:↙(也可以继续选择对象)

执行结果:AutoCAD 删除选中的对象。

🎬提示 -

当执行 AutoCAD 的某一编辑命令或其他命令后,AutoCAD 通常会提示【选择对象:】,即要求用户选择要进行编辑或进行对应操作的对象,同时把十字光标改为一个小方框,称之为拾取框。此时用户除了可以直接选择对应的对象外,还有其他多种选择对象的方法。下面将进行逐一介绍。

3.2 选择对象的方式

本节首先介绍选择对象时的选择模式，然后介绍选择对象的方法。

1. 对象选择模式

AutoCAD 有添加模式和去除模式两种对象选择模式。

如前面的删除命令所示：当 AutoCAD 给出提示【选择对象:】，用户在该提示下选择要删除的对象后，AutoCAD 一般会继续提示【选择对象:】，即用户可以继续选择要操作的对象。在【选择对象:】提示下的对象选择模式称为添加模式，即在该选择模式下，所选择的对象均添加到了选择集中。

实际操作中，当选择一些对象后，可能有错选的情况，需要从选择集中去掉，这时可以通过去除模式实现。去除模式是指将选中的对象移出选择集，在画面上表现为：原来以虚线形式显示的被选中对象又恢复为正常显示，即退出了选择集。

从添加模式切换到去除模式的方法是在【选择对象:】提示下输入 R 后按 Enter 键，即用 R 响应，AutoCAD 的提示由【选择对象:】变为：

删除对象:

此提示表示进入了去除模式，用户可以进行相应的选择操作。

如果在【删除对象:】提示下用 A 响应，即输入 A 后按 Enter 键，AutoCAD 的提示变为：

选择对象:

即又进入添加模式。

 提示 ------------------------------------

用户可以根据需要随时在添加模式和去除模式之间切换。

2. 选择对象的方法

下面以在【选择对象:】提示下，介绍选择操作对象时的各种选择方式(在【删除对象:】提示下的操作与此类似)。

(1) 直接拾取方式

直接拾取方式是默认的选择对象方式。选择过程为：通过鼠标移动拾取框，使其压住要选择的对象，然后单击，该对象以虚线形式显示(又称为高亮显示)，表示已被选中。

(2) 选择全部对象

在【选择对象:】提示下输入 ALL 后，按 Enter 键或 Space 键，AutoCAD 会选中屏幕上的所有对象。

(3) 默认矩形窗口选择方式

当提示【选择对象:】时，将拾取框移至图中的空白处(注意：不要压到对象上)，单击，AutoCAD 提示：

指定对角点:

在该提示下将光标移到另一个位置后单击，AutoCAD 以这两个拾取点为对角点确定一个矩形选择窗口，且如果矩形窗口是从左向右定义的(即定义窗口的第二角点位于第一角点的右侧)，那么位于窗口内的对象均被选中，而位于窗口外以及与窗口边界相交的对象不会被选中，如图 3-1 所示；如果矩形窗口是从右向左定义的(即定义窗口的第二角点位于第一角点的左侧)，那么不仅位于窗口内的对象会被选中，与窗口边界相交的对象也会被选中，如图 3-2 所示。

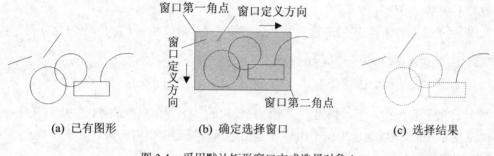

(a) 已有图形　　　　　　(b) 确定选择窗口　　　　　　(c) 选择结果

图 3-1　采用默认矩形窗口方式选择对象 1

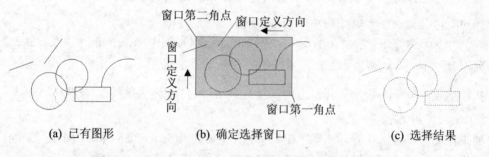

(a) 已有图形　　　　　　(b) 确定选择窗口　　　　　　(c) 选择结果

图 3-2　采用默认矩形窗口方式选择对象 2

(4) 矩形窗口选择方式

该选择方式可以选中位于矩形选择窗口内的所有对象。如果在【选择对象:】提示下输入 W 后，按 Enter 键或 Space 键，AutoCAD 会提示用户确定指定矩形选择窗口的两个对角点:

指定第一个角点:(确定窗口的第一角点位置)
指定对角点:(确定窗口的对角点位置)

指定了选择窗口后，位于由两点确定的矩形窗口内的所有对象均会被选中。

提示

　　矩形窗口选择方式与默认矩形选择窗口方式的区别: 对于矩形窗口选择方式，当在【指定第一个角点:】提示下指定矩形窗口的第一角点位置时，无论拾取框是否压住对象，AutoCAD 均将指定的点看作选择窗口的第一角点，不会选中所压对象。另外，采用该选择方式时，无论是从左向右还是从右向左定义选择窗口，被选中的对象均是位于窗口内的对象。

新世纪高职高专规划教材

[]

（5）交叉矩形窗口选择方式

如果在【选择对象:】提示下输入 C 后，按 Enter 键，AutoCAD 会依次提示用户指定矩形选择窗口的两个角点：

> 指定第一个角点:(确定窗口的第一角点位置)
> 指定对角点:(确定窗口的对角点位置)

执行结果：位于矩形窗口内以及与窗口边界相交的所有对象均被选中。

（6）不规则窗口选择方式

如果在【选择对象:】提示下输入 WP 后，按 Enter 键或 Space 键，AutoCAD 提示：

> 第一圈围点:(指定不规则选择窗口的第一个角点位置)
> 指定直线的端点或 [放弃(U)]:

在这样的一系列提示下，指定不规则选择窗口的其他各角点的位置，完成后按 Enter 键或 Space 键，AutoCAD 会选中位于由这些点确定的不规则窗口内的所有对象。

（7）不规则交叉窗口选择方式

如果在【选择对象:】提示下输入 CP 后，按 Enter 键或 Space 键，AutoCAD 提示：

> 第一圈围点:(指定不规则选择窗口的第一个角点位置)
> 指定直线的端点或 [放弃(U)]:(在这样的一系列提示下，指定不规则选择窗口的其他各角点的位置，指定后按 Enter 键或 Space 键)

执行结果：位于不规则选择窗口内以及与该窗口边界相交的对象均被选中。

（8）前一个方式

如果在【选择对象:】提示下输入 P 后，按 Enter 键或 Space 键，AutoCAD 会选中在当前编辑操作前所执行的编辑操作中，在【选择对象:】提示下所选中的对象。

（9）最后一个方式

在【选择对象:】提示下输入 L 后，按 Enter 键或 Space 键，AutoCAD 会选中最后操作或者是最后绘制的对象。

（10）栏选方式

在【选择对象:】提示下输入 F 后，按 Enter 键或 Space 键，AutoCAD 提示：

> 指定第一个栏选点:(确定第一点)
> 指定下一个栏选点或 [放弃(U)]:

在后续的一系列提示下确定栏选方式的其他各栏选点后，按 Enter 键或 Space 键，则与由所选点确定的围线相交的对象均被选中。

提示

某些 AutoCAD 命令一次只能对一个对象操作，此时只能通过直接拾取的方式选择操作对象。还有些命令只能采用特殊选择对象的方式选择对象。后面在介绍这些特殊命令时，将对选择对象的方式给予专门说明。

3.3 移动对象

移动对象是指将选定的对象从当前位置移动到另一位置。在 AutoCAD 2011 中,单击【修改】工具栏上的【移动】按钮 ，或选择【修改】|【移动】命令,或执行 MOVE 命令,均可启动移动图形对象的操作。移动图形对象的操作如下。

执行 MOVE 命令,AutoCAD 提示:

> 选择对象:(选择要移动位置的对象)
> 选择对象:✓(也可以继续选择对象)
> 指定基点或 [位移(D)]<位移>:

下面介绍各选项的含义及其操作。

(1)【指定基点】

确定移动基点,为默认选项。指定移动基点后,AutoCAD 提示:

> 指定第二个点或 <使用第一个点作为位移>:

在此提示下再确定一点,即执行【指定第二个点】选项,AutoCAD 将选择的对象从当前位置按由指定的两点确定的位移矢量移动;如果在此提示下直接按 Enter 键或 Space 键,即执行【使用第一个点作为位移】选项,AutoCAD 将所指定的第一点的各坐标分量作为移动位移量移动对象。

(2)【位移(D)】

根据位移量移动对象。执行该选项,AutoCAD 提示:

> 指定位移:

如果在此提示下输入位移量,AutoCAD 将所选择对象按对应的位移量移动对象。例如,在【指定位移】提示下输入 100,130,35,然后按 Enter 键,那么 100、130 和 35 分别表示对象沿 X、Y 和 Z 坐标方向的移动位移量。

3.4 复制对象

复制对象是指将选定的对象复制到指定位置。在 AutoCAD 2011 中,单击【修改】工具栏上的【复制】按钮 ，或选择【修改】|【复制】命令,或直接执行 COPY 命令,均可启动复制图形对象操作。复制图形对象的操作如下。

执行 COPY 命令,AutoCAD 提示:

> 选择对象:(选择要复制的对象)
> 选择对象:✓(也可以继续选择对象)
> 指定基点或 [位移(D)/模式(O)]<位移>:

下面介绍各选项的含义及其操作。

新世纪高职高专规划教材

(1)【指定基点】

确定复制操作的基点，为默认选项。执行该默认选项，即指定复制基点后，AutoCAD
提示：

指定第二个点或 <使用第一个点作为位移>:

如果在此提示下再指定一点，即执行【指定第二个点】选项，AutoCAD 将所选择对象按
由所指定两点确定的位移矢量复制到指定位置；如果直接按 Enter 键或 Space 键，即执行【使
用第一个点作为位移】选项，AutoCAD 将第一点的各坐标分量作为位移量复制对象。完成一
次复制操作后，AutoCAD 继续提示：

指定第二个点或 [退出(E)/放弃(U)] <退出>:

如果在该提示下再依次确定位移的第二点，AutoCAD 将所选对象按基点与其他各点确定
的各位移矢量关系进行多次复制；如果按 Space 键或 Esc 键，AutoCAD 结束复制操作。

(2)【位移(D)】

根据位移量复制对象。执行该选项，AutoCAD 提示：

指定位移:

如果在此提示下输入位移量，AutoCAD 将所选择对象按对应的位移量复制。

(3)【模式(O)】

确定复制的模式。执行该选项，AutoCAD 提示：

输入复制模式选项 [单个(S)/多个(M)] <多个>:

其中，【单个(S)】选项表示只能对选择的对象执行一次复制，而【多个(M)】选项表示
可以执行多次复制，AutoCAD 默认为【多个(M)】选项。

3.5 镜像对象

镜像对象是指将选定的对象相对于镜像线实现镜像，如图 3-3 所示。

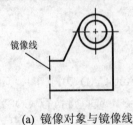
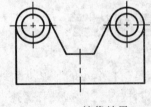

(a) 镜像对象与镜像线　　　　　　　　　(b) 镜像结果

图 3-3　镜像示例

在 AutoCAD 2011 中，单击【修改】工具栏上的【镜像】按钮，或选择【修改】|【镜
像】命令，或直接执行 MIRROR 命令，均可以启动镜像图形对象的操作。镜像图形对象的操
作如下。

执行 MIRROR 命令，AutoCAD 提示：

选择对象:(选择要镜像的对象)
选择对象:✓(也可以继续选择对象)
指定镜像线的第一点:(确定镜像线上的一点)
指定镜像线的第二点:(确定镜像线上的另一点)
要删除源对象吗？[是(Y)/否(N)] <N>:

此提示询问用户是否要删除源操作对象，如果直接按 Enter 键或 Space 键，即执行默认选项，AutoCAD 镜像复制对象，即镜像后保留源对象；如果执行【是(Y)】选项，AutoCAD 执行镜像操作后将删除源对象。

提示
　　执行镜像操作时，无需专门绘制出镜像线。用户可根据情况直接通过指定两点来确定镜像线，也可以将已有图形上的某条直线作为镜像线。

3.6　旋转对象

旋转对象是指将选定的对象绕指定点旋转指定的角度。在 AutoCAD 2011 中，单击【修改】工具栏上的【旋转】按钮，或选择【修改】|【旋转】命令，或执行 ROTATE 命令，均可以启动旋转图形对象的操作。旋转图形对象的操作如下。

执行 ROTATE 命令，AutoCAD 提示：

选择对象:(选择要旋转的对象)
选择对象:✓(也可以继续选择对象)
指定基点:(指定旋转基点)
指定旋转角度，或[复制(C)/参照(R)]:

下面介绍提示中各选项的含义及其操作。

(1)【指定旋转角度】
确定旋转角度。如果直接在如上所示的提示下输入角度值后按 Enter 键或 Space 键，AutoCAD 将对象绕基点转动指定的角度。

提示
　　在默认角度设置下，角度为正时沿逆时针方向旋转，反之则沿顺时针方向旋转。

(2)【复制(C)】
用于保证创建出旋转对象后仍然保留源对象，即进行旋转复制。

(3)【参照(R)】
以参照方式确定旋转角度。执行该选项，AutoCAD 提示：

指定参照角:(输入参照角度值)
指定新角度或 [点(P)] <0>:(输入新角度值，或通过【点(P)】选项指定两点来确定新角度)

执行结果：AutoCAD 根据参照角度与新角度的值自动计算旋转角度，且旋转角度=新角度－参照角度，并将对象绕基点旋转该角度。

3.7 缩放对象

缩放对象是指将选定的对象相对于指定点按指定的比例放大或缩小。在 AutoCAD 2011 中，单击【修改】工具栏上的【缩放】按钮□，或选择【修改】|【缩放】命令，或执行 SCALE 命令，均可以启动缩放图形对象的操作。缩放图形对象的操作如下。

执行 SCALE 命令，AutoCAD 提示：

> 选择对象:(选择要缩放的对象)
> 选择对象:✓(也可以继续选择对象)
> 指定基点:(确定基点位置)
> 指定比例因子或 [复制(C)/参照(R)]:

下面介绍提示中各选项的含义及其操作。

(1)【指定比例因子】

用于确定缩放的比例因子，为默认选项。执行该选项，即输入比例因子后，按 Enter 键或 Space 键，AutoCAD 将所选择的对象根据默认比例因子相对于基点缩放，且如果 0<比例因子<1 时缩小对象，比例因子>1 时放大对象。

(2)【复制(C)】

用于保证当执行缩放操作后，仍然保留源对象。

(3)【参照(R)】

将对象按参照方式确定缩放比例。执行该选项，AutoCAD 提示：

> 指定参照长度:(输入参照长度的值)
> 指定新的长度或 [点(P)]:(输入新的长度值或通过【点(P)】选项通过指定两点来确定长度值)

执行结果：AutoCAD 根据参照长度与新长度的值自动计算比例因子，且比例因子=新长度值÷参照长度值，然后执行对应的缩放操作。

3.8 修剪对象

修剪对象是指使用作为剪切边的对象修剪指定的对象，如图 3-4 所示。

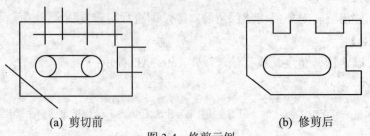

(a) 剪切前　　　　　　　　　　(b) 修剪后

图 3-4　修剪示例

新世纪高职高专规划教材

在 AutoCAD 2011 中，单击【修改】工具栏上的【修剪】按钮，或选择【修改】|【修剪】命令，或直接执行 TRIM 命令，均可以启动修剪对象的操作。修剪对的象操作如下。

执行 TRIM 命令，AutoCAD 提示：

> 选择剪切边...
> 选择对象或 <全部选择>:(选择作为剪切边的对象，直接按 Enter 键则会选择全部对象)
> 选择对象↙(还可以继续选择对象)
> 选择要修剪的对象，或按住 Shift 键选择要延伸的对象，或
> [栏选(F)/窗交(C)/投影(P)/边(E)/删除(R)/放弃(U)]:

下面介绍该提示中各选项的含义及其操作。

(1)【选择要修剪的对象，或按住 Shift 键选择要延伸的对象】

在该提示下，如果选择被修剪对象，AutoCAD 会以剪切边为边界，将被修剪对象上位于拾取点一侧的多余部分或位于两条剪切边之间的对象剪切掉。如果被修剪对象没有与剪切边相交，在该提示下按住 Shift 键后选择对应的对象，AutoCAD 将其延伸到剪切边。

> 📢 提示 ---
> 用 TRIM 命令进行修剪操作时，作为剪切边的对象可以同时作为被修剪对象。

(2)【栏选(F)】

以栏选方式确定被修剪对象。执行该选项，AutoCAD 提示：

> 指定第一个栏选点:(指定第一个栏选点)
> 指定下一个栏选点或 [放弃(U)]:(依次在此提示下确定各栏选点)
> 指定下一个栏选点或 [放弃(U)]:↙(AutoCAD 执行对应的修剪)
> 选择要修剪的对象，或按住 Shift 键选择要延伸的对象，或
> [栏选(F)/窗交(C)/投影(P)/边(E)/删除(R)/放弃(U)]:↙(也可以继续选择操作对象，或进行其他操作或设置)

(3)【窗交(C)】

将与选择窗口边界相交的对象作为被修剪对象。执行该选项，AutoCAD 提示：

> 指定第一个角点:(确定窗口的第一角点)
> 指定对角点:(确定窗口的另一角点，AutoCAD 执行对应的修剪)
> 选择要修剪的对象，或按住 Shift 键选择要延伸的对象，或
> [栏选(F)/窗交(C)/投影(P)/边(E)/删除(R)/放弃(U)]:↙(也可以继续选择操作对象，或进行其他操作或设置)

(4)【投影(P)】

确定执行修剪操作的空间。执行该选项，AutoCAD 提示：

> 输入投影选项 [无(N)/UCS(U)/视图(V)]:

其中，【无(N)】选项表示按实际三维空间的相互关系修剪，即只有在三维空间实际交叉的对象才能彼此修剪，而不是按照在平面上的投影关系修剪。【UCS(U)】选项表示将在当前 UCS(用户坐标系，详见 10.3 节)的 XY 面上修剪。选择该选项后，可以在当前 XY 平面上按照投影关系对三维空间中并没有相交的对象进行修剪。【视图(V)】在当前视图平面上按对象

的投影相交关系修剪。

提示

> 与【投影(P)】选项对应的各设置对按下 Shift 键延伸时也有效。

(5)【边(E)】

确定剪切边的隐含延伸模式。执行该选项，AutoCAD 提示：

> 输入隐含边延伸模式 [延伸(E)/不延伸(N)]:

其中，【延伸(E)】选项表示按延伸模式进行修剪，即如果剪切边过短，没有与被修剪对象相交，那么 AutoCAD 会假设延长剪切边，并对其进行修剪。【不延伸(N)】选项表示只按边的实际相交情况进行修剪。如果剪切边过短，没有与被修剪对象相交，AutoCAD 不对其进行修剪。

(6)【删除(R)】

删除指定的对象。执行该选项，AutoCAD 提示：

> 选择要删除的对象或 <退出>: (选择要删除的对象)
> 选择要删除的对象:✓ (AutoCAD 执行对应的删除，也可以继续选择要删除的对象)
> 选择要修剪的对象，或按住 Shift 键选择要延伸的对象，或
> [栏选(F)/窗交(C)/投影(P)/边(E)/删除(R)/放弃(U)]:(继续进行其他操作或设置)

(7)【放弃(U)】

取消上一次操作。

3.9 延伸对象

延伸对象是指将指定的对象延伸到指定的边界，如图 3-5 所示。

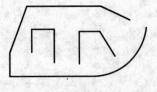   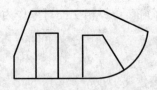

(a) 延伸前   (b) 延伸后

图 3-5　延伸示例

在 AutoCAD 2011 中，单击【修改】工具栏上的【延伸】按钮，或选择【修改】|【延伸】命令，或执行 EXTEND 命令，均可启动延伸对象的操作。延伸对象的操作如下。

执行 EXTEND 命令，AutoCAD 提示：

> 选择边界的边...
> 选择对象或 <全部选择>:(选择作为边界的对象，按 Enter 键则会选择全部对象)
> 选择对象:✓(也可以继续选择对象)
> 选择要延伸的对象，或按住 Shift 键选择要修剪的对象，或

[栏选(F)/窗交(C)/投影(P)/边(E)/放弃(U)]:

下面介绍该提示中各选项的含义及其操作。

(1)【选择要延伸的对象，或按住 Shift 键选择要修剪的对象】

如果在该提示下选择要延伸的对象，AutoCAD 会将其延长到指定的边界对象。如果有对象与边界对象交叉，那么按住 Shift 键后选择对应的对象，AutoCAD 会对其进行修剪，即对所选择对象用边界对象将位于拾取点一侧的部分修剪掉。

提示

用 EXTEND 命令进行延伸操作时，作为延伸边界的对象可以同时作为被延伸的对象。

(2)【栏选(F)】

以栏选方式确定被延伸的对象。执行该选项，AutoCAD 提示：

指定第一个栏选点:(指定第一个栏选点)
指定下一个栏选点或 [放弃(U)]:(依次在此提示下确定各栏选点)
指定下一个栏选点或 [放弃(U)]:✓(AutoCAD 执行对应的延伸)
选择要延伸的对象，或按住 Shift 键选择要修剪的对象，或
[栏选(F)/窗交(C)/投影(P)/边(E)/放弃(U)]:✓(也可以继续选择操作对象，或进行其他操作或设置)

(3)【窗交(C)】

使与选择窗口边界相交的对象作为被延伸的对象。执行该选项，AutoCAD 提示：

指定第一个角点: (确定窗口的第一角点)
指定对角点: (确定窗口的另一角点，而后 AutoCAD 执行对应的延伸)
选择要延伸的对象，或按住 Shift 键选择要修剪的对象，或
[栏选(F)/窗交(C)/投影(P)/边(E)/放弃(U)]:✓(也可以继续选择操作对象，或进行其他操作或设置)

(4)【投影(P)】

确定执行延伸操作的空间。执行该选项，AutoCAD 提示：

输入投影选项 [无(N)/UCS(U)/视图(V)]:

其中，【无(N)】选项表示按照实际三维关系(而不是投影关系)延伸，即只有在三维空间中实际能够相交的对象才能够被延伸。【UCS(U)】选项表示在当前 UCS 的 XY 平面上延伸，此时，可以在 XY 平面上按投影关系延伸在三维空间中并不相交的对象。【视图(V)】选项表示将在当前视图平面上按对象的投影关系延伸。

提示

与【投影(P)】选项对应的各设置对按下 Shift 键修剪时也有效。

(5)【边(E)】

确定延伸模式。执行该选项，AutoCAD 提示：

输入隐含边延伸模式 [延伸(E)/不延伸(N)]:

新世纪高职高专规划教材

其中，【延伸(E)】选项表示按延伸模式进行延伸，即如果边界对象过短，被延伸对象延伸后不能与其相交，AutoCAD 将假设延长边界对象，使被延伸对象延伸到与其相交的位置。【不延伸(N)】选项表示将按边的实际位置进行延伸，即如果边界对象过短、被延伸对象延伸后不能与其相交，则不进行延伸操作。

(6)【放弃(U)】

取消上一次操作。

3.10 偏移对象

通过对已有对象执行偏移操作，可以创建出同心圆、平行线或等距曲线等对象，如图 3-6 所示。

(a) 原图形

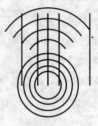
(b) 偏移结果

图 3-6　偏移操作示例

> **提示**
>
> 　　对不同的对象执行 OFFSET 命令，结果不同(参见图 3-6)。对圆弧偏移后，新圆弧与旧圆弧有同样的包含角，但新圆弧的长度发生了改变。对圆或椭圆偏移后，新圆与旧圆以及新椭圆与旧椭圆有同样的圆心，但新圆的半径或新椭圆的轴长将发生对应的变化。对线段、构造线或射线执行偏移操作，实际为平行复制，得到的结果是一组平行线。

在 AutoCAD 2011 中，单击【修改】工具栏上的【偏移】按钮 ，或选择【修改】|【偏移】命令，或执行 OFFSET 命令，均可启动偏移图形对象的操作。偏移图形对象的操作如下。

执行 OFFSET 命令，AutoCAD 提示：

　　指定偏移距离或 [通过(T)/删除(E)/图层(L)] <通过>:

下面介绍提示中各选项的具体含义及其操作方法。

(1)【指定偏移距离】

按指定的偏移距离偏移对象。如果在上面给出的提示下输入距离值，AutoCAD 提示：

　　选择要偏移的对象，或 [退出(E)/放弃(U)] <退出>:(选择偏移对象，也可以按 Enter 键或 Space 键退出命令的执行)

指定要偏移的那一侧上的点，或 [退出(E)/多个(M)/放弃(U)] <退出>:(相对于源对象，在要偏移到的一侧任意确定一点，即可实现偏移。【退出(E)】选项用于结束命令的执行。【多个(M)】选项用于实现多次偏移。【放弃(U)】选项用于取消上一次的偏移操作)

选择要偏移的对象，或 [退出(E)/放弃(U)] <退出>:✓(可以继续选择对象进行偏移)

(2)【通过(T)】

使偏移后得到的对象通过指定的点。执行该选项，AutoCAD 提示：

选择要偏移的对象，或[退出(E)/放弃(U)] <退出>:(选择偏移对象)

指定通过点或 [退出(E)/多个(M)/放弃(U)] <退出>:(确定对象要通过的点后，即可实现偏移。【多个(M)】选项用于实现多次偏移。【退出(E)】选项用于结束命令的执行。【放弃(U)】选项用于取消上一次的偏移操作)

选择要偏移的对象，或 [退出(E)/放弃(U)] <退出>:✓(也可以继续选择对象进行偏移)

(3)【删除(E)】

实现偏移操作后，删除源对象。执行该选项，AutoCAD 提示：

要在偏移后删除源对象吗？[是(Y)/否(N)] <否>:(根据需要响应)
指定偏移距离或 [通过(T)/删除(E)/图层(L)] <通过>:(根据提示操作)

(4)【图层(L)】

确定将偏移后得到的对象创建在当前图层，还是源对象所在的图层(第 5 章将介绍图层知识)。执行【图层(L)】选项，AutoCAD 提示：

输入偏移对象的图层选项 [当前(C)/源(S)] <源>:

在此提示下，用户可以通过【当前(C)】选项将偏移对象创建在当前图层；通过【源(S)】选项将偏移对象创建在源对象所在的图层上。用户响应后，AutoCAD 提示：

指定偏移距离或 [通过(T)/删除(E)/图层(L)] <通过>:

根据提示进行相应的操作即可。

提示

执行 OFFSET 命令后，只能以直接拾取的方式选择对象，而且在一次偏移操作中只能选择一个对象进行操作。

3.11 阵列对象

阵列对象是指将对象实现矩形或环形多重复制。在 AutoCAD 2011 中，单击【修改】工具栏上的【阵列】按钮器，或选择【修改】|【阵列】命令，或执行 ARRAY 命令，均可启动阵列图形对象的操作。阵列图形对象的操作如下。

执行 ARRAY 命令，AutoCAD 打开如图 3-7 所示的【阵列】对话框。

图 3-7 【阵列】对话框

用户可通过该对话框进行矩形阵列或环形阵列的设置并实施阵列，下面分别进行介绍。

§ 3.11.1 矩形阵列

【阵列】对话框用于矩形阵列设置，即选中了对话框中的【矩形阵列】单选按钮。如图 3-8 所示为矩形阵列效果。

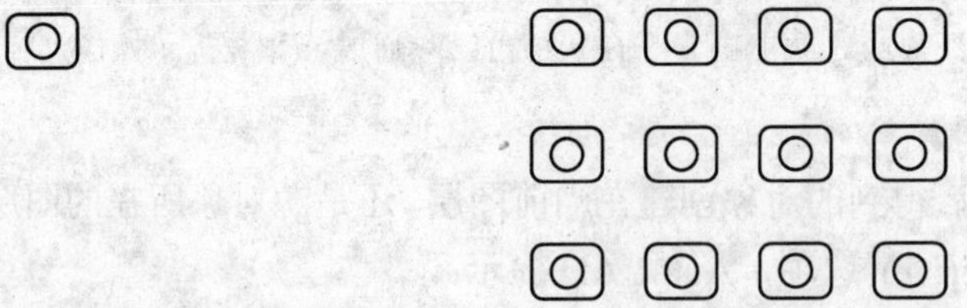

(a) 已有图形   (b) 阵列效果

图 3-8 矩形阵列示例

下面介绍对话框中主要选项的功能。

(1)【行数】、【列数】文本框

用于确定矩形阵列的阵列行数和列数，在对应的文本框中直接输入数值即可。

(2)【偏移距离和方向】选项组

用于确定矩形阵列的行间距、列间距以及整个阵列的旋转角度。用户可分别在【行偏移】、【列偏移】和【阵列角度】文本框中输入具体数值，也可以单击对应的按钮，在绘图窗口内直接设置。在默认坐标系设置下，如果【行偏移】为负值，阵列后的行会添加在源对象的下方，否则将添加在上方；如果【列偏移】为负值，阵列后的列添加在源对象的左侧，反之将添加在右侧。

(3)【选择对象】按钮

用于选择要阵列的对象。单击该按钮，AutoCAD 切换到绘图屏幕，并提示【选择对象:】。在此提示下选择阵列对象，然后按 Enter 键或 Space 键，AutoCAD 返回如图 3-7 所示的对话框。

(4)【预览】按钮

用于预览阵列效果。通过【阵列】对话框确定阵列参数并选择阵列对象后，可以预览阵列效果。单击【预览】按钮，AutoCAD 切换到绘图屏幕并按当前设置显示阵列效果，同时提示:

拾取或按 Esc 键返回到对话框或 <单击鼠标右键接受阵列>:

根据提示响应即可。

(5)【确定】按钮、【取消】按钮

【确定】按钮用于确认按指定的设置阵列对象；【取消】按钮则用于取消当前操作。

另外，通过【阵列】对话框设置了阵列参数后，AutoCAD 会在对话框右侧的图像框中显示阵列模拟效果。

§ 3.11.2 环形阵列

在【阵列】对话框中，如果选中【环形阵列】单选按钮，AutoCAD 将切换到环形阵列设置界面，如图 3-9 所示。

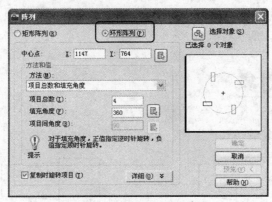

图 3-9 环形阵列设置界面

下面介绍对话框中主要选项的功能。

(1)【中心点】文本框

用于确定环形阵列的阵列中心位置。可以直接在 X、Y 文本框中输入 X、Y 坐标值，也可以单击对应的按钮，在绘图窗口内确定。

(2)【方法和值】选项组

用于确定环形阵列的具体方式及其数值。

①【方法】下拉列表框

用于确定环形阵列的阵列方式。可通过下拉列表在【项目总数和填充角度】、【项目总数和项目间的角度】以及【填充角度和项目间的角度】3 个选项中进行选择。

②【项目总数】、【填充角度】、【项目间角度】文本框

根据所选择的阵列方法，3 个文本框分别用于确定阵列时的项目总数、填充角度以及项目间角度的具体值。其中，【项目总数】文本框用于设置环形阵列后的对象个数(其中此数量包括源对象)；【填充角度】文本框用于设置环形阵列的填充角度；【项目间角度】文本框用于设置阵列后相邻两对象之间的角度。对于填充角度，在默认设置下，正值将沿逆时针方向环形阵列对象，负值则沿顺时针方向阵列对象。

(3)【复制时旋转项目】复选框

用户确定环形阵列对象时对象本身是否绕其基点旋转，其效果如图 3-10 所示。

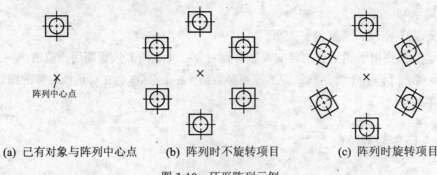

(a) 已有对象与阵列中心点   (b) 阵列时不旋转项目   (c) 阵列时旋转项目

图 3-10   环形阵列示例

(4) 其他功能

【选择对象】按钮用于确定要阵列的对象；【预览】按钮用于预览阵列效果；【确定】按钮用于确认阵列设置，即执行阵列。

3.12   拉伸对象

此拉伸通常用于对象的拉长或压缩，在一定条件下也可以移动对象，如图 3-11 所示。

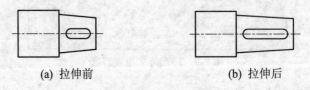

(a) 拉伸前   (b) 拉伸后

图 3-11   拉伸示例

在 AutoCAD 2011 中，单击【修改】工具栏上的【拉伸】按钮，或选择【修改】|【拉伸】命令，或执行 STRETCH 命令，均可启动拉伸图形对象操作。拉伸图形对象操作如下。

执行 STRETCH 命令，AutoCAD 提示：

以交叉窗口或交叉多边形选择要拉伸的对象...(此提示说明用户现在只能以交叉窗口选择方式，即交叉矩形窗口选择方式，或以交叉多边形选择方式，即不规则交叉窗口选择方式来选择对象，一般应用 C 或 CP 响应来选择对象)

选择对象:C↙

指定第一个角点:(指定窗口的第一角点)

指定对角点:(指定窗口的对角点)

选择对象:↙(可以继续选择拉伸对象)

指定基点或 [位移(D)] <位移>:

下面介绍提示中各选项的含义及其具体操作。

(1)【指定基点】

确定拉伸或移动的基点，为默认选项。执行该默认选项，即指定基点后，AutoCAD 提示：

指定第二个点或 <使用第一个点作为位移>:

在此提示下再确定一点，即执行【指定第二个点】选项，AutoCAD 将选择的对象从当前位置按所指定两点确定的位移矢量拉伸或移动(拉伸或移动的规则见后面的提示说明)；如果在此提示下直接按 Enter 键或 Space 键，即执行【使用第一个点作为位移】选项，AutoCAD 将所指定的第一点的各坐标分量作为位移量拉伸或移动对象，即 AutoCAD 移动位于选择窗口内的对象，而将与窗口边界相交的对象按规则拉伸(或压缩)或移动。

(2)【位移(D)】

根据位移量移动对象。执行该选项，AutoCAD 提示：

指定位移：

如果在此提示下输入位移量，则 AutoCAD 将所选择对象根据设定的位移量按规则拉伸或移动。

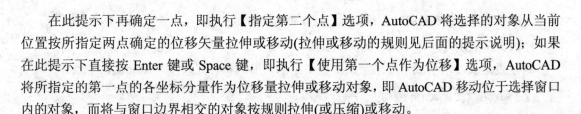

执行 STRETCH 命令，在【选择对象:】提示下选择对象时，对于使用 LINE 和 ARC 等命令绘制的直线或圆弧，如果整个对象均位于选择窗口内，执行的结果是对它们进行移动。若对象的一端位于选择窗口内，而另一端位于选择窗口外，即对象与选择窗口的边界相交，其拉伸规则如下。

➤ 线段：位于选择窗口内的端点不动、而位于选择窗口外的端点移动，直线由此发生对应的改变。

➤ 圆弧：与直线类似，但在圆弧改变过程中，圆弧的弦高保持不变，并由此调整圆心位置。

➤ 多段线：与直线或圆弧相似，但多段线两端的宽度、切线方向以及曲线的拟合信息均不变。

➤ 其他对象：如果对象的定义点位于选择窗口内，对象发生移动，否则不发生移动。其中，圆的定义点为圆心，块的定义点为插入点，文字和属性定义的定义点为字符串的位置定义点。

3.13 改变对象的长度

本节介绍的改变对象长度指改变直线或圆弧的长度，也可以改变圆弧的包含角。在 AutoCAD 2011 中，选择【修改】|【拉长】命令，或执行 LENGTHEN 命令，均可启动改变对象长度的操作。改变对象长度的操作如下。

执行 LENGTHEN 命令，AutoCAD 提示：

选择对象或 [增量(DE)/百分数(P)/全部(T)/动态(DY)]:

下面介绍提示中各选项的含义及其操作。

(1)【选择对象】

显示所指定直线或圆弧的现有长度以及包含角(对于圆弧而言)，为默认选项。选择对象后，AutoCAD 显示对应的值，而后继续提示：

新世纪高职高专规划教材

选择对象或 [增量(DE)/百分数(P)/全部(T)/动态(DY)]:

(2)【增量(DE)】

通过设定长度增量或角度增量来改变对象的长度。执行此选项，AutoCAD 提示：

输入长度增量或 [角度(A)]:

其中，【输入长度增量】选项用于输入长度的增量。执行该选项，即输入长度增量值后，AutoCAD 提示：

选择要修改的对象或 [放弃(U)]:(在该提示下选择线段或圆弧，被选择对象会按设定的长度增量在离拾取点近的一端改变长度，且长度增量为正值时变长，反之变短)
选择要修改的对象或 [放弃(U)]:✓(也可以继续选择对象进行修改)

【角度(A)】选项用于根据圆弧的包含角增量改变弧长。执行该选项，AutoCAD 提示：

输入角度增量:

输入圆弧的角度增量后，AutoCAD 提示：

选择要修改的对象或 [放弃(U)]:(在该提示下选择圆弧，该圆弧会按指定的角度增量在离拾取点近的一端改变长度，且角度增量为正值时圆弧变长，反之变短)
选择要修改的对象或 [放弃(U)]:✓(也可以继续选择对象进行修改)

(3)【百分数(P)】

使直线或圆弧按设定的百分比改变长度。执行该选项，AutoCAD 提示：

输入长度百分数:(输入百分比值，当输入的值大于 100 时将使对象延长，反之缩短；当输入的值等于 100 时，对象的长度保持不变)
选择要修改的对象或 [放弃(U)]:(选择对象)

执行结果：所选择对象在离拾取点近的一端按指定的百分值延长或缩短。

(4)【全部(T)】

根据新设长度或圆弧的新包含角改变长度。执行该选项，AutoCAD 提示：

指定总长度或 [角度(A)]:

【指定总长度】选项要求用户输入直线或圆弧的新长度，为默认选项。用户输入新长度值后，AutoCAD 提示：

选择要修改的对象或 [放弃(U)]:

在此提示下选择线段或圆弧，AutoCAD 使操作对象在离拾取点近的一端改变长度，使其长度变为新设置的值。

【角度(A)】选项用于确定圆弧的新包含角度(只适用于圆弧)。执行该选项，AutoCAD 提示：

指定总角度:(输入角度)

> 选择要修改的对象或 [放弃(U)]:

在此提示下选择圆弧,该圆弧在离拾取点近的一端改变长度,使圆弧的包含角变为新设置的值。

(5)【动态(DY)】

动态改变圆弧或直线的长度。执行该选项,AutoCAD 提示:

> 选择要修改的对象或 [放弃(U)]:(选择要改变长度的对象)
> 指定新端点:(通过鼠标动态确定圆弧或线段的端点的新位置)

3.14 打断对象

打断对象指将对象从某一点一分为二,或删除对象上所指定两点之间的部分。在 AutoCAD 2011 中,单击【修改】工具栏上的【打断】按钮或【打断于点】按钮,或选择【修改】|【打断】命令,或执行 BREAK 命令,均可启动打断对象的操作。打断对象的操作如下。

执行 BREAK 命令,AutoCAD 提示:

> 选择对象:(选择要执行打断操作的对象。此时只能用直接拾取的方式选择一个对象)
> 指定第二个打断点或 [第一点(F)]:

下面介绍提示中各选项的含义及其操作。

(1)【指定第二个打断点】

以用户选择对象时的选择点作为第一断点,并要求确定第二断点。用户可以有以下几种选择:

如果直接在对象上的另一点处单击,AutoCAD 将位于两个选择点之间的对象删除掉。

如果输入符号@,然后按 Enter 键或 Space 键,AutoCAD 在选择对象时的选择点处将对象一分为二。

如果在对象的一端之外任意拾取一点,AutoCAD 将位于两选择点之间的对象删除。

(2)【第一点(F)】

重新确定第一断点。执行该选项,AutoCAD 提示:

> 指定第一个打断点:(重新确定第一断点)
> 指定第二个打断点:(可以按前面介绍的 3 种方法确定第二断点)

提示

> AutoCAD 提供了用于打断操作的两个工具栏按钮。其中,【打断】按钮用于在两点之间打断对象;【打断于点】按钮用于在某点处将对象一分为二。

新世纪高职高专规划教材

3.15　合并对象

合并对象指将多个对象合并为一个对象。在 AutoCAD 2011 中，单击【修改】工具栏上的【合并】按钮 ，或选择【修改】|【合并】命令，或执行 JOIN 命令，均可启动合并对象的操作。合并对象的操作如下。

执行 JOIN 命令，AutoCAD 提示：

> 选择源对象:(选择作为合并源对象的直线、多段线、圆弧、椭圆弧或样条曲线等)

用户在上面的提示下选择的源对象不同，AutoCAD 给出的后续提示以及操作也不同，下面分别予以介绍。

(1) 直线

如果在【选择源对象:】提示下选择的对象是直线，AutoCAD 提示：

> 选择要合并到源的直线:(选择对应的一条或多条直线。所选直线对象必须与源直线共线，但它们之间可以有间隙或重叠)
> 选择要合并到源的直线:✓(也可以继续选择合并对象)

(2) 多段线

如果在【选择源对象:】提示下选择的对象是多段线，AutoCAD 提示：

> 选择要合并到源的对象:(选择要合并到源对象的对象。所选对象可以是直线、多段线或圆弧，并且必须首尾相邻。对象之间不能有间隙，同时必须位于与 UCS 的 XY 平面平行的同一平面上)
> 选择要合并到源的对象:✓(也可以继续选择合并对象)

执行结果：AutoCAD 将各对象合并为一条多段线。

(3) 圆弧

如果在【选择源对象:】提示下选择的对象是圆弧，AutoCAD 提示：

> 选择圆弧，以合并到源或进行 [闭合(L)]:(选择一条或多条圆弧，这些圆弧对象必须位于同一假设圆上，但它们之间可以有间隙。执行【闭合(L)】选项可以使源圆弧转换为圆)
> 选择要合并到源的圆弧:✓

执行结果：AutoCAD 将各圆弧合并为一条圆弧或将圆弧转换为一个圆。

> **提示**
> 当合并两条或多条圆弧时，AutoCAD 将从源对象开始，沿逆时针方向合并圆弧。

(4) 椭圆弧

如果在【选择源对象:】提示下选择的对象是椭圆弧，AutoCAD 提示：

> 选择椭圆弧，以合并到源或进行 [闭合(L)]:(选择一条或多条椭圆弧，所选椭圆弧对象必须位于同一假设圆上，但它们之间可以有间隙。执行【闭合(L)】选项可以使源椭圆弧转换为椭圆)
> 选择要合并到源的椭圆弧:✓

执行结果：AutoCAD 将各椭圆弧合并为一条椭圆弧或将椭圆弧转换为完整的椭圆。

提示

当合并两条或多条椭圆弧时，AutoCAD 将从源对象开始，沿逆时针方向合并椭圆弧。

(5) 样条曲线

如果在【选择源对象:】提示下选择的对象为样条曲线，AutoCAD 提示:

> 选择要合并到源的样条曲线或螺旋:(选择一条或多条样条曲线，或选择螺旋线，所选择各曲线对象必须彼此首尾相邻)
> 选择要合并到源的样条曲线:↙

执行结果：AutoCAD 将曲线合并为一条样条曲线。

3.16　创建倒角

利用 AutoCAD 2011，可以方便地在两条直线之间创建倒角，如图 3-12 所示。

　　　　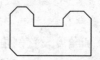

(a) 创建倒角前　　　　　　　　　(b) 创建倒角后

图 3-12　创建倒角示例

在 AutoCAD 2011 中，单击【修改】工具栏上的【倒角】按钮，或选择【修改】|【倒角】命令，或直接执行 CHAMFER 命令，均可启动创建倒角的操作。创建倒角的操作如下。

执行 CHAMFER 命令，AutoCAD 提示:

> ("修剪"模式) 当前倒角距离 1 = 0.0000，距离 2 = 0.0000
> 选择第一条直线或 [放弃(U)/多段线(P)/距离(D)/角度(A)/修剪(T)/方式(E)/多个(M)]:

提示的第一行说明当前的倒角操作属于【修剪】模式，且第一、第二倒角距离均为 0。下面介绍第二行提示中各选项的含义及其操作。

(1)【选择第一条直线】

选择进行倒角的第一条线段，为默认选项。选择某一线段，即执行默认选项后，AutoCAD 提示:

> 选择第二条直线，或按住 Shift 键选择要应用角点的直线:

用户在此提示下选择相邻的另一条线段，AutoCAD 按当前的倒角设置对它们倒角。如果按住 Shift 键再选择相邻的另一条线段，AutoCAD 则可以创建零距离倒角，使两条直线准确地相交。

提示

执行 CHAMFER 命令后，如果由提示显示的当前倒角距离等设置不符合要求，应首先通过对应的选项进行设置。

(2)【多段线(P)】

对整条多段线倒角。执行该选项，AutoCAD 提示：

> 选择二维多段线:

在该提示下选择多段线后，AutoCAD 将在多段线的各角点处倒角。

(3)【距离(D)】

设置倒角距离。执行该选项，AutoCAD 依次：

> 指定第一个倒角距离:(输入第一倒角距离)
> 指定第二个倒角距离:(输入第二倒角距离)
> 选择第一条直线或 [放弃(U)/多段线(P)/距离(D)/角度(A)/修剪(T)/方式(E)/多个(M)]:(进行其他设置
或操作)

提示

> 如果设置的两个倒角距离不同，AutoCAD 将对拾取的第一、第二条直线分别按第一、第二倒角距
离倒角；如果将倒角距离设为零，AutoCAD 会延长或修剪两条直线，使二者交于一点。

(4)【角度(A)】

根据倒角距离和角度设置倒角的尺寸。倒角距离和倒角角度的含义如图 3-13 所示。

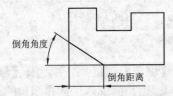

提示

> AutoCAD 可以按指定的某条边的距
离尺寸和对应的角度尺寸创建倒角。

图 3-13　倒角距离与倒角角度的含义

执行【角度(A)】选项，AutoCAD 依次提示：

> 指定第一条直线的倒角长度:(指定与第一条直线对应的倒角距离)
> 指定第一条直线的倒角角度:(指定与第一条直线对应的倒角角度)
> 选择第一条直线或 [放弃(U)/多段线(P)/距离(D)/角度(A)/修剪(T)/方式(E)/多个(M)]:(进行其他设置
或操作)

(5)【修剪(T)】

该选项用于确定倒角后是否对相应的倒角边进行修剪。执行该选项，AutoCAD 提示：

> 输入修剪模式选项 [修剪(T)/不修剪(N)]<修剪>:

其中，【修剪(T)】选项表示倒角后对倒角边进行修剪；【不修剪(N)】选项表示倒角后
对倒角边不进行修剪，效果如图 3-14 所示。

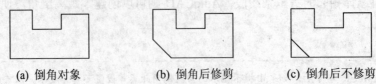

图 3-14　修剪与否示例

(6)【方式(E)】

该选项用于确定将以何种方式倒角,可以在根据已设置的两倒角距离倒角和根据距离和角度设置倒角两种方式中选择。执行该选项,AutoCAD 提示:

> 输入修剪方法 [距离(D)/角度(A)]<距离>:

其中,【距离(D)】选项表示将按两条边的倒角距离设置进行倒角;【角度(A)】选项表示根据边距离和倒角角度设置进行倒角。

(7)【多个(M)】

对多条直线分别进行对应的倒角。执行该选项,当用户选择了两条直线完成倒角后,可以继续对其他直线倒角,无需重新执行 CHAMFER 命令。

(8)【放弃(U)】

放弃已进行的设置或操作。

3.17 创建圆角

利用 AutoCAD 2011,可以方便地在两条直线之间创建圆角,如图 3-15 所示。

(a) 创建圆角前   (b) 创建圆角后

图 3-15 创建圆角示例

在 AutoCAD 2011 中,单击【修改】工具栏上的【圆角】按钮⬜,或选择【修改】|【圆角】命令,或执行 FILLET 命令,均可启动创建圆角的操作。创建圆角的操作如下。

执行 FILLET 命令,AutoCAD 提示:

> 当前设置: 模式 = 修剪,半径 = 0.0000
> 选择第一个对象或 [放弃(U)/多段线(P)/半径(R)/修剪(T)/多个(M)]:

第一行提示说明当前创建圆角操作采用了【修剪】模式,圆角半径为 0。下面介绍第二行提示中各选项的含义及其操作。

(1)【选择第一个对象】

该选项要求用户选择创建圆角的第一个对象,为默认选项。选择对象后,AutoCAD 提示:

> 选择第二个对象,或按住 Shift 键选择要应用角点的对象:

在此提示下选择另一个对象,AutoCAD 按当前的圆角半径设置对它们创建圆角。如果按住 Shift 键选择相邻的另一对象,则可以使两对象准确相交。

(2)【多段线(P)】

对二维多段线创建圆角,执行该选项,AutoCAD 提示:

> 选择二维多段线:

新世纪高职高专规划教材

在此提示下选择二维多段线后，AutoCAD 按当前的圆角半径设置在多段线的各顶点处创建圆角。

(3)【半径(R)】

设置圆角半径。执行该选项，AutoCAD 提示：

> 指定圆角半径：

此提示要求输入圆角的半径值。用户响应后，AutoCAD 继续提示：

> 选择第一个对象或 [放弃(U)/多段线(P)/半径(R)/修剪(T)/多个(M)]:

(4)【修剪(T)】

确定创建圆角操作的修剪模式。执行该选项，AutoCAD 提示：

> 输入修剪模式选项 [修剪(T)/不修剪(N)] <不修剪>:

其中，【修剪(T)】选项表示在创建圆角同时对相应的两个对象进行修剪；【不修剪(N)】选项表示不对两个对象进行修剪，具体含义与如图 3-14 所示倒角时修剪与否的含义相同。

提示
> AutoCAD 允许对两条平行线创建圆角，且 AutoCAD 自动将圆角半径设为两条平行线之间距离的一半。

(5)【多个(M)】

执行该选项且用户选择两个对象创建出圆角后，可以继续对其他对象创建圆角，无需重新执行 FILLET 命令。

(6)【放弃(U)】

放弃已进行的设置或操作。

3.18 编辑多段线

在 AutoCAD 2011 中，单击【修改 II】工具栏上的【编辑多段线】按钮，或选择【修改】|【对象】|【多段线】命令，或执行 PEDIT 命令，均可启动编辑多段线操作。编辑多段线的操作如下。

执行 PEDIT 命令，AutoCAD 提示：

> 选择多段线或 [多条(M)]:

在此提示下选择需要编辑的多段线，即执行【选择多段线】默认选项，AutoCAD 提示：

> 输入选项
> [闭合(C)/合并(J)/宽度(W)/编辑顶点(E)/拟合(F)/样条曲线(S)/非曲线化(D)/线型生成(L)/反转(R)/放弃(U)]:

新世纪高职高专规划教材

如果执行 PEDIT 命令后，如果用户选择的是使用 LINE 命令绘制的直线或使用 ARC 命令绘制的圆弧，AutoCAD 将提示所选择对象不是多段线，并询问用户是否将其转换成多段线。如果选择转换，AutoCAD 将其转换成多段线，并继续提示：

> 输入选项 [闭合(C)/合并(J)/宽度(W)/编辑顶点(E)/拟合(F)/样条曲线(S)/非曲线化(D)/线型生成(L)/反转(R)/放弃(U)]:

下面介绍该提示中各选项的含义及其操作。

(1)【闭合(C)】

执行该选项，AutoCAD 将封闭所编辑的多段线，然后提示：

> 输入选项 [打开(O)/合并(J)/宽度(W)/编辑顶点(E)/拟合(F)/样条曲线(S)/非曲线化(D)/线型生成(L)/反转(R)/放弃(U)]:

即将【闭合(C)】选项更改为【打开(O)】选项。若此时执行【打开(O)】选项，AutoCAD 会将多段线从封闭处打开，而提示中的【打开(O)】选项会转换为【闭合(C)】选项。

(2)【合并(J)】

将非封闭多段线与端点依次重合的已有直线、圆弧或多段线合并为一条多段线对象。执行该选项，AutoCAD 提示：

> 选择对象:

在此提示下选择各对象后，AutoCAD 将它们连成一条多段线。注意：对于合并到多段线上的对象，除非执行 PEDIT 命令后执行【多条(M)】选项(将在 4-16 下面介绍)，否则这些对象的端点必须依次彼此重合，如果没有重合，选择各对象后 AutoCAD 提示：

> 0 条线段已添加到多段线

如果部分对象的端点依次重合，则执行结果为各对象合并成一条多段线。

(3)【宽度(W)】

为整条多段线指定统一的新宽度。执行该选项，AutoCAD 提示：

> 指定所有线段的新宽度:

在此提示下输入新线宽值，所编辑多段线上的各线段均会变成该宽度。

(4)【编辑顶点(E)】

编辑多段线的顶点。执行该选项，AutoCAD 提示：

> 输入顶点编辑选项
> [下一个(N)/上一个(P)/打断(B)/插入(I)/移动(M)/重生成(R)/拉直(S)/切向(T)/宽度(W)/退出(X)]:

同时 AutoCAD 用一个小叉标记出多段线的当前编辑顶点，即第一顶点。提示中各选项的含义及操作如下。

①【下一个(N)】、【上一个(P)】

【下一个(N)】选项可将用于标记当前编辑顶点的小叉标记移到多段线的下一个顶点；【上一个(P)】选项则把小叉标记移动到多段线的上一个顶点，以改变当前编辑顶点。

新世纪高职高专规划教材

②【打断(B)】

删除多段线上指定两顶点之间的线段。执行该选项，AutoCAD 将当前编辑顶点作为第一断点，并提示：

输入选项 [下一个(N)/上一个(P)/执行(G)/退出(X)] <N>:

其中，【下一个(N)】和【上一个(P)】选项分别使编辑顶点后移或前移，以确定第二断点；【执行(G)】选项执行对位于第一断点到第二断点之间的多段线的删除操作，而后返回到上一级提示；【退出(X)】选项退出【打断(B)】操作，返回到上一级提示。

③【插入(I)】

在当前编辑的顶点之后插入一个新顶点。执行该选项，AutoCAD 提示：

为新顶点指定位置:

在此提示下确定新顶点的位置即可。

④【移动(M)】

改变当前所编辑顶点的位置。执行该选项，AutoCAD 提示：

为标记顶点指定新位置:

在该提示下确定顶点的新位置即可。

⑤【重生成(R)】

重新生成多段线。

⑥【拉直(S)】

拉直多段线中所指定两顶点之间的线段，即便用连接这两点的直线代替原来的折线。执行该选项，AutoCAD 把当前编辑顶点作为第一拉直端点，并提示：

输入选项 [下一个(N)/上一个(P)/执行(G)/退出(X)] <N>:

其中，【下一个(N)】和【上一个(P)】选项用于确定第二拉直点；【执行(G)】选项执行对位于两顶点之间的线段的拉直，即用一条直线代替它们，而后返回到上一级提示；【退出(X)】选项表示退出【拉直(S)】操作，返回上一级提示。

⑦【切向(T)】

改变当前所编辑顶点的切线方向。该功能主要用于确定对多段线进行曲线拟合时的拟合方向。执行该选项，AutoCAD 提示：

指定顶点切向:

用户可以直接输入表示切线方向的角度值，或通过指定点来确定方向。如果指定了一点，AutoCAD 将以多段线的当前点与该点的连线方向作为切线方向。指定了顶点的切线方向后，AutoCAD 用一个箭头表示该切线方向。

⑧【宽度(W)】

修改多段线中位于当前编辑顶点之后的直线段或圆弧段的起始宽度和终止宽度。执行该选项，AutoCAD 依次提示：

指定下一条线段的起点宽度:(输入起点宽度)

新世纪高职高专规划教材

指定下一条线段的端点宽度:(输入终点宽度)

用户响应后，对应图形的宽度会发生相应的变化。

⑨【退出(X)】

退出【编辑顶点(E)】操作，返回到执行 PEDIT 命令后的提示。

(5)【拟合(F)】

创建圆弧拟合多段线(即由圆弧连接每一顶点的平滑曲线)，且拟合曲线要经过多段线的所有顶点，并采用指定的切线方向(如果有的话)。如图 3-16 所示为多段线的圆弧拟合效果。

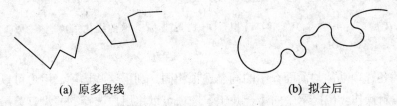

(a) 原多段线   (b) 拟合后

图 3-16 用曲线拟合多段线

(6)【样条曲线(S)】

创建样条曲线拟合多段线，拟合效果如图 3-17 所示。

(a) 原多段线   (b) 拟合后

图 3-17 用样条曲线拟合多段线

(7)【非曲线化(D)】

反拟合，一般可以使多段线恢复到执行【拟合(F)】或【样条曲线(S)】选项前的状态。

(8)【线型生成(L)】

规定非连续型多段线在各顶点处的绘线方式。执行该选项，AutoCAD 提示：

输入多段线线型生成选项 [开(ON)/关(OFF)]:

如果执行【开(ON)】选项，多段线在各顶点处自动按折线处理，即不考虑非连续线在转折处是否有断点；如果执行【关(OFF)】选项，AutoCAD 在每段多段线的两个顶点之间按起点、终点的关系绘出多段线。具体效果如图 3-18 所示(注意两条曲线在各拐点处的差别)。

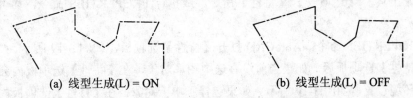

(a) 线型生成(L) = ON   (b) 线型生成(L) = OFF

图 3-18 【线型生成(L)】选项的控制效果

(9)【反转(R)】

改变多段线上的顶点顺序。当编辑多段线顶点时此顺序不出现。

新世纪高职高专规划教材

(10)【放弃(U)】

取消 PEDIT 命令的上一次操作。用户可重复执行该选项。

执行 PEDIT 命令后，AutoCAD 提示【选择多段线 [多条(M)]：】。前面介绍了对【选择多段线】选项的操作，【多条(M)】选项则允许用户同时编辑多条多段线。在【选择多段线 [多条(M)]:】提示下执行【多条(M)】选项，AutoCAD 提示：

> 选择对象:

在此提示下用户可以选择多个对象。用户选择对象后，AutoCAD 提示：

> [闭合(C)/打开(O)/合并(J)/宽度(W)/拟合(F)/样条曲线(S)/非曲线化(D)/线型生成(L)/反转(R)/放弃(U)]:

提示中的各选项功能与前面介绍的同名选项相同。利用这些选项，用户可以同时对多条多段线进行编辑操作。但提示中的【合并(J)】选项可以将用户选择的并没有首尾相连的多条多段线合并为一条多段线。执行【合并(J)】选项，AutoCAD 提示：

> 输入模糊距离或 [合并类型(J)]:

提示中各选项的功能如下：

➢ 【输入模糊距离】

用于确定模糊距离，即设定将使相距某一距离的两多段线的两端点连接在一起。

➢ 【合并类型(J)】

用于确定合并的类型。执行该选项，AutoCAD 提示：

> 输入合并类型 [延伸(E)/添加(A)/两者都(B)]<延伸>:

其中，【延伸(E)】选项表示将通过延伸或修剪靠近端点的线段来实现连接；【添加(A)】选项表示通过在相近的两个端点处添加直线段实现连接；【两者都(B)】选项表示如果可能，通过延伸或修剪靠近端点的线段实现连接，否则在相近的两端点处添加直线段。

3.19 利用特性选项板编辑图形

利用特性选项板，可以对图形进行某些编辑。

在 AutoCAD 2011 中，单击【标准】工具栏上的【特性】按钮 ，或选择【修改】|【特性】命令或【工具】|【选项板】|【特性】命令，或执行 PROPERTIES 命令，均可打开特性选项板。

执行 PROPERTIES 命令，AutoCAD 打开【特性】选项板，如图 3-19 所示。

打开【特性】选项板后，如果当前没有选中图形对象，在【特性】选项板内会显示当前的主要绘图环境设置，如图 3-19 所示。如果选择了单一对象，在【特性】选项板内会列出该对象的全部特性及其当前设置；如果选择了同一类型的多个对象，在【特性】选项板内列出这些对象的公共特性及其当前设置；如果选择的是不同类型的多个对象，在【特性】选项板内则会列出这些对象的基本特性以及当前设置。可以通过【特性】选项板直接修改图像对象的相关特性,即对图形进行编辑。

例如,如果选择一个矩形,在【特性】选项板则会显示该矩形对应的信息,如图 3-20 所示。此时可以通过【特性】选项板修改矩形,如修改其端点坐标等。

图 3-19 【特性】选项板

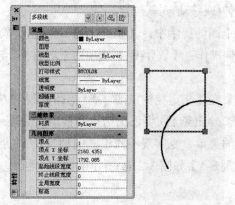

图 3-20 显示矩形的相关特性

  提示

在绘图窗口中双击某一图形对象,AutoCAD 会自动打开【特性】选项板,并在选项板中显示该对象的特性,供用户查看和修改。

3.20 利用夹点功能编辑图形

夹点又称为特征点,指在图形对象上显示的一些实心小方框。当在【命令:】提示下直接选择对象后,在对象的各关键点处会显示夹点。用户可以通过拖动这些夹点的方式方便地完成如拉伸、移动、旋转、缩放以及镜像等编辑操作。

下面介绍利用夹点功能编辑对象的方法。

首先,直接选择要进行编辑的对象,选择后在被选择对象上会出现一些夹点,且夹点的默认颜色为蓝色,如图 3-21 所示。然后,选择其中的一个夹点作为操作点进行编辑操作。方法:将光标移到要操作的夹点上,单击,该夹点会以另一种颜色显示(默认为红色)。

如果将如图 3-21 中已选择的两条直线的交点设为操作点,按上面的步骤操作后,结果如图 3-22 所示。

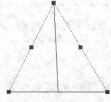

图 3-21 显示夹点

图 3-22 指定操作点

指定操作点后,AutoCAD 提示:

新世纪高职高专规划教材

** 拉伸 **
指定拉伸点或 [基点(B)/复制(C)/放弃(U)/退出(X)]:

如果在该提示下直接确定一点，即执行【指定拉伸点】默认选项，AutoCAD 会将选择的对象拉伸(或移动)到新位置。

在上面的提示中，【基点(B)】选项用于确定拉伸基点；【复制(C)】选项允许用户进行多次拉伸操作；【放弃(U)】选项用于取消上一次的操作；【退出(X)】选项则用于退出当前的操作。

如果在【指定拉伸点或 [基点(B)/复制(C)/放弃(U)/退出(X)]:】提示下依次按 Enter 键或 Space 键，AutoCAD 将依次切换到移动、旋转、比例缩放及镜像模式(也可以从快捷菜单中选择对应的菜单命令实现不同模式的切换)，并允许用户进行对应的编辑操作。

【例 3-1】如图 3-23(a)所示的图形，利用夹点功能对其进行编辑操作，结果如图 3-23(b)所示。

(a) 编辑前　　　　　　　　　　　(b) 编辑后

图 3-23　利用夹点功能编辑图形对象

(1) 改变圆的位置

单击图中的圆，AutoCAD 显示夹点(位于 4 个象限点和圆心)，选择圆心为操作点(如图 3-24 所示)，此时 AutoCAD 提示:

** 拉伸 **
指定拉伸点或 [基点(B)/复制(C)/放弃(U)/退出(X)]: @-50,70↙

结果如图 3-25 所示。

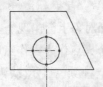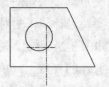

图 3-24　选择操作对象和操作点　　　　　　　图 3-25　调整结果

提示

> 由于选择圆心为操作点，因此拉伸结果是移动整个圆。显示出夹点后，按 Esc 键可取消夹点的显示。

(2) 改变中心线的位置

单击图中的水平中心线，AutoCAD 显示夹点(位于直线的两端点和中点)，选择中点为操作点，如图 3-26 所示，此时 AutoCAD 提示:

** 拉伸 **
指定拉伸点或 [基点(B)/复制(C)/放弃(U)/退出(X)]: @-50,70↙

新世纪高职高专规划教材

使用同样的方法调整垂直中心线的位置，结果如图 3-27 所示。

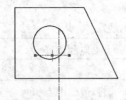
图 3-26　选择操作对象和操作点

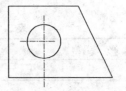
图 3-27　调整结果

(3) 改变中心线的长度

选择水平中心线，AutoCAD 显示夹点，选择右端点为操作点，AutoCAD 提示：

> ** 拉伸 **
> 指定拉伸点或 [基点(B)/复制(C)/放弃(U)/退出(X)]：

此时，拖动鼠标，使直线的右端点移至合适位置后单击，结果如图 3-28 所示。

提示

> 为保证新端点与左端点位于同一水平线上，执行上述操作时可启用正交功能(单击状态栏上的【正交模式】 按钮即可实现)。如果执行前面的操作后直线端点并无变化，或位于其他位置，可能是启用了自动捕捉功能，AutoCAD 将自动捕捉到的点作为点的新位置。如果出现这样的情况，首先取消前面的操作(单击【标准】工具栏上的【放弃】按钮 即可实现)，再关闭自动捕捉功能(单击状态栏上的【对象捕捉】按钮 即可实现)，然后重新执行拉伸操作。

继续调整其他中心线的长度，结果如图 3-29 所示。

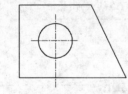
图 3-28　调整水平中心线端点位置

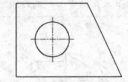
图 3-29　中心线调整结果

(4) 改变外轮廓右上角点的位置

选中图 3-29 中的上水平直线及位于右侧的斜线，并选择两直线的交点为操作点，如图 3-30 所示，此时，AutoCAD 提示：

> ** 拉伸 **
> 指定拉伸点或 [基点(B)/复制(C)/放弃(U)/退出(X)]：@150,0↙

结果如图 3-31 所示。

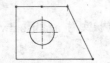
图 3-30　以右上角点为夹点

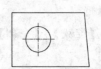
图 3-31　调整结果

从本例中可以看出，不同图形对象的夹点位置以及夹点数量不同。表 3-1 列出了 AutoCAD 对夹点的规定。

表 3-1　AutoCAD 对夹点的规定

对 象 类 型	夹点的位置
线段	两端点和中点
多段线	直线段的两端点、圆弧段的中点和两端点
样条曲线	拟合点和控制点
射线	起始点和射线上的一个点
构造线	控制点和线上邻近两点
圆弧	两端点和中点
圆	各象限点和圆心
椭圆	4 个象限点和中心点
椭圆弧	端点、中点和中心点
文字(用 DTEXT 命令标注)	文字行定位点和第二个对齐点(如果有的话)
段落文字(用 MTEXT 命令标注)	各顶点
属性	文字行定位点
尺寸	尺寸线端点和尺寸界线的起始点、尺寸文字的中心点

3.21　上机实战

一、绘制如图 3-32 所示的图形。

提示

由于前面章节未介绍中心线的绘制方法，此处暂且用实线(连续线)代替中心线。

图 3-32　练习图

提示

本练习将用到绘制直线、圆，以及阵列、修剪、偏移和修剪等命令。

(1) 启动 AutoCAD 2011，单击【标准】工具栏上的【新建】按钮，或选择【文件】|【新建】命令，从打开的【选择样板】对话框中选择样板文件 acadiso.dwt，单击对话框中的【打开】按钮建立新图形。

(2) 选择【视图】|【缩放】|【全部】命令，将样板文件 acadiso.dwt 设置的默认绘图范围显示在绘图窗口的中间。

提示 ---
  可通过启用栅格显示的方式观看默认绘图范围。单击状态栏上的【栅格显示】按钮 ⊞ 即可实现。

(3) 绘制表示中心线的直线(用实线代替)

单击【绘图】工具栏上的【直线】按钮 ✏️，或选择【绘图】|【直线】命令，AutoCAD
提示：

> 指定第一点:(指定一点作为表示水平中心线直线的一端点)
> 指定下一点或 [放弃(U)]:(指定水平中心线的另一端点)
> 指定下一点或 [放弃(U)]:↙

再次执行 LINE 命令绘制表示垂直中心线的直线，结果如图 3-33 所示。

 提示 ---
  如果表示中心线的两条直线的长度不合适，可以通过夹点等功能进行调整。

(4) 绘制圆

选择【绘图】|【圆】|【直径】命令，AutoCAD 提示：

> 指定圆的圆心或 [三点(3P)/两点(2P)/相切、相切、半径(T)]:(捕捉两条已有直线的交点)
> 指定圆的半径或 [直径(D)]: _d 指定圆的直径:70↙

再次选择【绘图】|【圆】|【直径】命令，AutoCAD 提示：

> 指定圆的圆心或 [三点(3P)/两点(2P)/相切、相切、半径(T)]:(捕捉两条已有直线的交点或已有圆的圆心)
> 指定圆的半径或 [直径(D)]: _d 指定圆的直径: 200↙

结果如图 3-34 所示。

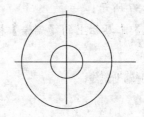

图 3-33　绘制直线　　　　　　　　　　　图 3-34　绘制圆

(5) 绘制辅助直线

单击【绘图】工具栏上的【直线】按钮 ✏️，或选择【绘图】|【直线】命令，AutoCAD
提示：

> 指定第一点:(捕捉已有圆的圆心)
> 指定下一点或 [放弃(U)]:@100<60↙
> 指定下一点或 [放弃(U)]:↙

结果如图 3-35 所示。

再执行 LINE 命令，AutoCAD 提示：

> 指定第一点:(捕捉辅助线与圆的交点)

新世纪高职高专规划教材

指定下一点或 [放弃(U)]:(捕捉与垂直直线的垂足)

指定下一点或 [放弃(U)]:✓

结果如图 3-36 所示。

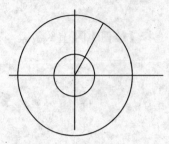
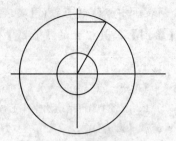

图 3-35 绘制辅助直线 1   图 3-36 绘制辅助直线 2

(6) 修剪

单击【修改】工具栏上的【修剪】按钮 ，或选择【修改】|【修剪】命令，AutoCAD
提示:

当前设置:投影=UCS，边=延伸

选择剪切边...

选择对象或 <全部选择>:(选择图 3-36 中的短水平直线和大圆)

选择对象:✓

选择要修剪的对象，或按住 Shift 键选择要延伸的对象，或

[栏选(F)/窗交(C)/投影(P)/边(E)/删除(R)/放弃(U)]:(在这样的提示下，分别在大圆之上和短水平之下选择
垂直线)

选择要修剪的对象，或按住 Shift 键选择要延伸的对象，或

[栏选(F)/窗交(C)/投影(P)/边(E)/删除(R)/放弃(U)]:✓

结果如图 3-37 所示。

单击【修改】工具栏上的【删除】按钮 ，或选择【修改】|【删除】命令，AutoCAD
提示:

选择对象:(选择辅助斜线)

选择对象:✓

结果如图 3-38 所示。

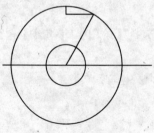
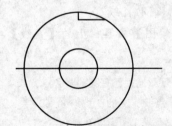

图 3-37 修剪结果   图 3-38 删除结果

(7) 阵列

单击【修改】工具栏上的【阵列】按钮 ，或选择【修改】|【阵列】命令，AutoCAD

打开【阵列】对话框，从中进行环形阵列设置，如图 3-39 所示。

由图 3-39 中可以看出，已选中【环形阵列】单选按钮，通过单击与中心点对应的按钮，捕捉图中的圆心为阵列中心，【项目总数】设为 12，【填充角度】设为 360，通过单击【选择对象】按钮，选择图中的短水平线和短垂直线为阵列对象。单击【确定】按钮，完成阵列，结果如图 3-40 所示。

(8) 整理

绘制表示垂直中心线的垂直线，利用夹点功能调整中心线的长度，删除大圆，结果如图 3-41 所示。

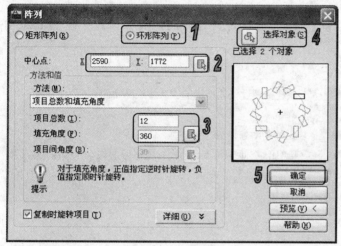

图 3-39　阵列设置

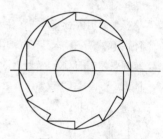

图 3-40　阵列结果

(9) 偏移

单击【修改】工具栏上的【偏移】按钮，或选择【修改】|【偏移】命令，AutoCAD 提示：

```
指定偏移距离或 [通过(T)/删除(E)/图层(L)] <通过>:8↙
选择要偏移的对象，或 [退出(E)/放弃(U)] <退出>:(选择垂直线)
指定要偏移的那一侧上的点，或 [退出(E)/多个(M)/放弃(U)] <退出>:(在垂直线左侧任意位置拾取一点)
选择要偏移的对象，或 [退出(E)/放弃(U)] <退出>:(选择垂直线)
指定要偏移的那一侧上的点，或 [退出(E)/多个(M)/放弃(U)] <退出>:(在垂直线右侧任意位置拾取一点)
选择要偏移的对象，或 [退出(E)/放弃(U)] <退出>:↙
```

再次执行 OFFSET 命令，AutoCAD 提示：

```
指定偏移距离或 [通过(T)/删除(E)/图层(L)] <8.0000>:40↙
选择要偏移的对象，或 [退出(E)/放弃(U)] <退出>:(选择水平线)
指定要偏移的那一侧上的点，或 [退出(E)/多个(M)/放弃(U)] <退出>:(在水平线上方任意位置拾取一点)
选择要偏移的对象，或 [退出(E)/放弃(U)] <退出>:↙
```

结果如图 3-42 所示。

新世纪高职高专规划教材

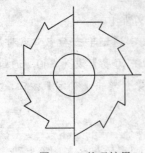
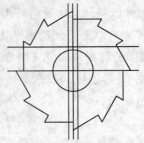

图 3-41　整理结果　　　　　　　　　　图 3-42　偏移结果

(10) 修剪

单击【修改】工具栏上的【修剪】按钮，或选择【修改】|【修剪】命令，AutoCAD
提示：

> 选择剪切边...
> 选择对象或 <全部选择>:(在这样的提示下，选择通过偏移得到的 3 条直线和小圆)
> 选择对象:↙
> 选择要修剪的对象，或按住 Shift 键选择要延伸的对象，或
> [栏选(F)/窗交(C)/投影(P)/边(E)/删除(R)/放弃(U)]:(在此提示下，分别拾取对应的被修剪对象)
> 选择要修剪的对象，或按住 Shift 键选择要延伸的对象，或
> [栏选(F)/窗交(C)/投影(P)/边(E)/删除(R)/放弃(U)]:↙

结果如图 3-43 所示。

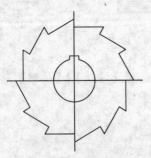

图 3-43　最终图形

提示

执行修剪操作后，如果还有多余的对象，执行 ERASE 命令删除即可。

请读者保存此图形(建议文件名：图 3-43.dwg)，4.4 节等后续章节将用到该图形。

二、绘制如图 3-44 所示的图形。

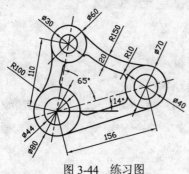

图 3-44　练习图

提示

本练习将用到绘制圆、偏移以及修剪等命令。

(1) 启动 AutoCAD 2011，单击【标准】工具栏上的【新建】按钮，或选择【文件】|【新建】命令，从弹出的【选择样板】对话框中选择样板文件 acadiso.dwt，单击对话框中的【打开】按钮，建立新图形。

(2) 选择【视图】|【缩放】|【全部】命令，将样板文件 acadiso.dwt 设置的默认绘图范围显示在绘图窗口的中间。

(3) 绘制圆

选择【绘图】|【圆】|【直径】命令，AutoCAD 提示：

> 指定圆的圆心或 [三点(3P)/两点(2P)/相切、相切、半径(T)]:(在绘图屏幕适当位置拾取一点作为位于左下角的圆的圆心)
> 指定圆的半径或 [直径(D)]: _d 指定圆的直径:80↙

再次选择【绘图】|【圆】|【直径】命令，AutoCAD 提示：

> 指定圆的圆心或 [三点(3P)/两点(2P)/相切、相切、半径(T)]:(捕捉已绘圆的圆心)
> 指定圆的半径或 [直径(D)]: _d 指定圆的直径:44↙

打开【对象捕捉】工具栏。

选择【绘图】|【圆】|【直径】命令，AutoCAD 提示：

> 指定圆的圆心或 [三点(3P)/两点(2P)/相切、相切、半径(T)]:(单击【对象捕捉】工具栏上的【捕捉自】按钮)
> _from 基点(捕捉已绘圆的圆心)
> <偏移>: @156<14↙
> 指定圆的半径或 [直径(D)]: _d 指定圆的直径:70↙

结果如图 3-45 所示。

继续绘制其他各圆，结果如图 3-46 所示。

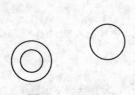

图 3-45 绘制圆 1

图 3-46 绘制圆 2

(4) 绘制相切圆

选择【绘图】|【圆】|【相切、相切、半径】命令，AutoCAD 提示：

> 指定圆的圆心或 [三点(3P)/两点(2P)/相切、相切、半径(T)]: _ttr
> 指定对象与圆的第一个切点:(在图 3-46 中位于左侧的外圆左侧拾取该圆)
> 指定对象与圆的第二个切点:(在图 3-46 中位于上方的外圆左侧拾取该圆)
> 指定圆的半径:100↙

再次选择【绘图】|【圆】|【相切、相切、半径】命令，AutoCAD 提示：

> 指定圆的圆心或 [三点(3P)/两点(2P)/相切、相切、半径(T)]: _ttr
> 指定对象与圆的第一个切点:(在图 3-46 中位于右侧的外圆上方拾取该圆)

新世纪高职高专规划教材

指定对象与圆的第二个切点:(在图 3-46 中位于上方的外圆右侧拾取该圆)

指定圆的半径:150↙

结果如图 3-47 所示(图中只显示新绘制的部分圆)。

(5) 绘制切线

单击【绘图】工具栏上的【直线】按钮，或选择【绘图】|【直线】命令，AutoCAD 提示:

指定第一点:(单击【对象捕捉】工具栏上的【捕捉到切点】按钮)

_tan 到(在图 3-47 中位于左侧的外圆的右下侧拾取该圆)

指定下一点或 [放弃(U)]:(单击【对象捕捉】工具栏上的【捕捉到切点】按钮)

_tan 到(在图 3-47 中位于右侧的外圆的下方拾取该圆)

指定下一点或 [放弃(U)]:↙

结果如图 3-48 所示。

 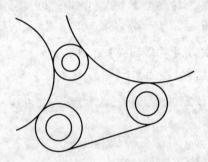

图 3-47 绘制相切圆   图 3-48 绘制切线

(6) 修剪

单击【修改】工具栏上的【修剪】按钮，或选择【修改】|【修剪】命令，AutoCAD 提示:

选择剪切边...

选择对象或 <全部选择>:(在这样的提示下，分别选择图 3-48 中直径为 80、60 和 70 的圆)

选择对象:↙

选择要修剪的对象，或按住 Shift 键选择要延伸的对象，或

[栏选(F)/窗交(C)/投影(P)/边(E)/删除(R)/放弃(U)]:(在此提示下，分别在对应位置拾取对应的大圆)

选择要修剪的对象，或按住 Shift 键选择要延伸的对象，或

[栏选(F)/窗交(C)/投影(P)/边(E)/删除(R)/放弃(U)]:↙

结果如图 3-49 所示。

(7) 偏移

单击【修改】工具栏上的【偏移】按钮，或选择【修改】|【偏移】命令，AutoCAD 提示:

指定偏移距离或 [通过(T)/删除(E)/图层(L)] <通过>:20↙

选择要偏移的对象，或 [退出(E)/放弃(U)] <退出>:(选择切线)

指定要偏移的那一侧上的点，或 [退出(E)/多个(M)/放弃(U)] <退出>:(在切线上方位置拾取一点)

选择要偏移的对象，或 [退出(E)/放弃(U)] <退出>:(选择左圆弧)

指定要偏移的那一侧上的点，或 [退出(E)/多个(M)/放弃(U)] <退出>:(在左圆弧右侧任意位置拾取一点)

选择要偏移的对象，或 [退出(E)/放弃(U)] <退出>:(选择右上方的圆弧)

指定要偏移的那一侧上的点，或 [退出(E)/多个(M)/放弃(U)] <退出>:(在右上方圆弧的下方任意位置拾取一点)

选择要偏移的对象，或 [退出(E)/放弃(U)] <退出>:↙

结果如图 3-50 所示。

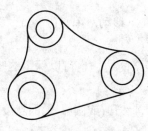
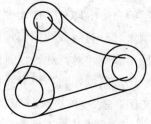

图 3-49　修剪结果　　　　　　　　图 3-50　偏移结果

(8) 创建圆角

单击【修改】工具栏上的【圆角】按钮 ，或选择【修改】|【圆角】命令，AutoCAD 提示：

选择第一个对象或 [放弃(U)/多段线(P)/半径(R)/修剪(T)/多个(M)]: R↙

指定圆角半径:10↙

选择第一个对象或 [放弃(U)/多段线(P)/半径(R)/修剪(T)/多个(M)]: M↙(将在多处创建圆角)

选择第一个对象或 [放弃(U)/多段线(P)/半径(R)/修剪(T)/多个(M)]:(在图 3-50 中，选择偏移得到的斜线)

选择第二个对象，或按住 Shift 键选择要应用角点的对象:(在图 3-50 中，选择右侧外圆，结果如图 3-51 所示)

选择第一个对象或 [放弃(U)/多段线(P)/半径(R)/修剪(T)/多个(M)]:(在这样的提示下，依次选择创建倒角的各对象，即可创建出全部圆角，如图 3-52 所示)

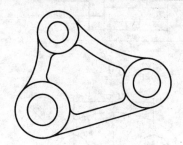

图 3-51　创建圆角 1　　　　　　　　图 3-52　创建圆角 2

3.22　习题

1. 判断题

(1) 如果执行 ERASE 命令删除图形，且当 AutoCAD 提示【选择对象:】时，用户只能选

择一个对象进行删除操作。(　　)

(2) 使用 MIRROR 命令镜像对象后,既可以保留源对象,也可以删除源对象。(　　)

(3) 复制操作和偏移操作均可用于绘制已有直线的平行线。(　　)

(4) 用修剪命令(TRIM 命令)也可以执行延伸操作。(　　)

(5) 使用 AutoCAD 可以实现旋转复制,即旋转指定的对象后,在原位置还保留源对象。(　　)

(6) 使用拉伸命令(STRETCH 命令)可以在一定条件下移动对象。(　　)

(7) 创建倒角时,对两条边的倒角距离可以不同。(　　)

(8) 创建倒角和圆角时,通过设置既可以修剪掉多余的边,也可以保留这些边。(　　)

(9) 执行创建圆角操作时,可以将圆角半径设为 0。(　　)

(10) 用 PEDIT 命令可以分别修改组成多段线的各直线段(或圆弧段)的宽度。(　　)

(11) AutoCAD 的【特性】选项板只是用于反映图形对象的特性,不能用于修改图形对象。(　　)

(12) 在绘图窗口中双击某一图形对象,AutoCAD 会自动打开【特性】选项板,并在该选项板中显示出该对象的特性。(　　)

(13) 利用夹点功能可以对选定的对象执行各种编辑操作。(　　)

2. 上机习题

绘制如图 3-53 所示的各图形(可暂用实线代替中心线。图中的未注尺寸由读者确定)。

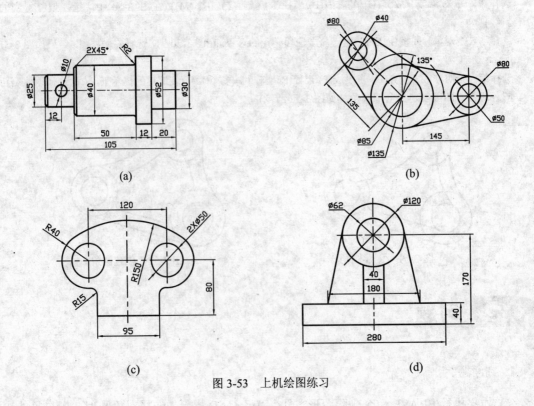

图 3-53　上机绘图练习

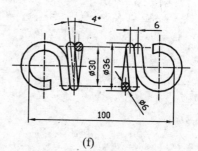

(e)

(f)

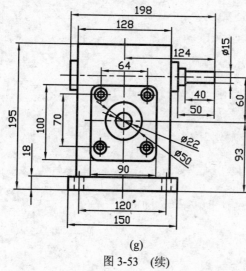

(g)

图 3-53 （续）

第 4 章

线型、线宽、颜色及图层的概念与使用

主要内容　　AutoCAD 不仅提供了多种形式的线型以满足用户的绘图需要，而且绘图图线(即图形对象)可以具有不同的宽度和颜色。此外，AutoCAD 还提出了图层。利用图层，用户可以方便地管理图形对象。通过本章的学习，可使读者掌握如何利用 AutoCAD 的图层等功能绘制机械图形。

本章重点
- 线型的概念
- 线宽的概念
- 颜色的概念
- 图层的概念以及图层的使用

4.1　线型、线宽及颜色的基本概念

本节将介绍 AutoCAD 中线型、线宽及颜色等概念。

§ 4.1.1　线型与线宽

在国家标准《机械制图》中，专门对绘图图线作出了规定，如表 4-1 所示(部分)。

在 AutoCAD 2011 中，用户绘制出的图形对象的默认线型为连续线，即实线，但 AutoCAD 还提供了其他多种线型，这些线型位于线型文件 ACADISO.LIN 中(线型文件又称为线型库)。用户可以根据需要选择对应的线型。此外，还可以自定义线型，以满足特殊绘图需要。

表 4-2 列出了线型文件 ACADISO.LIN 提供的线型。

表 4-1　国家标准《机械制图》对图线的要求

图 形 名 称	图 形 形 式	图线宽度	主 要 应 用
粗实线	————————————	d	可见轮廓
细实线	————————————	约 $d/2$	1. 尺寸线及尺寸界线 2. 剖面线 3. 重合断面的轮廓线 4. 螺纹的牙底线及齿轮的齿根线 5. 过渡线

(续表)

图 形 名 称	图 形 形 式	图线 宽度	主 要 应 用
波浪线		约 $d/2$	1. 断裂处的边界线 2. 视图和剖视图的分界线
双折线		约 $d/2$	断裂处的边界线
细虚线		约 $d/2$	不可见轮廓线
细点画线		约 $d/2$	1. 轴线 2. 对称中心线 3. 节圆及节线
粗点画线		d	限定范围的表示线
细双点画线		约 $d/2$	1. 相邻辅助零件的轮廓线 2. 极限位置的轮廓线 3. 轨迹线

表 4-2　ACADISO.LIN 文件提供的主要线型

线 型 名 称	线 型 样 式
BORDER	
BORDER2	
BORDERX2	
CENTER	
CENTER2	
CENTERX2	
DASHDOT	
DASHDOT2	
DASHDOTX2	
DASHED	
DASHED2	
DASHEDX2	
DIVIDE	
DIVIDE2	
DIVIDEX2	
DOT	
DOT2	
DOTX2	
HIDDEN	
HIDDEN2	
PHANTOM	
PHANTOM2	
PHANTOMX2	
ACAD_ISO02W100	
ACAD_ISO03W100	
ACAD_ISO04W100	
ACAD_ISO05W100	
ACAD_ISO06W100	
ACAD_ISO07W100	
ACAD_ISO08W100	

(续表)

线 型 名 称	线 型 样 式
ACAD_ISO09W100	
ACAD_ISO10W100	
ACAD_ISO07W100	
ACAD_ISO08W100	
ACAD_ISO09W100	
ACAD_ISO10W100	
ACAD_ISO11W100	
ACAD_ISO12W100	
ACAD_ISO13W100	
ACAD_ISO14W100	
ACAD_ISO15W100	
FENCELINE1	----O-----O----O-----O----O-----OO----O-----O----
FENCELINE2	----[]-----[]----[-----[]----[]----[]-----[]----[]----
TRACKS	-|-|-|-|-|-|-|-|-|-|-|-|-|-|-|-|-|-|-|-|-|-|-|-|-|-|
BATTING	SSSSSSSSSSSSSSSSSSSSSSSSSSSSSSSSSSSSS
HOT_WATER_SUPPLY	---- HW ---- HW ---- HW ---- HW ---- HW --
GAS_LINE	----GAS----GAS----GAS----GAS----GAS----
ZIGZAG	/\/\/\/\/\/\/\/\/\/\/\/\/\/\/\/\
*JIS_08_11,1SASEN11	
*JIS_08_15,1SASEN15	
*JIS_08_25,1SASEN25	
*JIS_08_37,1SASEN37	
*JIS_08_50	
*JIS_02_0.7	
*JIS_02_1.0	
*JIS_02_1.2	
*JIS_02_2.0	
*JIS_02_4.0	
*JIS_09_08	
*JIS_09_15	
*JIS_09_29	
*JIS_09_50,2SASEN50	

由表 4-2 可以看出，AutoCAD 的部分线型有 3 种类型，如 CENTER、CENTER2 和 CENTERX2。在这 3 种类型中，一般第一种线型是标准形式，第二种线型的比例是第一种线型的一半，而第 3 种线型的比例是第一种线型的两倍。

在如表 4-1 所示的要求中，机械图样中的图线宽度 d 一般建议采用 0.7mm。

 提示

　　在 AutoCAD 中，受线型影响的图形对象有直线、构造线、射线、圆、圆弧、椭圆、矩形、样条曲线和正多边形等。如果一条线太短，不能够画出实际线型，那么 AutoCAD 会在两端点之间绘出一条连续线。

新世纪高职高专规划教材

用 AutoCAD 绘制工程图时，有两种确定线宽的方式。一种方法与手工绘图相同，即直接将构成图形对象的不同图线采用对应的宽度；另一种方法是将有不同线宽要求的图形对象用不同颜色表示，但其绘图线宽仍采用 AutoCAD 的默认宽度，不设置具体的宽度，当通过打印机或绘图仪输出图形时，利用打印设置，将不同颜色的对象设成不同的线宽，即在 AutoCAD 环境中显示的图形没有线宽，而通过绘图仪或打印机将图形输出到图纸后会反映出线宽。本书采用了后一种方法，9.2.1 节将介绍打印设置。

§ 4.1.2　颜色

用 AutoCAD 绘制工程图时，可以将不同线型的图形对象用不同的颜色表示。AutoCAD 2011 提供了丰富的颜色方案，其中最常用的颜色方案是采用索引颜色，即用自然数表示颜色，共有 255 种颜色，其中 1~7 号颜色为标准颜色，它们分别为：1 表示红色、2 表示黄色、3 表示绿色、4 表示青色、5 表示蓝色、6 表示洋红色、7 表示白色(如果绘图背景的颜色是白色，则 7 号颜色显示为黑色)。

4.2　图层

图层是 AutoCAD 提供的重要绘图工具之一。可以把图层看作是没有厚度的透明薄片，各层之间完全对齐，一层上的某一基准点准确地对准其他各层上的同一基准点。引入图层的概念后，用户就可以为每一图层指定绘图所用的线型、颜色等，并将具有相同线型和颜色的对象或将如尺寸、文字之类的不同要素放在各自的图层中，从而能够节省绘图工作量和图形的存储空间。

概括起来，图层具有以下特点：

(1) 用户可以在一幅图中指定任意数量的图层。系统对图层数和每一图层上的对象数均没有限制。

(2) 每一图层有一个名称，以便区别。当开始绘制一幅新图时，AutoCAD 自动创建名为 0 的图层，它是 AutoCAD 的默认图层，其余图层由用户定义。

(3) 一般情况下，位于一个图层上的对象应该采用同一种绘图线型和同一种绘图颜色。用户可以改变各图层的线型、颜色等特性。

(4) 虽然 AutoCAD 允许用户建立多个图层，但只能在当前图层上绘图。

(5) 各图层具有相同的坐标系和相同的显示缩放倍数。用户可以对位于不同图层上的对象同时进行编辑操作。

(6) 用户可以对各图层进行打开、关闭、冻结、解冻、锁定与解锁等操作，以决定各图层的可见性与可操作性。后面还将介绍这些概念以及对应的操作。

§ 4.2.1　图层管理

AutoCAD 中，单击【图层】工具栏上的【图层特性管理器】按钮，或选择【格式】|

【图层】命令，或直接执行 LAYER 命令，可以打开用于图层管理的图层特性管理器。图层管理操作如下：

执行 LAYER 命令，AutoCAD 打开图层特性管理器，如图 4-1 所示。

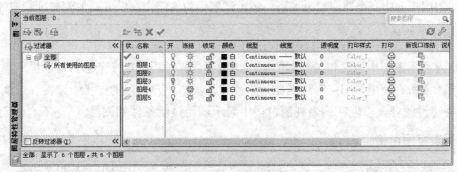

图 4-1 图层特性管理器

管理器中包含按钮、树状图窗格(位于左侧的大矩形框)及列表视图窗格(位于右侧的大矩形框)等。下面介绍该对话框中各主要项的功能。

1.【新建图层】按钮

建立新图层。单击该按钮，可创建一个名为"图层 n"的新图层，并将其显示在列表视图窗格中。新建的图层一般与当前在列表视图窗格中选中的图层具有相同的颜色、线型和线宽等设置。用户可以根据需要对新建图层的名称、颜色、线型以及线宽等进行修改。

2.【删除图层】按钮

删除指定的图层。删除方法：在列表视图窗格内选中对应的图层行，单击该按钮即可。

提示

只能删除没有图形对象的图层，如果某一图层上绘制有图形对象，只有先删除该图层上的所有对象后，才可以通过【删除图层】按钮 删除图层。

3.【置为当前】按钮

前面提到，如果要在某一图层上绘图，应首先将该图层设为当前图层。将图层设为当前层的方法：在列表视图窗格内选中对应的图层行，单击【置为当前】按钮 。当将某一图层设为当前图层后，在与【状态】列对应的位置上会显示图标 ，同时在对话框顶部的左侧显示【当前图层：图层名】，以说明当前图层。

提示

在列表视图窗格中的某图层行上双击与【状态】列对应的图标 ，可直接将该图层设为当前层。

4.【新建特性过滤器】按钮

该按钮用于基于一个或多个图层特性创建图层过滤器。单击此按钮，AutoCAD 打开【图

新世纪高职高专规划教材

层过滤器特性】对话框，从中进行相应的设置即可。

5.【新建组过滤器】按钮

该按钮用于创建一个图层组过滤器，该过滤器中包含用户选定并添加到该过滤器的图层。

6. 树状图窗格

窗格内显示图形中图层和过滤器的层次结构列表。顶层节点【全部】可以显示图形中的所有图层。【所有使用的图层】过滤器为只读过滤器。用户可以通过【新建特性过滤器】按钮等创建过滤器，以便在列表视图窗格中显示满足过滤条件的图层。

7. 列表视图窗格

列表视图窗格内的列表显示满足过滤条件的已有图层(或新建图层)及相关设置。窗格中的第一行为标题行，与各标题所对应的列的含义如下。

(1)【状态】列

通过图标显示图层的当前状态。当图标为 时，该图层为当前层。

(2)【名称】列

显示各图层的名称。如图 4-1 所示的对话框说明当前已有图层名为 0(系统提供的图层)和由作者创建的【图层 1】~【图层 5】6 个图层。

提示

依次单击标题【名称】，可以调整图层的排列顺序，使各图层根据其名称按升序或降序形式显示。

(3)【开】列

显示图层打开还是关闭。如果图层被打开，可以在显示器上显示或在绘图仪上绘出该图层上的图形。被关闭的图层仍为图形的一部分，但关闭图层上的图形并不显示，也不能通过绘图仪输出到图纸。用户可以根据需要打开或关闭图层。

在列表视图窗格中，与【开】对应的列是小灯泡图标。通过单击小灯泡图标可以实现打开与关闭图层之间的切换。如果灯泡颜色为黄色，表示对应图层是打开层；如果灯泡为灰色，则表示对应图层是关闭层。图 4-1 中，【图层 3】即为关闭的图层。

提示

用户可以关闭当前图层。当关闭当前图层时，AutoCAD 会给出提示信息，提示用户正在关闭当前图层。关闭当前图层后，在该层绘制的图形均不能被显示。

提示

依次单击标题【开】，可以调整各图层的排列顺序，使当前关闭的图层放在列表的最前面或最后面。

新世纪高职高专规划教材

(4)【冻结】列

显示图层冻结还是解冻。如果图层被冻结，该图层上的图形对象不能被显示，不能输出到图纸，也能不参与图形之间的运算。被解冻的图层正好相反。从可见性来说，冻结图层与关闭图层是相同的，但冻结图层上的对象不参与处理过程中的运算，关闭图层上的对象则要参与运算。所以，在复杂图形中，冻结不需要的图层可以加快系统重新生成图形的速度。

在列表视图窗格中，与【冻结】对应的列是太阳或雪花图标。太阳表示对应的图层没有冻结，雪花则表示图层已被冻结。单击太阳或雪花图标可以实现图层冻结与解冻之间的切换。图 4-1 中，【图层 4】为冻结图层。

 提示

> 用户不能冻结当前图层，也不能将冻结图层设为当前层。依次单击标题【冻结】，可以调整各图层的排列顺序，使当前冻结的图层放在列表的最前面或最后面。

(5)【锁定】列

显示图层锁定还是解锁。锁定图层后并不影响该图层上图形对象的显示，即锁定图层上的图形仍可以显示，但用户不能改变锁定图层上的对象或对其进行编辑操作。如果锁定图层是当前层，用户仍可在该图层上绘图。

在列表视图窗格中，与【锁定】对应的列是关闭或打开的小锁图标。锁打开表示该图层为非锁定层；锁关闭则表示对应图层为锁定层。单击这些图标可以实现图层锁定与解锁之间的切换。图 4-1 中，【图层 2】即为锁定图层。

 提示

> 依次单击标题【锁定】，可以调整各图层的排列顺序，使当前锁定的图层放在列表的最前面或最后面。

(6)【颜色】列

说明图层的颜色。与【颜色】对应的列上的各小图标的颜色反映了对应图层的颜色，同时还在图标的右侧显示颜色的名称。如果要改变某一图层的颜色，单击对应的图标，AutoCAD会打开如图 4-2 所示的【选择颜色】对话框，从中选择需要的颜色即可。

 提示

> 图层的颜色是指当在某一图层上绘图时，将绘图颜色设为随层状态时，所绘制图形对象的颜色。不同的图层颜色可以相同，也可以不同。

(7)【线型】列

说明图层的线型。

新世纪高职高专规划教材

提示

用户可通过【索引颜色】、【真彩色】或【配色系统】选项卡为图层设置颜色。

图 4-2 【选择颜色】对话框

提示

图层的线型是指在某图层上绘图时，将绘图线型设为随层状态时(默认设置)，所绘制图形对象采用的线型。不同的图层的线型可以相同，也可以不同。

如果需要改变某一图层的线型，在对话框中单击该图层的原有线型名称，AutoCAD 打开如图 4-3 所示的【选择线型】对话框，从中选择即可。如果在【选择线型】对话框中没有列出所需要的线型，单击【加载】按钮，AutoCAD 打开【加载或重载线型】对话框，如图 4-4 所示。用户可以通过【文件】按钮选择线型文件，通过【可用线型】列表框选择并加载所需要的线型。

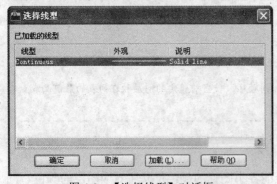

图 4-3 【选择线型】对话框

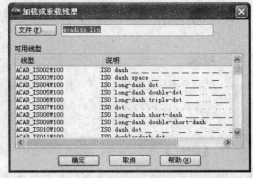

图 4-4 【加载或重载线型】对话框

(8)【线宽】列

说明图层的线宽。如果要改变某一图层的线宽，单击该图层上的对应项，AutoCAD 打开【线宽】对话框，如图 4-5 所示，从中选择即可。

提示

图层的线宽指在某图层上绘图时，将绘图线宽设为随层状态时(默认设置)，所绘制图形对象的线条宽度。不同的图层的线宽可以相同，也可以不同。

新世纪高职高专规划教材

图 4-5　【线宽】对话框

(9)【打印样式】列

修改与选中图层相关联的打印样式。

(10)【打印】列

确定是否打印对应图层上的图形，单击相应的按钮可以实现打印与不打印之间的切换。此功能只对可见图层起作用，即对没有冻结且没有关闭的图层起作用。

§4.2.2　【图层】工具栏

AutoCAD 2011 提供了专门用于管理图层的【图层】工具栏，从而方便了用户的图层操作，如图 4-6 所示。

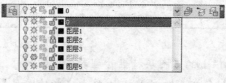

图 4-6　【图层】工具栏

下面介绍工具栏中主要项的功能。

1.【图层特性管理器】按钮

用于打开图层特性管理器，以使用户进行相关的操作。

2. 图层控制下拉列表框

下拉列表中列有当前满足过滤条件的已有图层及其图层状态。用户可通过列表方便地将某图层设为当前层，设置方法：直接从列表中单击对应的图层名即可。可以将指定的图层设为打开或关闭、冻结或解冻、锁定或解锁等状态，设置时在下拉列表中单击对应的图标即可，无需打开图层特性管理器设置。此外，还可以利用列表方便地为图形对象更改图层。更改方法：选中要更改图层的图形对象，在图层控制下拉列表中选择对应的图层项，然后按 Esc 键。

3.【将对象的图层置为当前】按钮

用于将指定对象所在的图层置为当前层。单击该按钮，AutoCAD 提示：

新世纪高职高专规划教材

选择将使其图层成为当前图层的对象:

在该提示下选择对应的图形对象,即可将该对象所在的图层置为当前层。

4.【上一个图层】按钮

用于恢复上一个图层设置,即将当前图形的图层设置恢复为前一个图层设置。

提示
除可以通过图层来设置绘图所用的线型、线宽和颜色外,还可以单独设置绘图线型、线宽和颜色。

4.3 上机实战

一、按表 4-3 所示要求定义新图层。

表 4-3 图层要求

图 层 名	线 型	颜 色
粗实线	CONTINUOUS	白色
细实线	CONTINUOUS	蓝色
虚线	DASHED	黄色
点画线	CENTER	红色
双点画线	DIVIDE	青色
文字	CONTINUOUS	绿色

(1) 单击【图层】工具栏上的【图层特性管理器】按钮，或选择【格式】|【图层】命令，AutoCAD 弹出图层特性管理器，连续 6 次单击【新建图层】按钮建立 6 个图层，如图 4-7 所示。

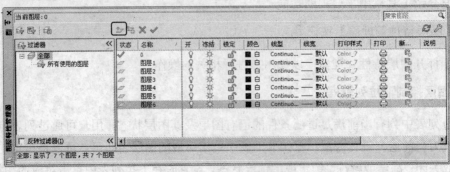

图 4-7 定义 6 个新图层

(2) 更改图层名、图层的颜色和线型

下面以表 4-3 中所示的【点画线】图层为例说明设置过程。已知该图层的绘图颜色为红色，绘图线型为 CENTER。

选中【图层 1】行，单击【图层 1】项，该项切换到编辑状态，输入"点画线"，如图

新世纪高职高专规划教材

4-8 所示。

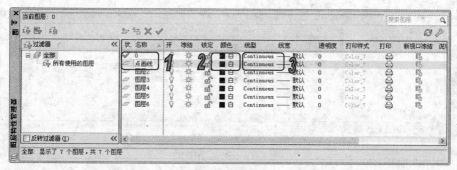

图 4-8 更改图层名

单击图 4-8 中【点画线】行上的【白】选项，打开如图 4-9 所示的【选择颜色】对话框。从中选择红色，然后单击【确定】按钮，完成颜色的设置。

单击图 4-8 中【点画线】行上的 Continuous 项，打开用于确定绘图线型的【选择线型】对话框，如图 4-10 所示。

图 4-9 【选择颜色】对话框

图 4-10 【选择线型】对话框

首先，利用【加载】按钮加载对应的线型。单击【加载】按钮，打开【加载或重载线型】对话框，如图 4-11 所示。从该对话框中选中 CENTER 线型，单击【确定】按钮，返回【选择线型】对话框，即可在线型列表框中显示 CENTER 线型。从该对话框中选中线型 CENTER，单击【确定】按钮，完成【点画线】图层的线型设置，结果如图 4-12 所示。

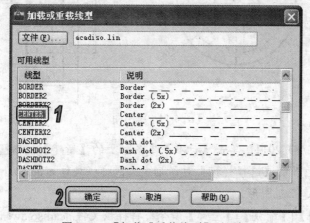

图 4-11 【加载或重载线型】对话框

新世纪高职高专规划教材

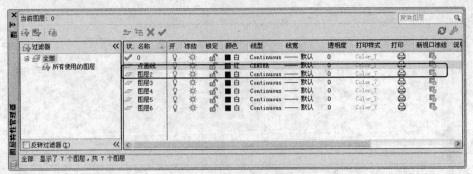

图 4-12　定义新图层

(3) 采用类似的操作方法，定义表 4-3 中所示的其他图层，结果如图 4-13 所示。

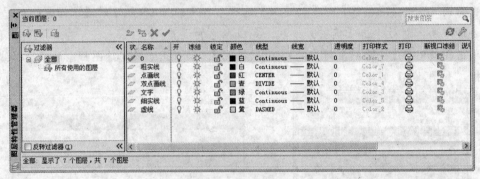

图 4-13　定义图层

(4) 关闭【图层特性管理器】，完成图层的定义。

将完成图层定义的图形保存到磁盘，在 9.5 节等章节将用到该图层(建议文件名：图层.dwg)。

二、按如表 4-3 所示的图层设置要求，绘制如图 4-14 所示的图形。

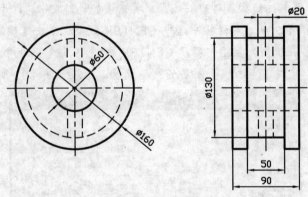

图 4-14　练习图

(1) 启动 AutoCAD 2011，单击【标准】工具栏上的【新建】按钮，或选择【文件】|【新建】命令，从打开的【选择样板】对话框中选择样板文件 acadiso.dwt，单击该对话框中的【打开】按钮，建立新图形。

(2) 选择【视图】|【缩放】|【全部】命令，将样板文件 acadiso.dwt 设置的默认绘图范围

显示在绘图窗口的中间。

(3) 定义图层

根据表 4-3 中所示的设置要求定义图层(过程略)。用户可通过【图层】工具栏的图层控制下拉列表框查看新定义的图层,如图 4-15 所示。

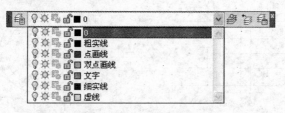

图 4-15 显示新定义的图层

(4) 绘制中心线

利用【图层】工具栏将【点画线】图层设为当前图层,执行 LINE 命令绘制水平和垂直中心线,如图 4-16 所示(适当确定中心线的长度即可,如果长度不合适,以后可以通过夹点等功能更改)。

(5) 绘制圆

分别将【粗实线】图层和【虚线】图层设为当前图层,在对应图层分别绘制各对应圆,如图 4-17 所示。

(6) 绘制直线

将【粗实线】图层设为当前图层,执行 LINE 命令,在左视图适当位置绘制一条垂直线,如图 4-18 所示。

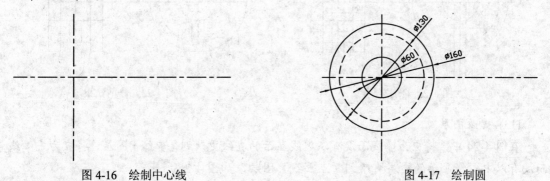

图 4-16 绘制中心线　　　　　　　　　　　　　　　　图 4-17 绘制圆

(7) 偏移

执行 OFFSET 命令,对左视图的垂直线进行多次偏移,结果如图 4-19 所示。

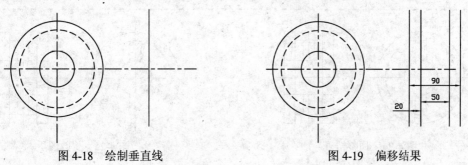

图 4-18 绘制垂直线　　　　　　　　　　　　　　　　图 4-19 偏移结果

新世纪高职高专规划教材

(8) 绘制辅助线

从主视图对应位置向左视图绘制辅助线，结果如图 4-20 所示。

(9) 修剪

对左视图进行修剪操作，结果如图 4-21 所示。

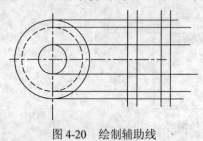 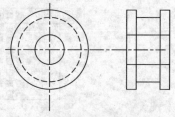

图 4-20　绘制辅助线　　　　　　　　　图 4-21　修剪结果

(10) 偏移

对图 4-21 执行偏移操作，结果如图 4-22 所示。

(11) 修剪

对图 4-22 执行修剪操作，结果如图 4-23 所示。

(12) 调整中心线的长度

利用夹点功能、打断功能等调整表示中心线的各直线，使其长度适中，如图 4-24 所示。

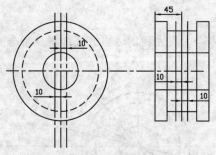 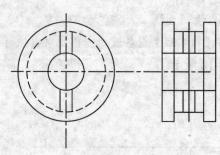

图 4-22　偏移结果　　　　　　　　　　　图 4-23　修剪结果

(13) 更改图层

在图 4-24 中，将应为虚线而没有以虚线显示的直线更改到【虚线】图层，将应为中心线而没有以中心线显示的图层更改到【点画线】图层，如图 4-25 所示。

提示

> 更改方法：首先选择要更改图层的直线，然后在如图 4-15 所示的列表中选择对应的图层项。

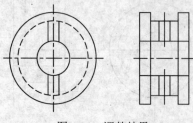 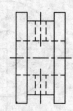

图 4-24　调整结果　　　　　　　　　　　图 4-25　更改图层

将此图形保存到磁盘，下一个练习将使用到(建议文件名：图4-14.dwg)。

三、对如图4-25所示的图形进行关闭、冻结等操作，察看并分析结果。

设已打开如图4-25所示的图形。

(1) 关闭【虚线】图层

通过【图层】工具栏关闭【虚线】图层。方法：在如图4-26所示的【图层】工具栏的对应列表中，单击【虚线】行的灯泡图标，使其变为灰色。单击后的图形如图4-27所示，即不再显示虚线。

图4-26 【图层】工具栏

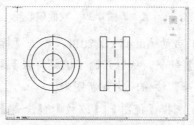

图4-27 关闭图层的结果

(2) 移动图形

单击【修改】工具栏上的【移动】按钮，或选择【修改】|【移动】命令，AutoCAD提示：

选择对象:ALL↙

选择对象:↙

指定基点或 [位移(D)] <位移>:(在绘图屏幕任意位置拾取一点)

指定第二个点或 <使用第一个点作为位移>:(在绘图屏幕另一位置拾取一点)

打开被关闭的【虚线】图层，结果如图4-28所示。

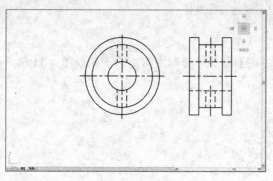

图4-28 移动结果

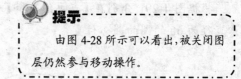

提示

由图4-28所示可以看出，被关闭图层仍然参与移动操作。

用户可以使用类似的方法进行冻结与解冻、锁定与解锁操作，观察并分析结果。

提示

当进行冻结与解冻，锁定与解锁等操作，要用ALL响应来选择全部对象。

四、按如表4-3所示的图层设置要求，绘制如图4-29所示的双面偏心轮。

新世纪高职高专规划教材

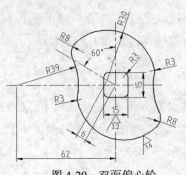

图 4-29 双面偏心轮

> **提示**
>
> 本练习将用到绘制圆，矩形以及镜像、创建圆角等命令。

(1) 启动 AutoCAD 2011，单击【标准】工具栏上的【新建】按钮，或选择【文件】|【新建】命令，从打开的【选择样板】对话框中选择样板文件 acadiso.dwt，单击该对话框中的【打开】按钮，建立新图形。

(2) 选择【视图】|【缩放】|【全部】命令，将样板文件 acadiso.dwt 设置的默认绘图范围显示在绘图窗口的中间。

(3) 定义图层

根据表 4-3 中所示定义图层(过程略)。用户可通过【图层】工具栏的图层控制下拉列表框查看新定义的图层，如图 4-30 所示。

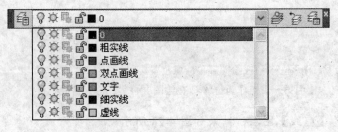

图 4-30 显示新定义的图层

(4) 绘制中心线和圆

根据图 4-29，分别在【点画线】和【粗实线】图层中绘制中心线和圆，如图 4-31 所示(注意直径为 60 的圆的圆心位置)。

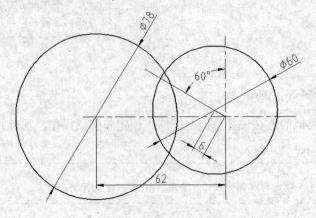

图 4-31 绘制中心线和圆

(5) 创建圆角

创建半径为8的圆角。单击【修改】工具栏上的【圆角】按钮，或选择【修改】|【圆角】命令，即执行 FILLET 命令，AutoCAD 提示：

选择第一个对象或 [放弃(U)/多段线(P)/半径(R)/修剪(T)/多个(M)]: R✓

指定圆角半径 <0.0000>: 8✓

选择第一个对象或 [放弃(U)/多段线(P)/半径(R)/修剪(T)/多个(M)]: (在图 4-31 中，在直径为 60 的圆的左上侧拾取该圆)

选择第二个对象，或按住 Shift 键选择要应用角点的对象: (在图 4-31 中，在直径为 78 的圆的右侧(约第一象限点位置)拾取该圆)

执行结果如图 4-32 所示。

(6) 修剪

为使后面的操作更清晰，执行 TRIM 命令进行修剪，结果如图 4-33 所示。

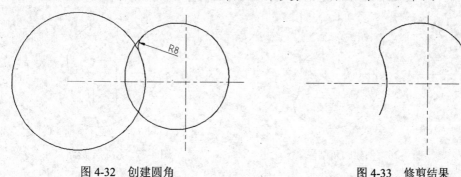

图 4-32　创建圆角　　　　　　　　　　　　图 4-33　修剪结果

(7) 镜像

单击【修改】工具栏上的【镜像】按钮，或选择【修改】|【镜像】命令，即执行 MIRROR 命令，AutoCAD 提示：

选择对象:(选择图 4-33 中除中心线外的其余图形对象)

选择对象:✓

指定镜像线的第一点:(拾取垂直中心线上的一端点)

指定镜像线的第二点:(拾取垂直中心线上的另一端点)

是否删除源对象？[是(Y)/否(N)]:N✓

执行结果如图 4-34 所示。

再次执行 MIRROR 命令，AutoCAD 提示：

选择对象:(在图 4-34 中，选择通过镜像得到的图形对象)

选择对象:✓

指定镜像线的第一点:(拾取水平中心线上的一端点)

指定镜像线的第二点:(拾取水平中心线上的另一端点)

是否删除源对象？[是(Y)/否(N)]:Y✓

执行结果如图 4-35 所示。

新世纪高职高专规划教材

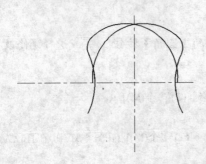

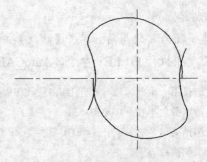

图 4-34　第 1 次镜像的结果　　　　　　　　图 4-35　第 2 次镜像结果

(8) 创建圆角

执行 FILLET 命令，对图 4-35 创建两个半径为 3 的圆角，结果如图 4-36 所示。

(9) 绘制其他图形

根据图 4-29 绘制带圆角的正方形，并进行对应的整理，如图 4-37 所示。

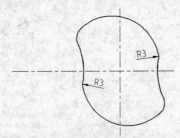

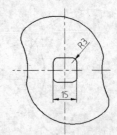

图 4-36　创建圆角结果　　　　　　　　图 4-37　绘制矩形结果

4.4　习题

1. 判断题

(1) 利用 AutoCAD 2011 进行机械制图时，AutoCAD 2011 能基本满足机械制图对线型的要求。(　　)

(2) 利用 AutoCAD 绘机械图时，既可以直接设定绘图线宽，也可以用颜色表示不同的线宽，通过打印设置来设定输出线宽。(　　)

(3) 一般应将绘图线型、线宽以及颜色均设成"随层"(ByLayer)方式。(　　)

(4) AutoCAD 提供了名称为 0 的默认图层，用户可以将层名 0 改为其他名称。(　　)

(5) 用户可以定义任意数量的图层。(　　)

(6) 当通过【特性】工具栏设置了具体的绘图线型、线宽或颜色，而不是采用随层方式时，在此之后所绘图形的线型、线宽或颜色与图层无关，即与图层的线型、线宽和颜色无关。(　　)

(7) 用户可以更改已绘图形对象所在的图层。(　　)

(8) 关闭某一图层后，仍然可以对该图层上的图形对象进行某些编辑操作。(　　)

(9) 锁定某一图层后，该图层上的图形对象不可见。(   )

(10) 可以关闭当前图层，但不能冻结当前图层。(   )

2. 上机习题

(1) 读者在第 3 章上机实战和上机习题中绘制的各图形可能均没有图层信息。分别打开已绘制的图形，根据表 4-3 所示的要求建立图层，并将图形中的各对象更改到对应的图层。

(2) 分别绘制如图 4-38 所示的图形(注意：每当绘制每一幅图形时，建议用户执行 NEW 命令建立新图形，并根据表 4-3 所示要求建立图层)，并保存图形(图中未注尺寸由读者确定)。

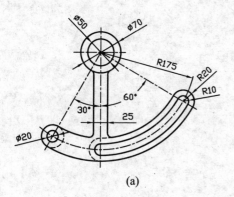
(a)

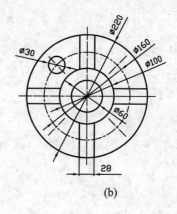
(b)

图 4-38 上机绘图练习

(3) 分别打开图 4-38 所示的两个图形，对图层进行关闭、打开、冻结、解冻、锁定以及解锁操作，并在不同状态下执行移动等编辑操作，完成后察看操作结果。

第5章

精确绘图、图形显示控制

主要内容 本章首先介绍 AutoCAD 2011 提供的用于精确绘图的一些功能，如捕捉模式、栅格显示、正交、对象捕捉以及自动追踪等，以提高绘图的效率与准确性。然后介绍图形的显示控制功能，即控制图形的显示位置与比例，以便按合理的比例显示图形的局部或全部。

本章重点
- ➢ 捕捉模式、栅格显示及正交功能
- ➢ 对象捕捉
- ➢ 自动追踪
- ➢ 控制图形的显示比例
- ➢ 平移视图

5.1 捕捉模式、栅格显示及正交功能

本节将介绍 AutoCAD 提供的捕捉模式、栅格显示及正交这 3 种功能。

§ 5.1.1 使用捕捉模式

在 AutoCAD 2011 中，当启用捕捉模式后，光标在绘图窗口中只能按原先指定的步距移动。利用 AutoCAD【草图设置】对话框中的【捕捉和栅格】选项卡，可以设置具体的捕捉方式。

在 AutoCAD 2011 中，选择【工具】|【草图设置】命令，或在状态栏上的【捕捉模式】按钮▦或【栅格显示】按钮▦上右击，从快捷菜单中选择【设置】命令，即可打开【草图设置】对话框。

如图 5-1 所示为【草图设置】对话框中的【捕捉和栅格】选项卡，其中位于左侧的各项用于设置捕捉模式，下面介绍它们的具体功能。

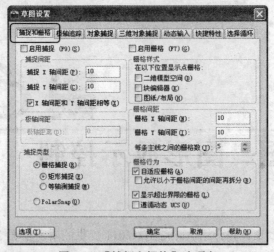

图 5-1　【捕捉和栅格】选项卡

(1)【启用捕捉】复选框

用于确定是否启用捕捉模式，选中该复选框表示启用捕捉模式。

　提示

在绘图过程中，单击状态栏上的【捕捉模式】按钮 ▢ 或按 F9 键，可实现启用或关闭捕捉模式之间的切换。【捕捉模式】按钮为灰色时关闭捕捉模式，按钮为蓝色时启用捕捉模式。

(2)【捕捉间距】选项组

【捕捉 X 轴间距】和【捕捉 Y 轴间距】两个文本框分别用于设置当启用捕捉模式后，光标移动时沿 X 和 Y 方向的捕捉间距，即沿 X 和 Y 方向移动时的步距。

(3)【极轴间距】选项

捕捉模式有栅格捕捉和极轴捕捉两种形式(见下面的介绍)。【极轴间距】选项用于设置当将捕捉模式设为极轴捕捉时，光标沿追踪方向的移动步距，用户在【极轴距离】文本框中输入距离值即可。注意：只有在【捕捉类型】选项组选中 PolarSnap (极轴捕捉)单选按钮时，【极轴距离】文本框才有效。

(4)【捕捉类型】选项组

用于设置具体的捕捉方式。选中【栅格捕捉】单选按钮表示将捕捉模式设成栅格捕捉模式，此时可通过选中【矩形捕捉】单选按钮将捕捉模式设为标准的矩形捕捉，即光标将沿 X 或 Y 方向按指定的步距移动。选中【等轴测捕捉】单选按钮，表示将捕捉模式设为等轴测模式，即绘制正等轴测图时的模式。如果选中 PolarSnap 单选按钮，则将捕捉模式设置为极轴模式，在该模式下启用极轴追踪功能时，光标会从极轴追踪起始点沿对应的追踪方向(一般在【极轴追踪】选项卡中的增量角设置)进行捕捉(5.4 节将介绍极轴追踪)。

§ 5.1.2　使用栅格显示功能

启用栅格显示功能后，AutoCAD 2011 会在绘图窗口内显式一些按指定行间距和列间距排列(或按其他方式排列)的栅格线，以便用户进行某些绘图操作。

在如图 5-1 所示的【捕捉和栅格】选项卡中，位于右侧的各项用于设置栅格显示功能。下面介绍各项的具体功能。

(1)【启用栅格】复选框

用于确定是否启用栅格显示功能，选中该复选框启用栅格显示功能。

 提示

> 在绘图过程中，单击状态栏上的【栅格显示】按钮▦或按 F7 键，可实现启用或关闭栅格显示之间的切换。【栅格显示】按钮为灰色时不显示栅格线，按钮为蓝色时则显示栅格线。

(2)【栅格间距】选项组

选项组中的【栅格 X 轴间距】和【栅格 Y 轴间距】两个文本框分别用于设置栅格线沿 X 和 Y 方向的间距。如果设为 0，表示与捕捉模式采用的捕捉间距(步距)相同。

(3)【栅格行为】选项组

此选项组一般用于控制当将视觉样式设置为除二维线框之外的其他视觉样式时(10.2 节将介绍视觉样式)所显示的栅格线的外观。其中，如果选中【自适应栅格】复选框，当缩小图形的显示时，可以限制栅格的密度，以防止栅格过密；当放大图形的显示时，则能生成更多间距更小的栅格线。【显示超出界限的栅格】复选框用于确定所显示的栅格是否受 LIMITS 命令的限制。如果取消选中该复选框，所显示出的栅格均位于由 LIMITS 命令确定的绘图范围之内，否则显示在整个绘图窗口。【遵循动态 UCS】复选框用于确定是否更改栅格平面，以便动态跟随 UCS 的 XY 平面(有关 UCS 的介绍参见 10.3 节)。

【例 5-1】绘制如图 5-2 所示的图形。

(1) 选择【工具】|【草图设置】命令，打开【草图设置】对话框，选择【捕捉和栅格】选项卡，分别选中【启用捕捉】和【启用栅格】复选框，将【捕捉 X 轴间距】和【捕捉 Y 轴间距】均设为 20，将【栅格 X 轴间距】和【栅格 Y 轴间距】均设为 20(或设为 0)，如图 5-3 所示。

(2) 单击【确定】按钮，关闭【草图设置】对话框，AutoCAD 在绘图屏幕上显示对应的栅格线。此时移动鼠标，光标移动时只能落在所显示的栅格线上(因为捕捉间距与栅格间距相等)。

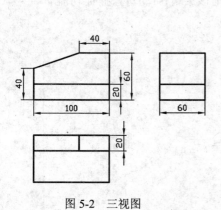

图 5-2　三视图

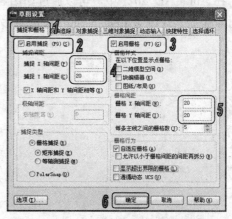

图 5-3　【草图设置】对话框

(3) 选择【绘图】|【直线】命令，绘制 3 个视图。因为光标只能位于各栅格线上，因此可以很容易地确定各直线的端点位置(通过栅格数来确定距离，绘图过程略)。

§ 5.1.3　使用正交功能

利用正交功能，用户可以方便地绘制与当前坐标系的 X 轴或 Y 轴平行的线段，对于二维绘图而言，一般就是水平线或垂直线。

在 AutoCAD 2011 中，单击状态栏上的【正交模式】█按钮或按 F8 键，可实现启用或关闭正交功能之间的切换。【正交模式】按钮为灰色时关闭正交功能，按钮为蓝色时则启用正交功能。当用 LINE 命令绘制直线段时，在指定直线的起点后，如果没有启用正交功能，AutoCAD 会从起点向光标点引出一条橡皮筋线，如图 5-4(a)所示；如果启用了正交功能，引出的橡皮筋线则是起点与光标十字线的两条垂直线中距离较长的线，如图 5-4(b)所示。如果此时单击，橡皮筋线会变为对应的水平或垂直线，如果直接输入距离值，则会沿对应的方向按该值确定出直线的端点。因此，当绘制二维图形时，利用正交功能，可以方便地绘制水平线或垂直线。

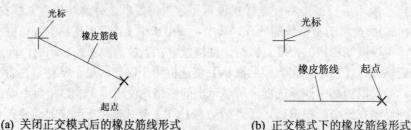

(a) 关闭正交模式后的橡皮筋线形式　　　　　(b) 正交模式下的橡皮筋线形式

图 5-4　正交模式的启用与关闭

5.2　对象捕捉

本节介绍的对象捕捉功能与 5.1.1 节介绍的捕捉模式不同。利用对象捕捉功能，用户在绘图时可以快速、准确地确定一些特殊的点，如端点、中点、切点、交点以及圆心等。

在 AutoCAD 2011 中，可以通过如图 5-5 所示的【对象捕捉】工具栏和如图 5-6 所示的【对象捕捉】快捷菜单(按下 Shift 键后右击，可弹出该菜单)启动对象捕捉功能。

图 5-5　【对象捕捉】工具栏　　　　　　　图 5-6　【对象捕捉】快捷菜单

【对象捕捉】工具栏上的各按钮图标以及对象捕捉菜单中位于各菜单命令前面的图标形象地说明了对应的功能。表 5-1 列出了对【对象捕捉】工具栏和【对象捕捉】快捷菜单功能的说明。

表 5-1　对象捕捉模式

工具栏按钮	菜单命令	功　　能
(临时追踪点)	临时追踪点	创建极轴追踪等时所使用的临时追踪点
(捕捉自)	自	临时指定一点作为基点，然后指定偏移来确定另一点
(捕捉到端点)	端点	捕捉到线段、圆弧、椭圆弧、多段线、样条曲线、射线等对象的最近端点
(捕捉到中点)	中点	捕捉到线段、圆弧、椭圆弧、多段线、样条曲线、多线等对象的中点
(捕捉到交点)	交点	捕捉到两个对象之间的交点
(捕捉到外观交点)	外观交点	捕捉到两个对象的外观交点，即将对象假想地延长后，它们之间的交点
(捕捉到延长线)	延长线	捕捉到直线或圆弧的延长线上的点，即将已有直线或圆弧的端点假想地延伸一定距离来确定另一点
(捕捉到圆心)	圆心	捕捉到圆、圆弧、椭圆或椭圆弧的中心点
(捕捉到象限点)	象限点	捕捉到圆、圆弧、椭圆或椭圆弧上的象限点
(捕捉到切点)	切点	捕捉到圆、圆弧、椭圆、椭圆弧或样条曲线上的切点
(捕捉到垂足)	垂足	捕捉到垂直于对象的点
(捕捉到平行线)	平行线	捕捉到与指定直线平行的线上的点
(捕捉到插入点)	插入点	捕捉块、文字或属性等对象的插入点
(捕捉到节点)	节点	捕捉用 POINT、DIVIDE、MEASURE 等命令创建的点对象、以及尺寸定义点、尺寸文字定义点等
(捕捉到最近点)	最近点	捕捉到离拾取点最近的线段、圆、圆弧等对象上的点
(无捕捉)	无	关闭对象捕捉模式
(对象捕捉设置)	对象捕捉设置	设置自动捕捉模式

下面通过【例 5-2】说明对象捕捉功能的使用方法。

【例 5-2】绘制如图 5-7 所示的图形。

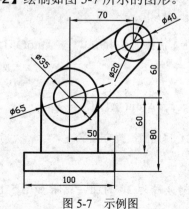

图 5-7　示例图

提示

　　本例将用到捕捉圆心、切点、垂足以及相对指定点确定另一点等功能。

新世纪高职高专规划教材

提示 ······

为方便绘图，可以打开【对象捕捉】工具栏。

(1) 绘制直径为 65 的圆

选择【绘图】|【圆】|【直径】命令，AutoCAD 提示：

指定圆的圆心或 [三点(3P)/两点(2P)/相切、相切、半径(T)]:(在绘图屏幕适当位置拾取一点)
指定圆的半径或 [直径(D)]: _d 指定圆的直径: 65↙

(2) 绘制直径为 35 的圆

选择【绘图】|【圆】|【直径】命令，AutoCAD 提示：

指定圆的圆心或 [三点(3P)/两点(2P)/相切、相切、半径(T)]:

在此提示下，单击【对象捕捉】工具栏上的【捕捉到圆心】按钮◎，AutoCAD 提示：

_cen 于

此时，将光标置于已有圆的边界上或圆心附近，AutoCAD 会自动捕捉到该圆的圆心，并显示标签提示【圆心】，如图 5-8 所示。此时单击，即可捕捉到已有圆的圆心，同时 AutoCAD 提示：

指定圆的直径: 35↙

结果如图 5-9 所示。

图 5-8　捕捉到圆心

图 5-9　绘制出同心圆

(3) 绘制直径为 40 和 20 的圆

选择【绘图】|【圆】|【直径】命令，AutoCAD 提示：

指定圆的圆心或 [三点(3P)/两点(2P)/相切、相切、半径(T)]:

在此提示下，单击【对象捕捉】工具栏上的【捕捉自】按钮，AutoCAD 提示：

_from 基点:

使用前面介绍的方法，捕捉前面已绘圆的圆心，AutoCAD 提示：

<偏移>: @70,60↙(相对于已有圆圆心，通过相对坐标确定新绘圆的圆心)
指定圆的半径或 [直径(D)]: _d 指定圆的直径: 40↙

再次选择【绘图】|【圆】|【直径】命令绘制直径为 20 的圆，结果如图 5-10 所示。

(4) 绘制矩形

选择【绘图】|【矩形】命令，AutoCAD 提示：

指定第一个角点或 [倒角(C)/标高(E)/圆角(F)/厚度(T)/宽度(W)]:

在此提示下，单击【对象捕捉】工具栏上的【捕捉自】按钮 ，AutoCAD 提示：

_from 基点

捕捉在步骤(1)中已绘圆的圆心，AutoCAD 提示：

<偏移>: @-50,-60✓
指定另一个角点或 [面积(A)/尺寸(D)/旋转(R)]: @100,-20✓

结果如图 5-11 所示。

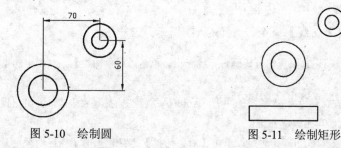

图 5-10　绘制圆　　　　　　　　　图 5-11　绘制矩形

(5) 绘制切线

选择【绘图】|【直线】命令，AutoCAD 提示：

指定第一点:(通过捕捉切点的方式确定一切点位置。单击【对象捕捉】工具栏上的【捕捉到切点】按钮)

_tan 到(将光标置于直径为 65 的圆的上方，AutoCAD 自动捕捉到切点，并给出提示【递延切点】，如图 5-12 所示，此时单击鼠标左键)
指定下一点或 [放弃(U)]:(确定另一切点位置。单击【对象捕捉】工具栏上的【捕捉到切点】 按钮)
_tan 到(将光标放到直径为 40 的圆的上方，AutoCAD 会自动捕捉到切点，并给出提示【递延切点】，如图 5-13 所示，此时单击鼠标左键)
指定下一点或[放弃(U)]:✓

结果如图 5-14 所示。

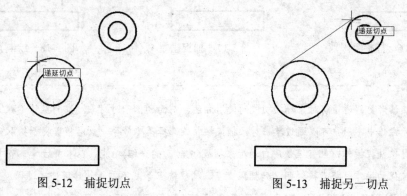

图 5-12　捕捉切点　　　　　　　　图 5-13　捕捉另一切点

来用类似的方法绘制另一条切线，结果如图 5-15 所示。

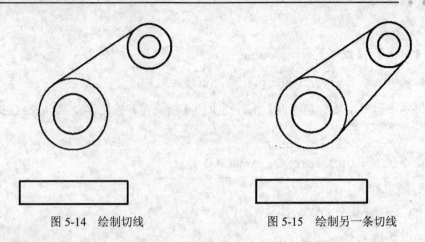

图 5-14　绘制切线　　　　　　　　　　　　图 5-15　绘制另一条切线

(6) 绘制垂直线

选择【绘图】|【直线】命令，AutoCAD 提示：

指定第一点:(通过捕捉象限点的方式确定直线起点。单击【对象捕捉】工具栏上的【捕捉到象限点】按钮◯)

_qua 于(将光标放到直径为 65 的圆的左侧，AutoCAD 自动捕捉到象限点，并给出提示【象限点】，如图 5-16 所示，此时单击鼠标左键)

指定下一点或 [放弃(U)]:(确定垂足。单击【对象捕捉】工具栏上的【捕捉到垂足】⊥按钮)

_per 到(将光标放到矩形的上边界上，AutoCAD 自动捕捉到垂足，并给出提示【垂足】，如图 5-17 所示，此时单击鼠标左键)

指定下一点或[放弃(U)]:↙

结果如图 5-18 所示。

使用类似的方法绘制另一条垂直线，完成图形的绘制。

图 5-16　捕捉象限点　　　　　　图 5-17　捕捉垂足　　　　　　图 5-18　绘制垂直线

提示

为使读者更好地了解对象捕捉功能的使用方法，前面的例子对对象捕捉的操作步骤给予了详细介绍。实际操作中，用户可以通过单击对象捕捉按钮或选择菜单命令，然后根据提示拾取对应对象的方式完成对象捕捉操作，也直接使用自动对象捕捉(见后面的介绍)功能。在本书后续章节中，凡需要用到对象捕捉的操作，将直接说明，如捕捉交点、捕捉端点等，不再详细解释捕捉过程。

5.3 对象自动捕捉

绘图过程中，有时需要多次捕捉某些特殊点，如圆心及端点等。如果按照在 5.2 节介绍的方法确定这些特殊点，则需要频繁地单击【对象捕捉】工具栏上的对应按钮或通过菜单选择对象捕捉命令，操作较为繁琐。利用自动对象捕捉功能，则可以轻松解决此问题。自动对象捕捉又称为隐含对象捕捉，它能够使 AutoCAD 自动捕捉到某些特殊点。

将对象自动捕捉称为自动捕捉。设置并启用自动捕捉的方式如下：

选择【工具】|【草图设置】命令，从打开的【草图设置】对话框中打开【对象捕捉】选项卡，如图 5-19 所示。

> **提示**
> 在状态栏上的【对象捕捉】按钮□上右击，从弹出的快捷菜单中选择【设置】命令，也可以打开如图 5-19 所示的【草图设置】对话框。

在【对象捕捉】选项卡中，【启用对象捕捉】复选框用于确定是否启用自动捕捉功能，选中该复选框启用。用户应通过【对象捕捉模式】选项组中的各复选框的选择来确定自动捕捉模式，即确定 AutoCAD 将自动捕捉到的点；【启用对象捕捉追踪】复选框则用于确定是否启用对象捕捉追踪功能(见 5.4.2 节)。

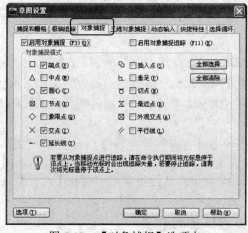

> **提示**
> 用户也可以在【对象捕捉】按钮□上右击，从弹出的快捷菜单中选项自动捕捉项。

图 5-19 【对象捕捉】选项卡

利用【对象捕捉】选项卡设置默认捕捉模式并启用自动捕捉功能后，在绘图过程中，当 AutoCAD 提示用户确定点时，如果将光标置于对象上在自动捕捉模式中设置的对应点附近，AutoCAD 会自动捕捉到这些点，并显示捕捉到相应点的小标签，此时单击，AutoCAD 会以该捕捉点作为相应的点。

> **提示**
> 依次单击状态栏上的【对象捕捉】按钮□或按 F3 键，可在启用或关闭自动捕捉功能之间切换。

新世纪高职高专规划教材

5.4 自动追踪

自动追踪指沿设定的方向进行追踪，有极轴追踪和对象捕捉追踪两种模式，下面分别进行具体介绍。

§ 5.4.1 极轴追踪

极轴追踪指在某些情况下，如果确定了一点，且当 AutoCAD 再次提示用户指定新点的位置时(如指定直线的另一端点)，此时拖动光标，使光标接近预先设定的方向(即极轴追踪方向)，AutoCAD 会自动将橡皮筋线吸附到该方向，同时沿该方向显示极轴追踪矢量，并浮出一个小标签，说明当前光标位置相对于前一点的极坐标，如图 5-20 所示。

极轴追踪矢量的起始点又称为追踪点。

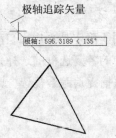

图 5-20　显示极轴追踪矢量

提示

从图 5-19 中可以看出，当前光标位置相对于前一点(三角形上顶点，即追踪点)的极坐标为 595.3189<135°，即两点之间的距离为 595.3189，极轴追踪矢量与 X 轴正方向的夹角为 135°。

在如图 5-20 所示的状态下，单击，AutoCAD 会将该点作为绘图所需点；如果直接输入数值(如输入 500)，AutoCAD 则沿极轴追踪矢量方向按此长度值确定点的位置；如果沿极轴追踪矢量方向拖动鼠标，AutoCAD 会通过浮出的小标签动态显示与光标位置对应的极轴追踪矢量的值(即显示"距离<角度")。

用户可以设置是否启用极轴追踪功能以及极轴追踪方向等性能参数，设置过程如下。

选择【工具】|【草图设置】命令，打开【草图设置】对话框，打开【极轴追踪】选项卡，如图 5-21 所示(在状态栏上的【极轴追踪】按钮 ⚃ 上右击，从快捷菜单中选择【设置】命令，同样可以打开如图 5-21 所示的对话框)。

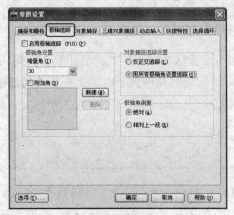

图 5-21　【极轴追踪】选项卡

对话框中的【启用极轴追踪】复选框用于确定是否启用极轴追踪。

提示 --
依次单击状态栏上的【极轴追踪】按钮 或按 F10 键，可在启用和关闭极轴追踪功能之间切换。

对话框中的【极轴角设置】选项组用于确定极轴追踪的追踪方向。可以通过【增量角】下拉列表框中的各选项确定追踪方向的角度增量，列表中有 90、45、30、22.5、18、15、10、5 等多个选项。如果选择 15，则表示 AutoCAD 将在 0°、15°、30°等以 15°为角度增量的方向进行极轴追踪。【附加角】复选框用于确定除由【增量角】下拉列表框设置追踪方向外，是否再附加追踪方向。如果选中该复选框，可通过【新建】按钮确定附加追踪方向的角度，通过【删除】按钮删除已有的附加角度。

提示 --
用户也可以在【极轴追踪】按钮 上右击，从快捷菜单中设置追踪角度。

【对象捕捉追踪设置】选项组用于确定对象捕捉追踪的模式。其中，【仅正交追踪】选项表示启用对象捕捉追踪后，仅显示正交形式的追踪矢量；【用所有极轴角设置追踪】选项表示如果启用对象捕捉追踪，当指定追踪点后，AutoCAD 允许光标沿在【极轴角设置】选项组中设置的方向进行极轴追踪。

【极轴角测量】选项组表示极轴追踪时角度测量的参考系。其中，【绝对】表示相对于当前 UCS 测量，即极轴追踪矢量的角度相对与当前 UCS 进行测量；【相对上一段】表示角度相对于前一图形对象进行测量。

§ 5.4.2　对象捕捉追踪

对象捕捉追踪是对象捕捉与极轴追踪的综合应用。例如，已知在图 5-22(a)中有一个三角形和一个矩形，当执行 LINE 命令确定直线的起始点时，利用对象捕捉追踪功能，可以找到一些特殊点，如图 5-22(b)和图 5-22(c)所示。

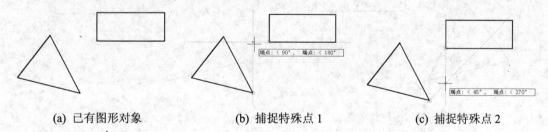

(a) 已有图形对象　　　　(b) 捕捉特殊点 1　　　　(c) 捕捉特殊点 2

图 5-22　利用对象捕捉追踪确定特殊点

在图 5-22(b)中，所捕捉到点的 X、Y 坐标分别与已有三角形一顶点的 X 坐标和矩形一角点的 Y 坐标相同。在图 5-22(c)中，所捕捉到点的 X 坐标与矩形一角点的 X 坐标相同，且位于相对于三角形一顶点的 45°方向。此时如果单击，即可得到对应的点。

利用对象捕捉追踪功能，可以方便地得到如图 5-22(b)和图 5-22(c)所示的特殊点。下面介

新世纪高职高专规划教材

绍启用对象捕捉追踪的方式及操作方法。

1. 启用对象捕捉追踪

使用对象捕捉追踪功能时，应首先启用极轴追踪和自动对象捕捉功能(单击状态栏上的【极轴追踪】按钮和【对象捕捉】按钮，使它们变蓝)，并根据绘图需要设置极轴追踪的增量角、设置自动对象捕捉的默认捕捉模式。

【草图设置】对话框中【对象捕捉】选项卡(参见图 5-19)的【启用对象捕捉追踪】复选框用于确定是否启用对象捕捉追踪。

提示

在绘图过程中，利用 F11 键或单击状态栏上的【对象捕捉追踪】按钮，可实现启用或关闭对象捕捉追踪功能之间的切换。

2. 使用对象捕捉追踪

下面仍以图 5-22 为例说明对象捕捉追踪的使用方法。假设已启用极轴追踪、自动对象捕捉以及对象捕捉追踪；通过【草图设置】的【极轴追踪】选项卡(参见图 5-21)，将增量角设为 45°，选中【用所有极轴角设置追踪】单选按钮；通过【对象捕捉】选项卡(参见图 5-19)，将自动对象捕捉模式设为捕捉到端点。

执行 LINE 命令，AutoCAD 提示：

指定一点：

此时将光标置于三角形的对应顶点附近，AutoCAD 捕捉到作为追踪点的对应点，并显示捕捉标记与标签提示，如图 5-23 所示。

将光标置于矩形的左下角点附近，AutoCAD 捕捉到作为追踪点的对应点，并显示捕捉标记与标签提示，如图 5-24 所示。

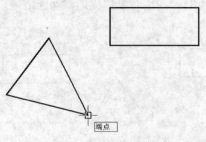

图 5-23　捕捉到端点 1

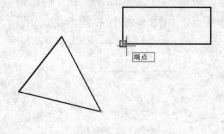

图 5-24　捕捉到端点 2

拖动鼠标，当光标的 X、Y 坐标分别与三角形顶点的 X 坐标和矩形角点的 Y 坐标接近时，AutoCAD 从两个捕捉到的点(即追踪点)引出的追踪矢量(此时的追踪矢量沿两个方向延伸，称其为全屏追踪矢量)会捕捉到对应的特殊点(即交点)，并显示说明光标位置的标签，如图 5-22(b)所示。此时单击，即可以该点作为直线的起始点，而后根据提示进行其他操作即可。如果不单击，继续向右下方移动光标，可以捕捉到如图 5-22(c)所示的特殊点。

提示

利用如图 5-5 所示的【对象捕捉】工具栏上的【临时追踪点】按钮━以及如图 5-6 所示的对象捕捉菜单上的【临时追踪点】命令，可以单独设置对象捕捉追踪时的临时追踪点。

【例 5-3】 已知如图 5-25(a)所示的图形，在此基础上利用自动追踪等功能继续绘图，结果如图 5-25(b)所示。图中的虚线表示新绘图形与已有图形之间的关系。

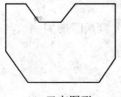 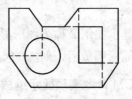

(a)　已有图形　　　　　　　　　　　(b)　绘图结果

图 5-25　练习图

(1) 绘图设置

在【草图设置】对话框的【对象捕捉】选项卡中选中【端点】复选框(参见图 5-19)，单击状态栏上的【极轴追踪】按钮、【对象捕捉】按钮和【对象捕捉追踪】按钮，启用极轴追踪、自动对象捕捉和对象捕捉追踪功能(可打开【对象捕捉】工具栏)。

(2) 绘制圆

选择【绘图】|【圆】|【圆心、半径】命令，AutoCAD 提示：

> 指定圆的圆心或 [三点(3P)/两点(2P)/相切、相切、半径(T)]:

利用对象捕捉追踪功能捕捉对应的点作为圆心，如图 5-26 所示。方法：将光标置于对应斜线的左端点附近，捕捉到作为追踪点的直线左端点，再将光标置于对应水平线的左端点附近，捕捉到作为追踪点的直线左端点，然后拖动鼠标移动光标，直到捕捉到与这两个点有对应坐标关系的点。在如图 5-26 所示的状态下，单击 AutoCAD 提示：

> 指定圆的半径或 [直径(D)]:(指定圆的半径)

(3) 绘制矩形

选择【绘图】|【矩形】命令，AutoCAD 提示：

> 指定第一个角点或 [倒角(C)/标高(E)/圆角(F)/厚度(T)/宽度(W)]:(利用对象捕捉追踪功能确定作为矩形左上角点的点，如图 5-27 所示)
>
> 指定另一个角点或 [面积(A)/尺寸(D)/旋转(R)]:(利用对象捕捉追踪功能确定作为矩形右下角点的点)

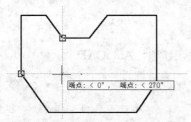 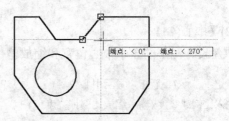

图 5-26　捕捉作为圆心的点　　　　　　图 5-27　捕捉作为矩形角点的点

5.5 图形显示控制

图形显示控制是指控制图形在计算机屏幕上的显示位置以及显示区域，本节主要介绍平移视图以及改变显示比例的操作方法。

§ 5.5.1 改变图形的显示比例

控制图形的显示比例又称为图形显示缩放，以放大显示图形的局部细节，或缩小图形以查看全图。执行显示缩放后，对象的实际尺寸保持不变。

1. 利用 ZOOM 命令实现显示缩放

在 AutoCAD 2011 中，可通过 ZOOM 命令执行显示缩放操作。显示缩放操作如下。

执行 ZOOM 命令，AutoCAD 提示：

指定窗口的角点，输入比例因子 (nX 或 nXP)，或者
[全部(A)/中心(C)/动态(D)/范围(E)/上一个(P)/比例(S)/窗口(W)/对象(O)]<实时>：

第一行提示说明用户可以直接确定显示窗口的角点位置或输入比例因子。如果直接确定窗口的一角点位置，即在绘图区域确定一点，AutoCAD 提示：

指定对角点：

在该提示下再确定窗口的对角点位置，AutoCAD 将由两角点确定的矩形窗口区域中的图形放大，充满显示屏幕。此外，用户也可以直接输入比例因子，即执行【输入比例因子(nX 或 nXP)】选项。输入比例因子时，如果输入具体的数值，图形按该比例值实现绝对缩放，即相对于实际尺寸进行缩放；如果在比例因子后面加后缀 X，图形实现相对缩放，即相对于当前显示图形的大小进行缩放；如果在比例因子后面加 XP，图形则相对于图纸空间缩放。例如，设当前图形按 2:1 的比例显示，即显示的图形是实际大小的 2 倍，那么执行 ZOOM 命令后，如果用 2X 响应，图形会再放大 2 倍；但如果用 2 响应，显示的图形没有变化，因为所显示图形已经是实际大小的 2 倍。下面介绍执行 ZOOM 命令后提示中其余选项的含义及其操作。

(1)【全部(A)】

显示整个图形。执行该选项后，如果各图形对象均未超出由 LIMITS 命令设置的图形界限，AutoCAD 会按由该命令设置的图纸边界显示，即在绘图窗口中显示位于图形界限中的内容；如果有图形对象绘到图纸边界之外，则显示范围会扩大，使超出边界的图形也显示在屏幕上。

(2)【中心(C)】

重新设置图形的显示中心位置和缩放倍数。执行该选项，AutoCAD 提示：

指定中心点:(重新指定显示中心位置)
输入比例或高度:(输入缩放比例或高度值)

执行结果：AutoCAD 将图形中新指定的中心位置显示在绘图窗口的中心位置，并对图形

进行对应的放大或缩小。如果在【输入比例或高度:】提示下输入的是缩放比例(即在输入的数字后跟 X)，AutoCAD 按该比例缩放；如果输入的是高度值(即输入的数字后无后缀 X)，AutoCAD 将缩放图形，使图形在绘图窗口中所显示图形的高度为输入值(即绘图窗口的高度为输入值)。显然，输入的高度值较小时会放大图形，反之则缩小图形。

(3)【动态(D)】

实现动态缩放。假设执行该选项前屏幕上有如图 5-28 所示的图形，执行【动态(D)】选项后，屏幕上将出现如图 5-29 所示的动态缩放屏幕模式。

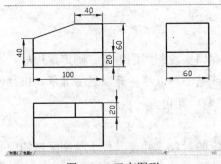

图 5-28　已有图形

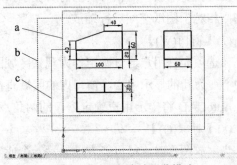

图 5-29　动态缩放屏幕模式

在图 5-29 中有 a、b 和 c 3 个方框，各方框的作用如下。

➢ a 框(一般为蓝色框)表示图形的范围，该范围是通过 LIMITS 命令设置的图形界限或图形实际占据的区域。

➢ b 框(一般为绿色框)表示当前的屏幕区，即执行【动态(D)】选项前在屏幕上显示的图形区域。

➢ c 框是选取视图框(框的中心处有一个小叉)，用于确定下一次在屏幕上显示的图形区域。该选取视图框的作用类似照相机的取景器，可以通过鼠标对其移动位置、改变大小，以确定将要显示的图形部分。通过选取视图框确定图形显示范围的步骤如下：首先通过鼠标移动选取视图框，使框的左边与要显示区域的左边重合，然后单击，选取视图框内的小叉消失，同时出现一个指向该框右边界的箭头，这时可以通过左右拖动鼠标的方法改变选取视图框的大小、上下拖动鼠标改变选取视图框的上下位置，以确定新的显示区域。无论视图框如何变化，AutoCAD 自动保持框水平边和垂直边的比例不变，以保持其形状与绘图窗口呈相似形。确定了框的大小，即确定了要显示的区域后，按 Enter 键或 Space 键，AutoCAD 按由该框确定的区域在屏幕上显示图形。用户也可以不按 Enter 键，而是直接单击，框中心的小叉重新出现，用户可以重新确定显示区域。

(4)【范围(E)】

执行该选项，AutoCAD 使已绘出的图形充满绘图窗口，而与图形的图形界限无关。

(5)【上一个(P)】

恢复上一次显示的视图。

 提示---

可以连续执行【上一个(P)】选项来恢复视图。

新世纪高职高专规划教材

(6)【比例(S)】

指定缩放比例实现缩放。执行该选项，AutoCAD 提示：

输入比例因子(nX 或 nXP):

用户在该提示下输入比例值即可。同样，如果输入的比例因子是具体的数值，图形将按该比例值实现绝对缩放，即相对于图形的实际尺寸缩放；如果在输入的比例因子后面加 X，图形实现相对缩放，即相对于当前所显示图形的大小进行缩放；如果在比例因子后面加 XP，图形则相对于图纸空间进行缩放。

(7)【窗口(W)】

该选项允许用户通过确定作为观察区域的矩形窗口实现图形的缩放。确定窗口后，窗口的中心变为新的显示中心，窗口内的区域将被放大或缩小，以尽量充满显示屏幕。执行该选项，AutoCAD 将提示用户确定窗口的两角点位置，响应即可。

(8)【对象(O)】

当缩放图形时，尽可能大地显示一个或多个选定的对象，并使其位于绘图区域的中心。执行该选项，AutoCAD 将提示用户选择对象，响应即可。

(9)【实时】

实时缩放。如果执行 ZOOM 命令后直接按 Enter 键或 Space 键，即执行【实时】选项，光标变为放大镜形状，并提示：

按 Esc 或 Enter 键退出，或单击右键显示快捷菜单。

同时在状态栏显示：

按住拾取键并垂直拖动进行缩放。

此时按住鼠标左键，向上拖动鼠标即可放大图形；向下拖动鼠标可缩小图形；按 Esc 或 Enter 键，可以结束 ZOOM 命令的执行；如果右击，AutoCAD 会弹出快捷菜单，供用户选择相应的命令。

2. 快速缩放

AutoCAD 2011 提供了用于实现缩放操作的菜单命令和工具栏按钮，利用它们可以快速执行缩放操作。

用于实现缩放操作的命令位于【视图】|【缩放】子菜单中，如图 5-30 所示。其中，【实时】、【上一步】、【窗口】、【动态】、【比例】、【中心】、【对象】、【全部】以及【范围】命令与执行 ZOOM 命令后的对应选项的功能相同；【放大】命令可以使图形相对于当前图形放大一倍；【缩小】命令则可以使图形相对于当前图形缩小一半。

在【标准】工具栏上，AutoCAD 提供了专门用于缩放操作的按钮。其中，【实时缩放】按钮 用于实时缩放；【缩放上一个】按钮 用于恢复上一次显示的图形，相当于 ZOOM 命令的【上一个(P)】选项。位于这两个按钮之间的按钮可以引出一个弹出工具栏，如图 5-31 所示(按下该按钮后停留片刻，就会浮出图 5-31 中所示的弹出式工具栏)。

通过此工具栏中的各个按钮可实现对应的缩放操作(按下某一按钮后停留片刻，将浮出一个小标签，说明该按钮的功能)。

图 5-30　【缩放】子菜单

图 5-31　弹出式工具栏

§5.5.2　平移视图

平移视图是指移动整个图形，类似于移动整个图纸，以便将图纸的某一部分显示在绘图窗口。平移视图后，图形相对于图纸的实际位置不发生变化。

在 AutoCAD 2011 中，单击【标准】工具栏上的【实时平移】按钮，或选择【视图】|【缩放】|【实时】命令，或执行 PAN 命令，均可启动平移视图的操作。平移视图的操作如下。

执行 PAN 命令，AutoCAD 在屏幕上出现一手状光标，并提示：

> 按 Esc 或 Enter 键退出，或单击右键显示快捷菜单。

同时在状态栏上提示：

> 按住拾取键并拖动进行平移。

此时，按下鼠标左键并向某一方向拖动鼠标，图形就会向该方向移动；按 Esc 键或 Enter键，即可结束 PAN 命令的执行；如果右击，AutoCAD 将弹出快捷菜单，供用户选择。

5.6　上机实战

一、按如表 4-3 所示的图层设置要求，通过启用捕捉模式和栅格显示等功能绘制如图 5-32所示的液压卸载回路。

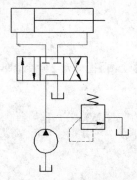

图 5-32　液压卸载回路

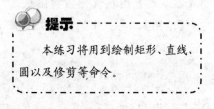

提示

本练习将用到绘制矩形、直线、圆以及修剪等命令。

新世纪高职高专规划教材

(1) 启动 AutoCAD 2011，单击【标准】工具栏上的【新建】按钮，或选择【文件】|
【新建】命令，从打开的【选择样板】对话框中选择样板文件 acadiso.dwt，单击该对话框中
的【打开】按钮，建立新图形。

(2) 选择【视图】|【缩放】|【全部】命令，将样板文件 acadiso.dwt 设置的默认绘图范围
显示在绘图窗口的中间。

(3) 定义图层

根据表 4-3 所示定义图层(过程略)。用户可通过【图层】工具栏的图层控制下拉列表框
查看新定义的图层，如图 5-33 所示。

(4) 草图设置

选择【工具】|【草图设置】命令，打开【草图设置】对话框，在该对话框中进行相关的
设置，如图 5-34 所示。

从图 5-34 中可以看出，沿 X 和 Y 方向的捕捉间距与栅格间距均设置为 5，并启用了栅
格捕捉与栅格显示功能(即选中【启用捕捉】和【启用栅格】复选框。单击状态栏上的【捕捉
模式】和【栅格显示】按钮也可实现启用栅格捕捉与栅格显示功能与否的切换)。

单击对话框中的【确定】按钮，关闭【草图设置】对话框，并在绘图屏幕上显示出栅格
线(为使图面清晰，用栅格点代替了栅格线)。由于已将沿 X 和 Y 方向的栅格捕捉与栅格显示
的间距均设为 5，因此拖动光标时，光标会沿着栅格点移动，且两栅格点之间的水平或垂直
移动距离均为 5。

图 5-33　显示新定义的图层　　　　图 5-34　"草图设置"对话框

(5) 绘制矩形

将【粗实线】图层设为当前图层。

单击【绘图】工具栏中的【矩形】按钮，或选择【绘图】|【矩形】命令，即执行 RECTANG
命令，AutoCAD 提示：

> 指定第一个角点或 [倒角(C)/标高(E)/圆角(F)/厚度(T)/宽度(W)]:(在绘图屏幕恰当位置确定一点)
> 指定另一个角点或 [面积(A)/尺寸(D)/旋转(R)]:(拖动鼠标，使其相对于第一角点沿水平和垂直方向
> 分别移动 14 和 4 个格后，单击鼠标左键)

执行结果如图 5-35 所示。

使用同样的方法，绘制其他两个矩形，结果如图 5-36 所示。从图 5-36 中可以看出新绘制的矩形相对于已有矩形的位置。

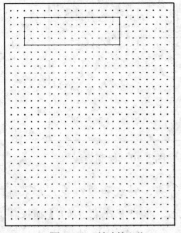

图 5-35 绘制矩形

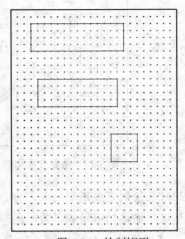

图 5-36 绘制矩形

(6) 绘制其他粗实线

参照图 5-32，分别执行 LINE 命令，绘制对应的直线，结果如图 5-37 所示。

(7) 制细实线

将【细实线】图层设为当前图层。

参照图 5-32，执行 LINE 命令，绘制对应的直线，结果如图 5-38 所示。

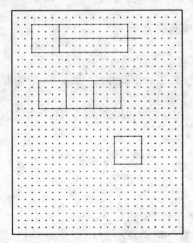

图 5-37 绘制直线

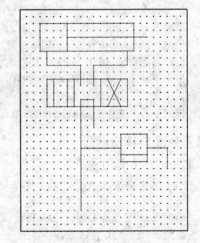

图 5-38 绘制直线

(8) 绘制粗实线

将【粗实线】图层设为当前图层。

参照图 5-32，执行 LINE 命令，绘制对应的直线；执行 CIRCLE 命令，绘制圆，结果如图 5-39 所示。

(9) 绘制虚线

将【虚线】图层设为当前图层。

参照图 5-32，执行 LINE 命令，绘制图中的虚线，结果如图 5-40 所示。

新世纪高职高专规划教材

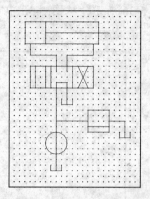

图 5-39　绘制直线和圆

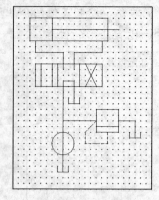

图 5-40　绘制虚线

此时已绘制完成图形的大部分，未绘部分包括一些箭头、斜线和短线等。如果继续打开栅格捕捉与栅格显示功能，某些图形对象较难绘制。因此，单击状态栏上的【捕捉模式】按钮 和【栅格显示】按钮 ，使它们均处于弹起状态，关闭栅格捕捉与栅格显示功能。

(10) 绘制箭头

绘制液压泵处的箭头

将【粗实线】图层设为当前图层。

单击【绘图】工具栏中的【多段线】按钮 ，或选择【绘图】|【多段线】命令，即执行 PLINE 命令，AutoCAD 提示：

> 指定起点:(在图 5-40 中，捕捉圆与垂直线的上交点)
> 指定下一个点或 [圆弧(A)/半宽(H)/长度(L)/放弃(U)/宽度(W)]: W↙
> 指定起点宽度 <0.0>:↙(起始宽度为 0)
> 指定端点宽度 <0.0>: 5↙(终止宽度为 5)
> 指定下一个点或 [圆弧(A)/半宽(H)/长度(L)/放弃(U)/宽度(W)]: @0,-5↙(通过相对坐标确定另一端点)
> 指定下一点或 [圆弧(A)/闭合(C)/半宽(H)/长度(L)/放弃(U)/宽度(W)]:↙

结果如图 5-41 所示。

绘制换向阀右侧的箭头

执行 PLINE 命令，AutoCAD 提示：

> 指定起点:(在图 5-41 中，捕捉向右倾斜的直线与上水平线的交点)
> 指定下一个点或 [圆弧(A)/半宽(H)/长度(L)/放弃(U)/宽度(W)]: W↙
> 指定起点宽度 <0.0>:↙(起始宽度为 0)
> 指定端点宽度 <0.0>: 2↙(终止宽度为 2)
> 指定下一个点或 [圆弧(A)/半宽(H)/长度(L)/放弃(U)/宽度(W)]:(在该提示下通过捕捉最近点的方式在已有斜线上确定另一点)
> 指定下一点或 [圆弧(A)/闭合(C)/半宽(H)/长度(L)/放弃(U)/宽度(W)]:↙

使用同样的方法，绘制另一斜线上的箭头，结果如图 5-42 所示。

绘制其他箭头

参照图 5-32，使用类似的方法，绘制其他箭头，结果如图 5-43 所示(也可以通过复制的方式得到其他箭头)。

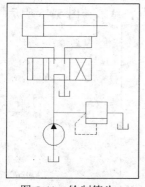

图 5-41　绘制箭头 1

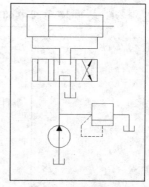

图 5-42　绘制箭头 2

(11) 绘制表示弹簧的斜线

执行 LINE 命令，AutoCAD 提示:

> LINE 指定第一点:(捕捉图 5-43 中表示溢流阀矩形的上边的中点)
> 指定下一点或 [放弃(U)]: @5<15↙
> 指定下一点或 [放弃(U)]: @10<165↙
> 指定下一点或 [闭合(C)/放弃(U)]: @10<15↙
> 指定下一点或 [闭合(C)/放弃(U)]: @10<165↙
> 指定下一点或 [闭合(C)/放弃(U)]: ↙

执行结果如图 5-44 所示。

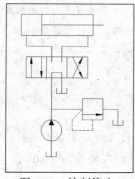

图 5-43　绘制箭头 3

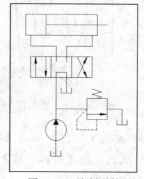

图 5-44　绘制弹簧

(12) 修剪

单击【修改】工具栏中的【修剪】按钮／，或选择【修改】|【修剪】命令，即执行 TRIM 命令，AutoCAD 提示:

> 选择剪切边...
> 选择对象或 <全部选择>:(选择图 5-44 中的圆)
> 选择对象: ↙
> 选择要修剪的对象，或按住 Shift 键选择要延伸的对象，或
> [栏选(F)/窗交(C)/投影(P)/边(E)/删除(R)/放弃(U)]:(在图 5-44 中的圆内拾取垂直线)
> 选择要修剪的对象，或按住 Shift 键选择要延伸的对象，或
> [栏选(F)/窗交(C)/投影(P)/边(E)/删除(R)/放弃(U)]:↙

(13) 绘制直线

执行 LINE 命令，绘制换向阀中的两条短水平直线，结果如图 5-45 所示。

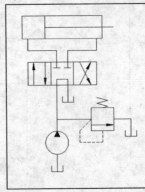

图 5-45　绘制直线后的结果

至此，完成如图 5-32 所示图形的绘制，将该图形命名并保存。

二、按如表 4-3 所示的图层设置要求，绘制如图 5-46 所示的图形。

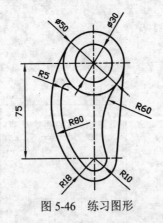

图 5-46　练习图形

> **提示**
>
> 本练习将用到绘制直线、圆以及阵列、修剪等命令。

(1) 启动 AutoCAD 2011，单击【标准】工具栏上的【新建】按钮□，或选择【文件】|【新建】命令，从打开的【选择样板】对话框中选择样板文件 acadiso.dwt，单击该对话框中的【打开】按钮建立新图形。

(2) 选择【视图】|【缩放】|【全部】命令，将样板文件 acadiso.dwt 设置的默认绘图范围显示在绘图窗口的中间。

(3) 定义图层

根据表 4-3 中所示定义图层(过程略)。

(4) 绘制中心线

将【中心线】图层设为当前图层。执行 LINE 命令，绘制对应的中心线，如图 5-47 所示(如果水平中心线的长度不合适，可在最后调整)。

(5) 绘制圆

将【粗实线】图层设为当前图层。

执行 CIRCLE 命令，绘制图中的各个圆，结果如图 5-48 所示。

技巧

应通过绘圆菜单中的【相切、相切、半径】选项绘制半径为 80 和 60 的两个圆;半径为 72 的圆可通过偏移半径为 80 的圆,并使其与直径为 20 的圆相切的方式绘制,或通过指定圆心与半径的方式绘制。

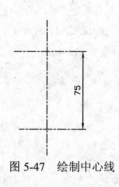

图 5-47 绘制中心线

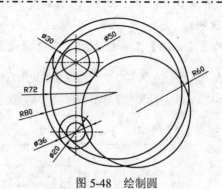

图 5-48 绘制圆

(6) 绘制切线

执行 LINE 命令,绘制在右侧与直径为 50 和 36 的圆相切的直线,如图 5-49 所示。

(7) 修剪

单击【修改】工具栏中的【修剪】按钮 ,或选择【修改】|【修剪】命令,即执行 TRIM 命令进行对应的修剪,修剪结果如图 5-50 所示。

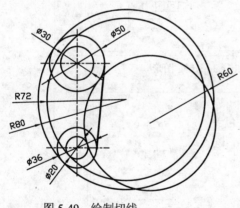

图 5-49 绘制切线

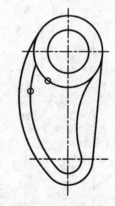

图 5-50 修剪结果

(8) 创建圆角

单击【修改】工具栏中的【圆角】按钮 ,或选择【修改】|【圆角】命令,即执行 FILLET 命令,AutoCAD 提示:

> 选择第一个对象或 [放弃(U)/多段线(P)/半径(R)/修剪(T)/多个(M)]: R↙
> 指定圆角半径 <0.0000>: 5↙
> 选择第一个对象或 [多段线(P)/半径(R)/修剪(T)/多个(U)]:(在图 5-50 中,在某一有小圆标记处拾取对应的对象)
> 选择第二个对象,或按住 Shift 键选择要应用角点的对象:(在图 5-50 中,在另一有小圆标记处拾取对应的对象)

新世纪高职高专规划教材

执行结果如图 5-46 所示。

三、控制图形显示比例及位置练习。

打开 AutoCAD 示例图形 db_samp.dwg(位于 AutoCAD 2011 安装目录的 Sample/Database Connectivity 文件夹),利用控制图形显示比例、平移视图等功能查看图形。

(1) 打开文件 db_samp.dwg,结果如图 5-51 所示(图中的虚线矩形框由作者添加,用于后面的操作说明)。

(2) 单击【标准】工具栏上的【窗口缩放】按钮 ,AutoCAD 提示:

指定第一个角点:(在图 5-51 中,拾取虚线矩形框的一角点)
指定对角点: (在虚线矩形框的对角点处单击鼠标左键)

结果如图 5-52 所示。

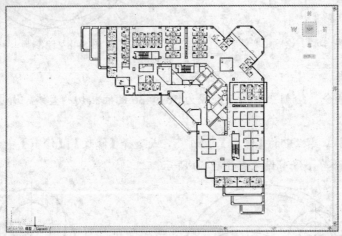

图 5-51　db_samp.dwg 图形

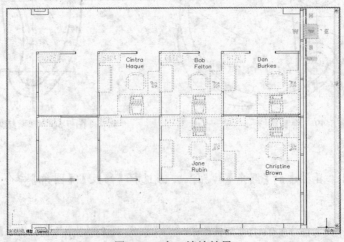

图 5-52　窗口缩放效果

(3) 单击【标准】工具栏上的【实时平移】按钮 ,AutoCAD 提示【按 Esc 或 Enter 键退出,或单击右键显示快捷菜单】,此时,在绘图屏幕按下鼠标左键(光标变成手状),向下拖动光标,结果如图 5-53 所示。按 Esc 键可取消偏移视图操作。

图 5-53 平移视图结果

(4) 单击【标准】工具栏上的【缩放上一个】按钮 ，将返回到如图 5-51 所示的初始显示状态。用户还可以继续利用如图 5-30 所示的【缩放】菜单或如图 5-31 所示的弹出工具栏按钮进行机械图形显示缩放操作。

5.7 习题

1. 判断题

(1) 启动捕捉模式后，可使光标按设定的步距移动。(　　)

(2) 如果将栅格间距设为 0，启用栅格显示功能后，在屏幕上并不显示栅格。(　　)

(3) 在绘图过程中，可以随时启用或关闭捕捉模式、栅格显示、正交以及追踪等功能。(　　)

(4) 进行二维绘图时，正交功能特别适合绘制水平线或垂直线。(　　)

(5) 使用追踪功能时，可以将追踪方向设成任意角度方向(精度范围内)。(　　)

(6) 功能键 F10 可用于启用或关闭极轴追踪功能。(　　)

(7) AutoCAD 中，利用【标准】工具栏上的【放弃】按钮 可以取消上一次操作结果，利用【重做】按钮 可以再次恢复取消的操作结果。(　　)

(8) 利用 ZOOM 命令改变图形的显示比例后，图形的尺寸也会发生变化。(　　)

2. 上机习题

(1) 启动 AutoCAD 2011 后，单击【标准】工具栏上的【新建】按钮 ，从打开的【选择样板】对话框中选择样板文件 acadiso.dwt，单击该对话框中的【打开】按钮，建立新图形。然后进行如下操作：

单击状态栏上的【栅格显示】按钮 ，启用栅格显示功能，查看界面的变化情况(注意绘图窗口的左下角)。再单击状态栏上的【栅格显示】按钮 关闭栅格显示功能。选择【视图】|【缩放】|【全部】命令，单击状态栏上的【栅格显示】按钮 启用栅格显示功能，查看界面

的变化情况。打开【草图设置】对话框，在【捕捉和栅格】选项卡中(参见图 5-1)，选中【显示超出界限的栅格】复选框，然后关闭对话框查看效果。

(2) 利用捕捉模式和栅格显示功能绘制如图 5-54 所示的图形。

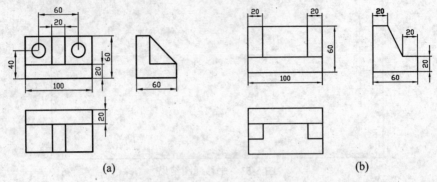

<table>
<tr><td>(a)</td><td>(b)</td></tr>
</table>

图 5-54　上机绘图练习 1

(3) 利用自动追踪功能绘制如图 5-55 所示的图形(虚线表示图形之间的对应关系。未注尺寸由读者确定)。

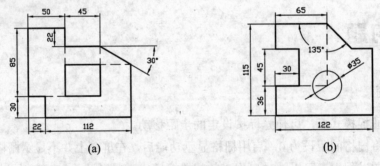

<table>
<tr><td>(a)</td><td>(b)</td></tr>
</table>

图 5-55　上机绘图练习 2

文字与表格

主要内容 机械制图过程中经常需要标注文字，如标注技术要求、填写标题栏和明细栏等。利用 AutoCAD 2011，用户不仅能够方便地标注文字，而且可以设置文字的标注样式，此外，还可以直接创建表格。通过本章的学习，读者可以掌握利用 AutoCAD 2011 来标注文字、绘制表格的方法及操作。

本章重点
- ➢ 文字样式
- ➢ 标注文字
- ➢ 编辑文字

- ➢ 表格样式
- ➢ 创建表格
- ➢ 编辑表格

6.1 文字样式

在 AutoCAD 2011 中，单击【样式】工具栏上的【文字样式】按钮 或【文字】工具栏上的【文字样式】按钮 ，或选择【格式】|【文字样式】命令，或执行 STYLE 命令，均可启动创建文字样式的操作。创建文字样式的操作如下。

执行 STYLE 命令，AutoCAD 打开【文字样式】对话框，如图 6-1 所示。

下面介绍该对话框中主要项的功能。

(1)【当前文字样式】标签

显示当前文字样式的名称。图 6-1 中说明当前的文字样式为 Standard，是 AutoCAD 2011 提供的默认样式。

(2)【样式】列表框

列出当前已定义的文字样式，用户可从中选择对应的样式作为当前样式或进行样式修改。

(3) 样式列表过滤器

样式列表过滤器位于【样式】列表框下方的下拉列表框，用于确定需要在【样式】列表框中显示的文字样式。列表提供了【所有样式】和【正在使用的样式】两种选择。

(4) 预览框

显示与所设置或选择的文字样式对应的文字标注预览图像。

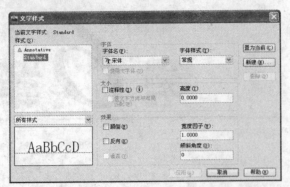

图 6-1 【文字样式】对话框

> **提示**
> 图 6-1 所示【文字样式】对话框中各项的设置即为文字样式 Standard 的设置。

(5)【字体】选项组

确定文字样式所采用的字体，在【字体名】下拉列表中选择对应的字体即可。如果在【字体名】下拉列表中选择了 SHX 字体，并选中【使用大字体】复选框，则可以指定大字体，此时的【字体】选项组为如图 6-2 所示的形式。SHX 字体是通过形文件定义的字体。形文件是 AutoCAD 定义字体或符号库的文件，其源文件的扩展名为 shp，扩展名为 shx 的形文件是编译后的文件。大字体用来指定亚洲语言(包括简、繁体汉语、日语或韩语等)使用的大字体文件。

图 6-2 【字体】选项组

> **提示**
> 只有将字体选为 SHX 字体，【使用大字体】复选框才处于使用状态。

(6)【大小】选项组

指定文字的高度。可以直接在【高度】文本框中输入高度值。如果将文字高度设为 0，那么当使用 DTEXT 命令(见 6.2.1 节)标注文字时，AutoCAD 会提示【指定高度:】，即要求用户设定文字的高度。如果在【高度】文本框中输入具体的高度值，AutoCAD 将按此高度标注文字，使用 DTEXT 命令标注文字时不再提示【指定高度:】。【大小】选项组中的【注释性】复选框用于确定所标注文字是否为注释性文字(见 6.4 节)。

(7)【效果】选项组

设置字体的特征，如字的宽高比(即宽度比例)、倾斜角度、是否倒置显示、是否反向显示以及是否垂直显示等。其中，【颠倒】复选框用于确定是否将标注文字倒置显示。【反向】复选框用于确定是否将文字按反方向(从右向左)标注。【垂直】复选框用于确定是否将文字垂直标注。【宽度因子】文本框用于确定所标注文字字符的宽高比。当宽度比例为 1 时，表示按系统定义的宽高比标注文字；当宽度比例小于 1 时文字会变窄，反之则变宽。【倾斜角度】文本框确定文字的倾斜角度，角度为 0 时不倾斜，为正值时向右倾斜，为负值时向左倾斜。

> **提示**
> 当在【效果】选项组中选中某一个或某些复选框后，AutoCAD 一般会在预览框中显示对应的标注效果。

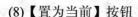

(8)【置为当前】按钮

将在【样式】列表框中选中的样式置为当前按钮。当需要以已有的某一文字样式标注文字时，应首先将该样式设为当前样式。

提示

利用【样式】工具栏中的【文字样式控制】下拉列表框，可以方便地将某一文字样式设为当前样式。

(9)【新建】按钮

创建新文字样式。方法：单击【新建】按钮，打开【新建文字样式】对话框，如图 6-3 所示。在该对话框中的【样式名】文本框内输入新文字样式的名字，单击【确定】按钮，即可在原文字样式的基础上创建一个新文字样式。

图 6-3　【新建文字样式】对话框

提示

单击【新建】按钮后创建的新样式的设置与前一样式相同，用户还需要进行具体的设置。

(10)【删除】按钮

删除某一文字样式。方法：从【样式】下拉列表中选中要删除的文字样式，单击【删除】按钮。

提示

用户只能删除当前图形中未使用的文字样式。

(11)【应用】按钮

确认用户对文字样式的设置。单击对话框中的【应用】按钮，AutoCAD 确认已进行的操作。

【例 6-1】定义文字样式，要求：文字样式名为"黑体样式"，字体为黑体，字高为 5；其余设置采用系统的默认设置。

(1) 执行 STYLE 命令，AutoCAD 打开【文字样式】对话框，单击对话框中的【新建】按钮，在打开的【新建文字样式】对话框的【样式名】文本框中输入"黑体样式"，如图 6-4 所示。单击【确定】按钮。

图 6-4　以"黑体样式"作为新文字样式的名称

(2) 在打开的【文字样式】对话框中，在【字体】选项组中的【字体名】下拉列表中选择【黑体】选项，在【高度】文本框中输入 5，其余设置采用默认设置，如图 6-5 所示。

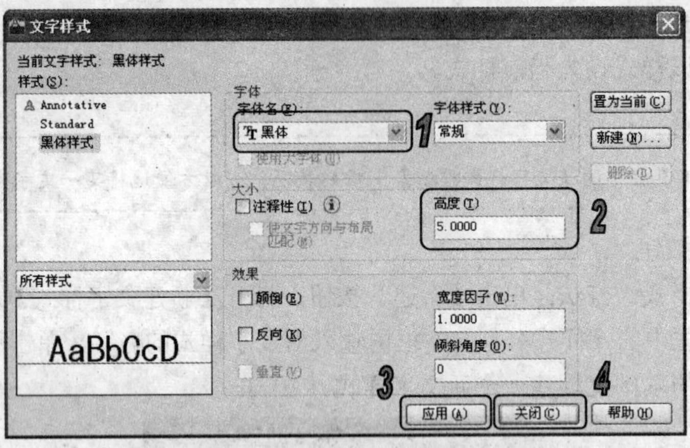

图 6-5　设置新文字样式

(3) 单击【应用】按钮，确认新定义的样式。单击【关闭】按钮，关闭对话框，完成新样式的定义，然后 AutoCAD 将"黑体样式"设为当前文字样式。

国家标准《机械制图》专门对文字标注做出了规定，主要内容如下：

字的高度有 3.5、5、7、10、14、20 等(单位为 mm)，字的宽度约为字高度的 2/3。汉字应采用长仿宋体。由于汉字的笔画较多，因此其高度不应小于 3.5mm。字母分大写、小写两种，它们可以用直体(正体)和斜体形式标注。斜体字的字头要向右侧倾斜，与水平线约成 75°；阿拉伯数字也有直体和斜体两种形式，斜体数字与水平线也成 75°。实际标注中，有时需要将汉字、字母和数字组合起来使用。如标注"6×M16 深 30"时，就用到了汉字、字母和数字的组合。

AutoCAD 2011 提供了基本符合标注要求的字体形文件：gbenor.shx、gbeitc.shx 和 gbcbig.shx 等文件。其中，gbenor.shx 用于标注直体字母与数字；gbeitc.shx 用于标注斜体字母与数字；gbcbig.shx 则用于标注中文。用如图 6-1 所示的默认文字样式标注文字时，标注出的汉字近似长仿宋体，但字母和数字则是由文件 txt.shx 定义的字体，不完全满足制图要求。为了使标注的字母和数字也满足要求，还需要将对应的字体文件设为 gbenor.shx 或 gbeitc.shx。本章 6.8 节将通过绘图练习说明如何定义这样的文字样式。

6.2　标注文字

AutoCAD 2011 中，用户主要使用两种方式标注文字，即使用 DTEXT 命令和 MTEXT 命令标注文字。

§ 6.2.1　用 DTEXT 命令标注文字

在 AutoCAD 2011 中，单击【文字】工具栏上的【单行文字】按钮 A，或选择【绘图】|【文字】|【单行文字】命令，或执行 DTEXT 命令，均可启动标注文字的操作。标注文字的

操作如下：

执行 DTEXT 命令，AutoCAD 提示(设当前样式为例 6-1 中定义的"黑体样式")：

当前文字样式："黑体样式" 文字高度：5.0000 注释性：否
指定文字的起点或 [对正(J)/样式(S)]：

第一行信息说明当前的文字样式、文字高度以及是否为注释性文字。第二行提示中各选项的含义及其操作如下。

(1) 指定文字的起点

确定文字行基线的始点位置，为默认选项。

AutoCAD 为文字行定义了顶线(Top line)、中线(Middle line)、基线(Base line)和底线(Bottom line)4 条线，用于确定文字行的位置，如图 6-6 所示。

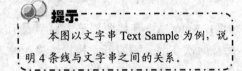

提示
本图以文字串 Text Sample 为例，说明 4 条线与文字串之间的关系。

图 6-6 文字标注参考线定义

在【指定文字的起点或 [对正(J)/样式(S)]：】提示下指定了文字的起点位置后(该点为文字行基线的左端点)，AutoCAD 提示：

指定高度：(输入文字的高度值。如果在文字样式中设置了文字高度，没有此提示)
指定文字的旋转角度 <0>：(输入文字行的旋转角度)

此时 AutoCAD 会在绘图屏幕上显示一个表示文字位置的方框，用户在其中输入要标注的文字即可。输入文字后，按两次 Enter 键(按第一次 Enter 键表示换行)，即可完成文字的标注。

提示
当用户输入文字时，不仅按 Enter 键可以实现换行，而且在绘图屏幕某一位置单击，AutoCAD 会将此位置作为新标注文字行的对应位置。

(2)【对正(J)】

用于控制文字的对齐方式，类似于使用 Microsoft Word 进行排版时使文字左对齐、居中或右对齐等。执行【对正(J)】选项，AutoCAD 提示：

输入选项
[对齐(A)/布满(F)/居中(C)/中间(M)/右对齐(R)/左上(TL)/中上(TC)/右上(TR)/左中(ML)/正中(MC)/右中(MR)/左下(BL)/中下(BC)/右下(BR)]：

下面介绍该提示中各选项的含义。

①【对齐(A)】

此选项要求确定所标注文字行基线的起点与终点。执行该选项，AutoCAD 提示：

新世纪高职高专规划教材

指定文字基线的第一个端点:(确定文字行基线的始点位置)

指定文字基线的第二个端点:(确定文字行基线的终点位置)

而后，AutoCAD 在绘图屏幕上显示表示文字位置的方框，用户可以在其中输入需要标注的文字。输入文字后按两次 Enter 键，执行结果：输入的文字字符均匀地分布于指定的两点之间，且文字行的旋转角度由两点间连线的倾斜角度确定；字高、字宽根据两点间的距离、字符的多少按字的宽度比例关系自动确定。

②【布满(F)】

此选项要求用户确定文字行基线的起点和终点位置以及文字的字高(如果文字样式未设置字高)。执行该选项，AutoCAD 依次提示：

指定文字基线的第一个端点:(确定文字行基线的始点位置)

指定文字基线的第二个端点: (确定文字行基线的终点位置)

指定高度:(输入文字的高度。如果文字样式已设了字高，没有此提示)

而后，AutoCAD 在绘图屏幕上显示表示文字位置的方框，用户可以在其中输入标注文字，输入后按两次 Enter 键即可。执行结果：输入的文字字符均匀地分布于指定的两点之间，文字行的旋转角度由两点间连线的倾斜角度确定，字的高度为用户指定的高度或在文字样式中设置的高度，字宽度由所确定两点间的距离和字数自动确定。

③【居中(C)】

此选项要求确定一点，AutoCAD 将该点作为所标注文字行基线的中点，即所输入文字行的基线中点将与该点对齐。执行该选项，AutoCAD 依次提示：

指定文字的中心点:(确定作为文字行基线中点的点)

指定高度:(输入文字的高度。如果文字样式已设了字高，没有此提示)

指定文字的旋转角度 <0>:(指定文字行的倾斜角度)

而后，AutoCAD 在绘图屏幕上显示表示文字位置的方框，用户可在其中输入标注文字，然后按两次 Enter 键结束操作。

④【中间(M)】

此选项要求用户确定一点，AutoCAD 将该点作为所标注文字行的中间点，即以该点作为文字行在水平和垂直方向上的中点。执行该选项，AutoCAD 依次提示：

指定文字的中间点:(确定作为文字行中间点的点)

指定高度:(输入文字高度。如果文字样式已设字高，没有此提示)

指定文字的旋转角度: (指定文字行的倾斜角度)

而后，AutoCAD 在绘图屏幕上显示表示文字位置的方框，用户可在其中输入标注文字，然后按两次 Enter 键结束操作。

⑤【右对齐(R)】

此选项要求确定一点，AutoCAD 将该点作为所标注文字行基线的右端点。执行该选项，AutoCAD 依次提示：

指定文字基线的右端点:(确定文字行基线的右端点)

指定高度:(输入文字高度。如果文字样式已设字高，没有此提示)

指定文字的旋转角度:(指定文字行的倾斜角度)

而后，AutoCAD 在绘图屏幕上显示表示文字位置的方框，用户可在其中输入要标注的文字，然后按两次 Enter 键结束操作。

⑥ 其他提示

在与【对正(J)】选项对应的其他提示中，【左上(TL)】、【中上(TC)】和【右上(TR)】选项分别表示以指定的点作为文字行顶线的起点、中点和终点；【左中(ML)】、【正中(MC)】及【右中(MR)】选项分别表示以指定的点作为所标注文字行中线的起点、中点和终点；【左下(BL)】、【中下(BC)】和【右下(BR)】选项分别表示以指定的点作为所标注文字行底线的起点、中点和终点。图 6-7 以文字 Example 为例，说明了除【对齐(A)】与【布满(F)】选项外与其余各选项的文字排列形式。为了更形象地进行说明，图 6-7 中绘制定义线，小叉表示定义点。

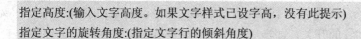

Example	Example	Example
居中对正	中间对正	右对齐对正
Example	Example	Example
左上对正	中上对正	右上对正
Example	Example	Example
左中对正	正中对正	右中对正
Example	Example	Example
左下对正	中下对正	右下对正

图 6-7 文字对正说明

(3)【样式(S)】

确定所标注文字的样式，或了解已有样式。执行该选项，AutoCAD 提示:

输入样式名或 [?]<默认样式名>:

在此提示下，用户可直接输入当前需要使用的文字样式字；也可以用符号"?"响应来显示当前已有的文字样式。如果直接按 Enter 键，则采用默认样式。

标注文字时，有时需要标注一些特殊字符，如要在一段文字的上方或下方添加线(称为上划线或下划线)、标注度(°)、标注正负符号(±)或标注直径符号(φ)等。由于这些特殊字符不能从键盘上直接输入，因此 AutoCAD 提供了相应的控制符，以满足特殊标注要求。AutoCAD 的控制符由两个百分号(%%)和一个字符构成。表 6-1 列出了 AutoCAD 的常用控制符。

表 6-1 AutoCAD 控制符

控 制 符	功 能
%%O	打开或关闭文字上划线
%%U	打开或关闭文字下划线
%%P	标注正负公差符号(±)
%%C	标注直径符号(φ)
%%D	标注度符号(°)
%%%	标注百分比符号(%)

新世纪高职高专规划教材

AutoCAD 的控制符不区分大小写，本书采用大写字母。在 AutoCAD 的控制符中，%%O 和%%U 分别为上划线、下划线的开关，即当第一次出现此符号时，表明打开上划线或下划线，即开始画上划线或下划线；而当第二次出现对应的符号时，则会关掉上划线或下划线，即结束画上划线或下划线。

【例 6-2】使用和【例 6-1】中定义的文字样式"黑体样式"相同的样式标注如下所示的文字。

欢迎使用<u>AutoCAD 2011</u>!

(1) 定义文字样式

参照【例 6-1】，定义文字样式"黑体样式"，并将该样式设为当前样式(过程略)。

(2) 标注文字

单击【文字】工具栏上的【单行文字】按钮，或选择【绘图】|【文字】|【单行文字】命令，AutoCAD 提示：

> 当前文字样式: "黑体样式" 文字高度: 5.0000 注释性: 否
> 指定文字的起点或 [对正(J)/样式(S)]:(指定一点作为文字行起点)
> 指定文字的旋转角度 <0>:↙

然后，AutoCAD 在屏幕上显示用于输入文字的框，输入"%%U 欢迎使用%%U%%OAutoCAD 2011!"，然后按两次 Enter 键，完成文字的标注。

提示
> 在【例 6-2】中，第一次出现%%U 表示开始绘制上划线，第二次出现%%U 表示结束上划线的绘制。%%O 的含义也类似。

§ 6.2.2 用文字编辑器标注文字

在 AutoCAD 2011 中，单击【文字】工具栏上的【多行文字】按钮 A 或【绘图】工具栏上的【多行文字】按钮 A，或选择【绘图】|【文字】|【多行文字】命令，或执行 MTEXT 命令，均可启动文字编辑器标注文字。通过文字编辑器标注文字的操作如下。

执行 MTEXT 命令，AutoCAD 提示：

> 指定第一角点:

在此提示下指定一点作为第一角点后，AutoCAD 继续提示：

> 指定对角点或 [高度(H)/对正(J)/行距(L)/旋转(R)/样式(S)/宽度(W)]:

如果响应默认选项，即指定另一角点的位置，此时 AutoCAD 打开文字编辑器，如图 6-8 所示。

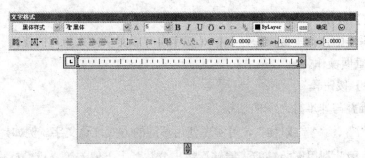

图 6-8　文字编辑器

从图 6-8 中可以看出，文字编辑器由【文字格式】工具栏【水平标尺】等组成，下面介绍编辑器中主要选项的功能。

(1)【样式】下拉列表框 Standard

该列表框中列包含当前已定义的文字样式，用户可通过列表选择需要采用的样式，或更改文字编辑器中所输入文字的样式。

(2)【字体】下拉列表框 宋体

用于设置或改变字体。在文字编辑器中输入文字时，可以利用此下拉列表随时设置所输入文字的字体，或更改已有文字的字体。更改已有文字的字体的方法：选中对应的文字，然后从下拉列表中选择对应的字体。

(3)【注释性】按钮

用于确定标注的文字是否为注释性文字。

(4)【文字高度】组合框 2.5

用于设置或更改文字的高度。用户可直接从下拉列表中进行选择，也可以在文本框中输入高度值。

(5)【粗体】按钮 B

用于确定文字是否以粗体形式标注，单击该按钮可以确定是否以粗体形式标注文字。

(6)【斜体】按钮 I

用于确定文字是否以斜体形式标注，单击该按钮可以选择是否以斜体形式标注文字。

(7)【下划线】按钮 U

用于确定是否为文字添加下划线，单击该按钮可以选择是否为文字添加下划线。

(8)【上划线】按钮 O

用于确定是否为文字添加下划线，单击该按钮可选择是否为文字添加上划线。

提示

按钮 B、I、U 和 O 也可以用于更改文字编辑器中的已有文字。更改方法：选中文字，然后单击对应的按钮。

(9)【放弃】按钮

在文字编辑器中执行放弃操作，包括对文字内容或文字格式所做的修改，也可以使用组合键 Ctrl+Z 执行放弃操作。

新世纪高职高专规划教材

(10)【重做】按钮

在文字编辑器中执行重做操作，包括对文字内容或文字格式所作的修改。也可以用组合键 Ctrl+Y 执行重做操作。

(11)【堆叠】按钮

用于实现堆叠与非堆叠之间的切换。

利用符号"/"、"^"或"#"，可实现使用不同的方式堆叠文字。例如，$\frac{18}{89}$、$\overset{18}{89}$和$^{18}\!/_{89}$均属于文字堆叠。因此利用堆叠功能，能够标注出分数、上下偏差等。堆叠标注的方法：在文字编辑器中输入要堆叠的两部分文字，并在这两部分文字中间输入符号"/"、"^"或"#"，然后选中它们，单击按钮，使该按钮处于按下状态，即可实现对应的堆叠标注。例如，如果选中的文字为 18/89，堆叠后的效果(即标注后的效果)为$\frac{18}{89}$；如果选中的文字为 18^89，堆叠后的效果为$\overset{18}{89}$(用此方法可以标注上下偏差)；如果选中的文字为 18#89，堆叠后的效果则为$^{18}\!/_{89}$。此外，如果选中堆叠的文字并单击按钮使其弹起，则会取消堆叠。

(12)【颜色】下拉列表框

设置或更改所标注文字的颜色。

(13)【标尺】按钮

实现在编辑器中是否显示水平标尺之间的切换。

(14)【栏数】按钮

分栏设置，使文字按多列显示，从弹出的列表中进行设置即可。

(15)【多行文字对正】按钮

设置文字的对齐方式，从弹出的列表中进行选择即可，默认对齐方式为【左上】。

(16)【段落】按钮

用于设置制表位、段落缩进、第一行缩进、段落对齐、段落间距及段落行距等。单击段落按钮，AutoCAD 打开【段落】对话框，如图 6-9 所示，用户从中设置即可。

图 6-9 【段落】对话框

(17)【左对齐】按钮、【居中】按钮、【右对齐】按钮、【对正】按钮、【分布】按钮。

设置段落文字沿水平方向的对齐方式。其中，【左对齐】、【居中】和【右对齐】按钮分别用于使段落文字实现左对齐、居中对齐和右对齐；【对正】按钮使段落文字两端对齐；

【分布】按钮使段落文字相对于两端分散对齐。

(18)【行距】按钮

设置行间距，从对应的列表中设置即可。

(19)【编号】按钮

创建列表。可通过弹出的下拉列表进行设置。

(20)【插入字段】按钮

向文字中插入字段。单击该按钮，AutoCAD 打开【字段】对话框，如图 6-10 所示，用户从【字段名称】列表中选择要插入到文字中的字段即可插入字段。

(21)【全部大写】按钮 Aa、【小写】按钮 aA

【全部大写】按钮用于将选定的字符更改为大写；【小写】按钮用于将选定的字符更改为小写。

(22)【符号】按钮 @•

符号按钮用于在光标位置插入符号或不间断空格。单击该按钮，AutoCAD 弹出对应的列表，如图 6-11 所示。

该列表中列出了常用符号及其控制符或 Unicode 字符串，用户可根据需要从中进行选择。如果选择【其他】选项，则 AutoCAD 将打开【字符映射表】对话框，如图 6-12 所示。

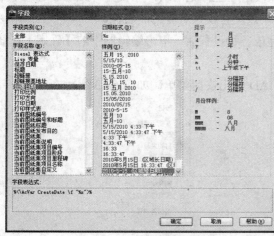

图 6-10 【字段】对话框

图 6-11 符号列表

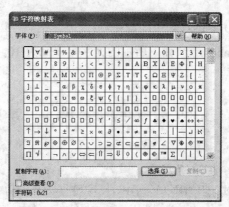

图 6-12 【字符映射表】对话框

新世纪高职高专规划教材

该对话框中包含了系统中各种可用字体的整个字符集。利用该对话框标注特殊字符的方法：从【字符映射表】对话框中选中一个符号，单击【选择】按钮将其置于【复制字符】文本框中，单击【复制】按钮将其置于剪贴板上，关闭【字符映射表】对话框；然后在文字编辑器中右击，从弹出的快捷菜单中选择【粘贴】命令，即可在当前光标位置插入对应的符号。

(23)【倾斜角度】按钮框 01 11.000

使输入或选定的字符倾斜一定的角度。用户可在按钮框中输入-85~85 之间的数值来使文字倾斜对应的角度，其中倾斜角度值为正时字符向右倾斜，为负时字符向左倾斜。

(24)【追踪】框 a↔b 1.0000

用于增大或减小所输入或选定字符之间的距离。1.0 为常规间距。当设置值大于 1 时，间距增大；设置值小于 1 时，间距减小。

(25)【宽度因子】框 1.0000

用于增大或减小输入或选定字符的宽度。设置值 1.0 表示字母为常规宽度。当设置值大于 1 时，宽度增大；设置值小于 1 时，宽度减小。

(26) 水平标尺

用于说明、设置文本行的宽度，设置制表位，设置首行缩进和段落缩进等。通过拖动文字编辑器中水平标尺上的首行缩进标记和段落缩进标记滑块，可设置对应的缩进尺寸。如果在水平标尺上某位置单击，AutoCAD 会在该位置设置对应的制表位。

通过编辑器输入要标注的文字，并完成各种设置后，单击编辑器中的【确定】按钮，即可标注对应的文字。

此外，在文字编辑器中右击，AutoCAD 弹出快捷菜单，如图 6-13 所示。

图 6-13 快捷菜单

用户也可以通过此对话框进行相应的编辑操作。

【例 6-3】用字体 Symbol 标注如下所示的文字，字高为 10。

$$\alpha=45°$$

(1) 单击【绘图】工具栏上的【多行文字】按钮 **A**，或选择【绘图】|【文字】|【多行文字】命令，AutoCAD 提示：

指定第一角点:(指定一点作为第一角点)
指定对角点或 [高度(H)/对正(J)/行距(L)/旋转(R)/样式(S)/宽度(W)]:(指定另一点)

(2) AutoCAD 弹出文字编辑器(参见图 6-8)，单击工具栏上的【符号】按钮 ，从弹出的列表中选择【其他】命令(参见图 6-11)，AutoCAD 打开【字符映射表】对话框。在该对话框中，从【字体】下拉列表中选择 Symbol 选项，从字符集中选择α，单击【选择】按钮，字符α显示在【复制字符】文本框，再次单击【复制】按钮，如图 6-14 所示。

(3) 关闭【字符映射表】对话框，在文字编辑器中右击，从快捷菜单中选择【粘贴】命令，符号α显示在编辑器中。输入 = 45°(用%%D 实现符号 ° 的输入。也可以单击【符号】按钮 ，从列表中选择【度数】命令实现符号 ° 的输入)，选中全部文字，将字高设为 20，如图 6-15 所示。

(4) 单击【文字格式】工具栏上的【确定】按钮，完成文字标注。

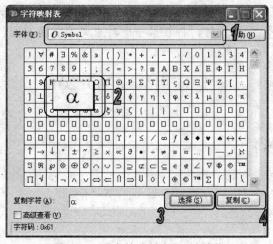

图 6-14　【字符映射表】对话框

图 6-15　标注文字

6.3　编辑文字

在 AutoCAD 2011 中，单击【文字】工具栏上的【编辑文字】按钮 ，或选择【修改】|【对象】|【文字】|【编辑】命令，或执行 DDEDIT 命令，均可启动编辑已标注文字的操作。编辑文字的操作如下。

执行 DDEDIT 命令，AutoCAD 提示：

选择注释对象或 [放弃(U)]:

此时应选择对应的文字进行编辑。需要说明的是，标注文字时使用的标注方法不同，选择文字后 AutoCAD 给出的响应也不相同。如果所选择的文字是使用 DTEXT 命令标注的，选择文字对象后，AutoCAD 将在该文字四周显示一个方框，表示进入编辑模式，此时用户可以直接修改对应的文字。如果选择的文字是用 MTEXT 命令标注的，AutoCAD 打开与图 6-8 类似的文字编辑器，并在编辑器中显示编辑文字，用户在其中进行编辑即可。

编辑某文字后，AutoCAD 会继续提示：

选择注释对象或 [放弃(U)]:

此时可以继续选择文字进行编辑，或按 Enter 键结束命令。

 提示

> 双击已有文字，AutoCAD 一般会切换到对应的编辑模式，以便用户编辑和修改文字。

【例 6-4】修改在【例 6-2】中标注的文字，结果如下所示。

欢迎使用AutoCAD <u>2010</u>!

(1) 设已标注出在【例 6-2】中所示的文字，直接双击该文字，AutoCAD 进入编辑模式，如图 6-16 所示。对其进行修改，如图 6-17 所示(不需要某一划线时，在对应的第一个文字前输入对应的控制符%%U 或%%O，当需要添加划线时，再在第一个对应文字前输入控制符%%U 或%%O)。

欢迎使用AutoCAD 2011!　　　**欢迎使用AutoCAD <u>2011</u>!**

图 6-16　编辑模式　　　　　　　　图 6-17　修改结果

(2) 在其他任意位置单击，AutoCAD 提示：

选择注释对象或 [放弃(U)]:✓

6.4　注释性文字

在进行机械制图时，经常需要按不同的比例绘制。当手工绘制有比例要求的图形时，一般需先按比例要求换算图形的尺寸，再按换算后得到的尺寸绘制图形。用计算机绘制有比例要求的图形时也可以采用该方法，但基于 AutoCAD 软件的特点，用户直接按 1:1 比例绘制图形，当通过打印机或绘图仪将图形输出到图纸时，再设置输出比例即可。这样，绘制图形时不必考虑尺寸的换算，而且同一幅图形可以按不同的比例多次输出。但采用该方法存在的一个问题：当以不同的比例输出图形时，图形按比例缩小或放大，这是工作人员所需要的，但其他一些内容，如文字、尺寸文字和尺寸箭头的大小等也会按比例缩小或放大，它们可能不能满足绘图标准的要求。利用 AutoCAD 2011 提供的注释性文字，可以解决此问题。如当需以 1:2 比例输出图形时，将图形按 1:1 比例绘制，通过设置，可以使文字等按 2:1 比例标注或绘制，当按 1:2 比例通过打印机或绘图仪将图形输出到图纸上时，图形按比例缩小，但其他相关注释性对象(如文字等)按比例缩小后，正满足标准要求。

AutoCAD 2011 中，可以将文字、尺寸、块、属性或填充的图案等对象设定为注释性对象。

§ 6.4.1　注释性文字样式

用户可以将文字样式定义为注释性文字样式。用于定义注释性文字样式的命令为 STYLE，其定义过程与 6.1 节介绍的文字样式定义过程类似，只是当通过【文字样式】对话框(参见图 6-1)设置样式时，除按在 6.1 节介绍的过程设置样式后，还需要选中【大小】选项组中的【注释性】复选框。选中该复选框后，AutoCAD 会在【样式】列表框中的对应样式名前显示图标 ▲，表示该样式属于注释性文字样式(8.2 节等介绍的其他注释性对象的样式名也用图标 ▲ 标记)。

§ 6.4.2 标注注释性文字

当用 DTEXT 命令标注注释性文字时，首先应将对应的注释性文字样式设为当前样式，然后利用状态栏上的【注释比例】列表(单击状态栏上【注释比例】右侧的小箭头可引出此列表，如图 6-18 所示)设置比例，然后使用 DTEXT 命令标注文字即可。

图 6-18 注释比例列表(部分)

提示

注释比例列表用于设置比例。如果通过列表将注释比例设为 1:2，那么按注释性文字样式用 DTEXT 命令标注出文字后，文字的实际高度是文字设置高度的 2 倍。

当用 MTEXT 命令标注注释性文字时，可以通过【文字格式】工具栏上的注释性按钮 ▲ 确定标注的文字为注释性文字。

6.5 表格样式

利用 AutoCAD 2011 可以直接创建出表格。与标注文字类似，在许多情况下，用户可能需要定义用于表格创建的表格样式。在 AutoCAD 2011 中，单击【样式】工具栏上的【表格样式】按钮，或选择【格式】|【表格样式】命令，或执行 TABLESTYLE 命令，均可启动定义表格样式的操作。定义表格样式的操作如下：

执行 TABLESTYLE 命令，AutoCAD 打开【表格样式】对话框，如图 6-19 所示。

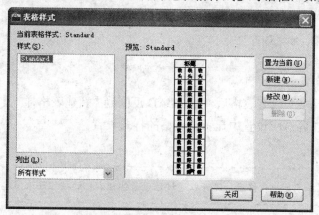

图 6-19 【表格样式】对话框

新世纪高职高专规划教材

在该对话框中，【样式】列表框中列出了满足条件的表格样式。【列出】下拉列表框用于确定在【样式】列表框中显示的样式，其中有【所有样式】和【正在使用的样式】两种选择。【预览】图片框用于显示表格的预览图像。【置为当前】按钮用于将在【样式】列表框中选中的表格样式设为当前样式。【删除】按钮用于删除在【样式】列表框中选中的表格样式。【新建】和【修改】按钮分别用于新建表格样式、修改已有的表格样式。下面介绍新建和修改表格样式的方法。

 提示

> 用户只能删除未被使用的表格样式。

1. 新建表格样式

单击【表格样式】对话框中的【新建】按钮，AutoCAD 打开【创建新的表格样式】对话框，如图 6-20 所示。

通过该对话框中的【基础样式】下拉列表选择基础样式，在【新样式名】文本框中输入新样式的名称后，单击【继续】按钮，AutoCAD 打开【新建表格样式】对话框，如图 6-21 所示。

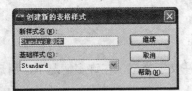

图 6-20　【创建新的表格样式】对话框

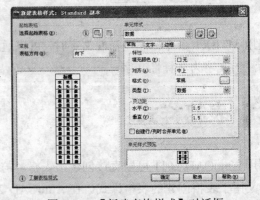

图 6-21　【新建表格样式】对话框

下面介绍此对话框中主要项的功能。

(1)【起始表格】选项组

可使用户指定一个已有表格作为新建表格样式的起始表格。单击按钮 ，AutoCAD 将临时切换到绘图屏幕，并提示：

选择表格:

在此提示下选择某一已有表格后，AutoCAD 返回到【新建表格样式】对话框，并在预览框中显示该表格，在各对应设置中显示该表格的样式设置。

 提示

> 通过按钮 选择了某一表格后，还可以通过位于该按钮右侧的按钮删除该起始表格。

（2）【常规】选项组

用于通过【表格方向】下拉列表框确定插入表格时的表格方向。列表中有【向下】和【向上】两个选择。【向下】表示创建由上而下读取的表格，即标题行和表头行位于表的顶部，【向上】则表示创建由下而上读取的表格，即标题行和表头行位于表的底部。

（3）预览框

用于显示新创建表格样式的表格预览图像。

（4）【单元样式】选项组

用于确定单元格的样式。用户可通过位于选项组中第一行的下拉列表选择要设置的内容，有【数据】、【标题】和【表头】3 种选择。

在【单元样式】选项组中，【常规】、【文字】和【边框】3 个选项卡分别用于设置表格中的基本内容、文字和边框，对应的选项卡如图 6-22(a)、(b)和(c)所示。

(a)【常规】选项卡　　　　　(b)【文字】选项卡　　　　　(c)【边框】选项卡

图 6-22　【单元样式】选项组中的选项卡

【常规】选项卡用于设置基本特性，如文字在单元格中的对齐方式、单元格填充颜色等。【文字】选项卡用于设置文字特性，如文字样式、高度或颜色等。【边框】选项卡用于设置表格的边框特性，如边框线宽、线型和颜色等。

完成表格样式的设置后，单击对话框中的【确定】按钮，AutoCAD 返回到如图 6-19 所示的【表格样式】对话框，并将新定义的样式显示在【样式】列表框中。单击对话框中的【确定】按钮，关闭对话框，完成新表格样式的定义。

2. 修改表格样式

如果在如图 6-19 所示对话框中的【样式】列表框中选中要修改的表格样式，单击【修改】按钮，AutoCAD 将打开与图 6-21 类似的对话框，利用该对话框可以修改已有表格的样式。

6.6　创建表格

在 AutoCAD 2011 中，单击【绘图】工具栏上的【表格】按钮，或选择【绘图】|【表格】命令，或执行 TABLE 命令，均可启动创建表格的操作。创建表格的操作如下。

执行 TABLE 命令，AutoCAD 打开【插入表格】对话框，如图 6-23 所示。

该对话框用于选择表格样式，设置表格的有关参数。

新世纪高职高专规划教材

下面介绍该对话框中主要项的功能。

(1)【表格样式】选项组

用于选择所使用的表格样式，在其下拉列表中进行选择即可。

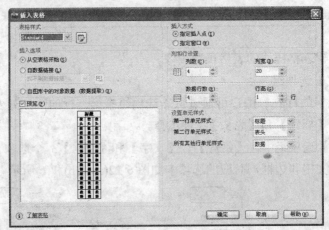

图 6-23　【插入表格】对话框

(2)【插入选项】选项组

用于确定如何为表格填写数据。其中，选中【从空表格开始】单选按钮表示首先创建一个空表格，然后填写数据。选中【自数据链接】单选按钮表示根据已有的 Excel 数据表创建表格。选中此单选按钮后，可通过【启动"数据链接管理器"对话框】按钮 建立与已有 Excel 数据表的链接。选中【自图形中的对象数据(数据提取)】单选按钮可以通过数据提取向导来提取图形中的数据。

(3) 预览框

用于预览表格的样式。

(4)【插入方式】选项组

用于确定将表格插入到图形时的插入方式，其中，选中【指定插入点】单选按钮表示将通过在绘图窗口指定一点作为表的一角点位置的方式插入表格。如果表格样式将表的方向设置为由上而下读取，插入点为表的左上角点；如果表格样式将表的方向设置为由下而上读取，则插入点位于表的左下角点。选中【指定窗口】单选按钮表示将通过指定一窗口的方式确定表的大小与位置。

(5)【列和行设置】选项组

用于设置表格中的列数、行数以及列宽与行高。

(6)【设置单元样式】选项组

用户可以通过与【第一行单元样式】、【第二行单元样式】和【所有其他行单元样式】对应的下拉列表框，分别设置第一行、第二行和其他行的单元样式。每个下拉列表中均有【标题】、【表头】和【数据】3 种选择。

通过【插入表格】对话框完成表格的设置后，单击【确定】按钮，然后根据提示确定表格的位置，即可将表格插入到图形中，且插入后 AutoCAD 弹出【文字格式】工具栏，同时将表格中的第一个单元格的高亮显示(参见图 6-24)，此时可输入对应的文字。

图 6-24　在表格中输入文字界面

输入文字时，可以利用 Tab 键和箭头键在各单元格之间进行切换，以便在各单元格中输入文字。单击【文字格式】工具栏中的【确定】按钮，或在绘图屏幕上任意一点单击，将关闭【文字格式】工具栏。

6.7　编辑表格

用户既可以修改已创建表格中的数据，也可以修改已有表格，如更改行高、列宽以及合并单元格等。

§ 6.7.1　编辑表格数据

编辑表格数据的方法很简单，双击绘图屏幕中已有表格的某一单元格，AutoCAD 将打开【文字格式】工具栏，并将表格显示为编辑模式，同时将所双击的单元格突出显示，其效果与图 6-24 类似。在编辑模式修改表格中的各数据后，单击【文字格式】工具栏中的【确定】按钮，即可完成对表格数据的修改。

§ 6.7.2　修改表格

利用夹点功能可以修改已有表格的列宽和行高。更改方法：选择对应的单元格(或多个单元格)，AutoCAD 会在该单元格的 4 条边上各显示出一个夹点，并显示【表格】工具栏，如图 6-25 所示。

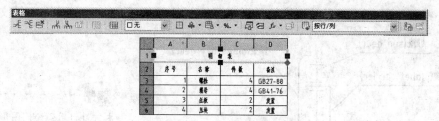

图 6-25　表格编辑模式

通过拖动夹点，即可改变对应行的高度或对应列的宽度。利用【表格】工具栏，还可以对表格进行各种编辑操作，如插入行、插入列、删除行、删除列以及合并单元格等。

提示

利用【特性】选项板也可以修改表格，如修改表格的行高、列宽等。

6.8 上机实战

一、定义满足机械制图要求的文字样式。设文字样式的名称为"工程字 35"，字高为 3.5。

(1) 单击【样式】工具栏上的【文字样式】按钮 ，或选择【格式】|【文字样式】命令，AutoCAD 打开【文字样式】对话框(参见图 6-1)。单击该对话框中的【新建】按钮，在打开的【新建文字样式】对话框中的【样式名】文本框内输入"工程字 35"，如图 6-26 所示。单击【确定】按钮，AutoCAD 返回【文字样式】对话框，从中进行设置，如图 6-27 所示。

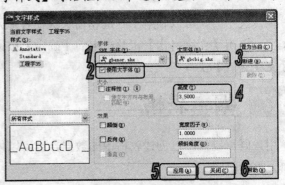

图 6-26　【新建文字样式】对话框　　　　图 6-27　新样式设置

(2) 由图 6-27 可以看出，已从【字体】选项组中的【SHX 字体】下拉列表中选择 gbenor.shx(标注直体字母与数字)选项；选中了【使用大字体】复选框，在【大字体】下拉列表框选择了 gbcbig.shx 选项，在【高度】文本框中输入 3.5。单击【应用】按钮，完成新文字样式的设置。单击【关闭】按钮，关闭对话框，并将文字样式【工程字 35】设置为当前样式。

> **提示**
> 由于在字体的形文件中已经考虑了字的宽高比例，因此在【宽度比例】文本框中仍采用 1。

请读者将本练习得到的图形保存到磁盘(建议文件名：工程字 35.dwg)，9.2.2 节将用到此文字样式。

二、绘制如图 6-28 所示的周转轮系示意图(尺寸由读者确定)，并标注对应的文字。

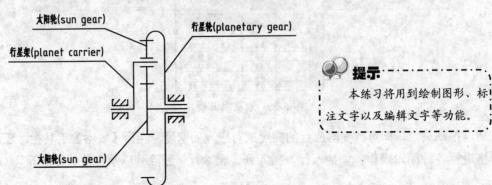

> **提示**
> 本练习将用到绘制图形、标注文字以及编辑文字等功能。

图 6-28　周转轮系示意图

(1) 定义图层

根据表 4-3 所示要求定义图层(过程略)。

(2) 定义文字样式

参照前面的练习，定义文字样式"工程字 35"(过程略)。

(3) 绘图

在对应的图层绘制周转轮系图(包括指引线)，如图 6-29 所示。

(4) 标注文字

使用 DTEXT 或 MTEXT 命令标注文字【太阳轮(sun gear)】，如图 6-30 所示。

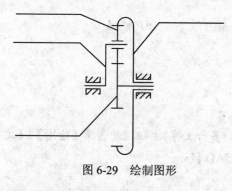

图 6-29　绘制图形

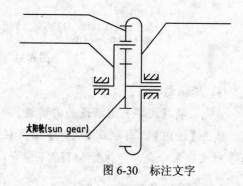

图 6-30　标注文字

(5) 复制文字

将已标注出的文字复制到其他位置，如图 6-31 所示。

(6) 修改文字

依次双击由复制得到的需要修改的文字，在编辑模式下修改文字，结果如图 6-32 所示。

(7) 修改指引线

利用夹点功能调整对应指引线的长度。

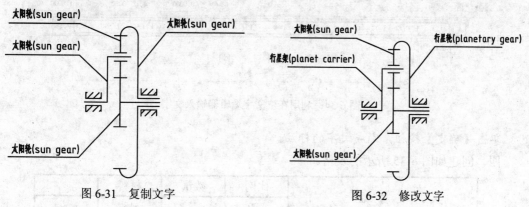

图 6-31　复制文字

图 6-32　修改文字

三、绘制如图 6-33 所示的螺母图形，并使用 MTEXT 命令标注如图所示的文字，其中字体为宋体，字高为 3.5(读者可先不绘制尺寸线和剖面线)。

(1) 定义图层

根据表 4-3 所示要求定义图层(过程略)。

(2) 绘图

在对应的图层绘制螺母图形，结果参见图 6-33 中所示的图形。

新世纪高职高专规划教材

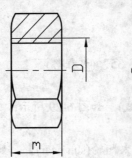
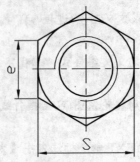

标注示例:
螺纹规格 D=M12、性能等级为 5 级、不经表面处理、C 级的 1 型六角螺母:
螺母 GB41-86-M12

图 6-33　绘图并标注文字

(3) 标注文字

首先,将【文字】图层设为当前层。

单击【绘图】工具栏或【文字】工具栏上的 **A**(多行文字)按钮,或选择【绘图】|【文字】|【多行文字】命令,即执行 MTEXT 命令,AutoCAD 提示:

> 指定第一角点:(指定一点)
> 指定对角点或 [高度(H)/对正(J)/行距(L)/旋转(R)/样式(S)/宽度(W)]:(指定对角点)

AutoCAD 弹出在位文字编辑器,从中输入要标注的文字,并进行相关设置(如字体、字高等),如图 6-34 所示。

图 6-34　利用在位文字编辑器输入文字

单击【确定】按钮,完成文字的标注。

四、创建如图 6-35 所示的表格。

支　撑　轴			比例	数量	材料
			1:2	5	45
制图					
校合					

图 6-35　表格

(1) 单击【绘图】工具栏上的【表格】按钮，或选择【绘图】|【表格】命令,AutoCAD 打开【插入表格】对话框,从中进行设置,如图 6-36 所示。

新世纪高职高专规划教材

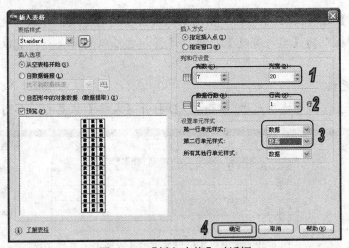

图 6-36　【插入表格】对话框

提示

由于将第一行单元样式和第二行单元样式(即标题和表头行)均设为【数据】，因此将【数据行】设为 2。

单击【确定】按钮，AutoCAD 提示：

指定插入点：

在屏幕上指定表格的插入点后，在绘图屏幕插入如图 6-37 所示的表格，并显示出【文字格式】工具栏，关闭该工具栏。

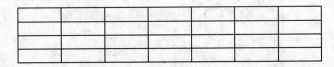

图 6-37　插入的表格

(2) 修改行高

选中所有单元格，单击【标准】工具栏上的【特性】按钮 ，打开【特性】选项板，通过选项板中的【单元高度】项，将表格行的高度设为 9，如图 6-38 所示。

图 6-38　设置行高度

关闭【特性】选项板(也可以利用该选项板设置各列的宽度。方法：选中对应的列，通过【特性】选项板中的【单元宽度】项进行设置。也可以利用夹点功能改变表格的行高和列宽)。

(3) 合并单元格

选中位于右上方的 6 格单元格，AutoCAD 打开【表格】工具栏，如图 6-39 所示。

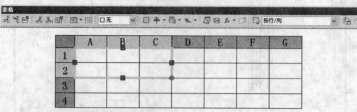

图 6-39　选中单元格后显示出【表格】工具栏

从【合并单元】列表中选择【全部】选项(见图 6-40)，合并结果如图 6-41 所示。

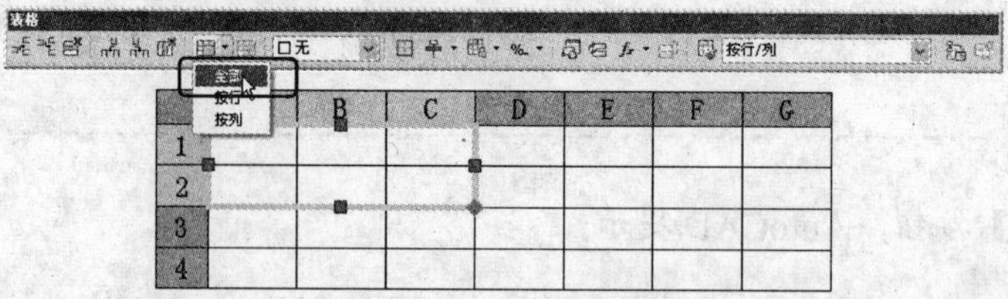

图 6-40　合并单元格

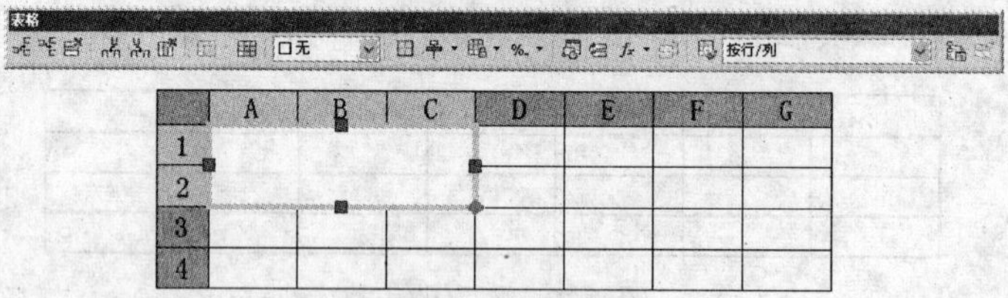

图 6-41　合并结果

采用类似的方法对位于右下方的 8 个单元格进行合并，结果如图 6-42 所示。

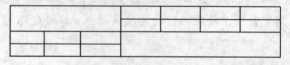

图 6-42　最终合并结果

(4) 填写表格

双击位于左上角的大单元格，AutoCAD 进入填写表格模式，输入"支 撑 轴"，并设置字体与字号，如图 6-43 所示。

提示

可通过图 6-42 中所示的工具栏设置单元格中的文字的垂直对齐方式。

新世纪高职高专规划教材

图 6-43　填写单元格

继续填写其他单元格，完成表格的填写。

6.9 习题

1. 判断题

(1) 对于同一种字体，可以有不同的文字标注样式。( )

(2) 在 AutoCAD 2011 中可以实现同一幅图形用多种文字样式标注文字。( )

(3) 如果将文字样式的字高设为 0，则用该样式标注的文字不会显示。( )

(4) 使用 DTEXT 命令一次只能标注一行文字。( )

(5) 使用 MTEXT 命令通过文字编辑器标注文字时，可以利用编辑器随意设置所使用的字体和字高，不再受文字样式的限制。( )

(6) 双击已标注的文字可以直接进入对应的编辑模式。( )

(7) 使用 AutoCAD 可以标注键盘不能输入的符号，如度符号"°"等。( )

(8) AutoCAD 2011 允许用户对创建的表格进行编辑处理，如合并单元格、改变行高或列宽等。( )

2. 上机习题

(1) 打开在 4.3 节绘制的如图 4-14 所示的图形，定义文字样式"工程字 35"(参见 6.8 节)，并标注如下文字：

技术要求

1. 表面发蓝

2. 棱角倒钝

(2) 利用 AutoCAD 的文字编辑器标注如下文字，其中字体采用宋体，字高为 5。

机械制图中，汉字应书写为长仿宋体，并应采用国家正式公布推行的简化字。汉字的高度不应小于 3.5mm。

(3) 修改在第一个上机练习中标注的文字，修改结果如下所示：

技术要求

1. 表面发蓝

2. 未注圆角半径R5

(4) 绘制如图 6-44 所示的曲柄滑块机构(尺寸由读者确定)，并用宋体标注对应的文字。

新世纪高职高专规划教材

(5) 创建如图 6-45 所示的表格。

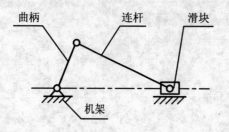

图 6-44　曲柄滑块机构

参　数			
	A	B	C
1	28	40	90
2	32	55	120
3	45	70	135
4	60	80	155

图 6-45　表格

(6) 绘制如图 6-46 所示的图形，并创建对应的表格，填写表格。要求：字体采用宋体、字高为 3.5。

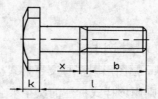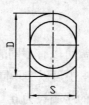

序号	螺纹规格d	b	x	l	k	S	D
1	M16	38	5.0	50-160	12.35	28	38
2	M20	46	6.3	65-200	14.35	34	46
3	M24	54	7.5	80-240	16.35	44	58

图 6-46　绘图并创建表格

第 **7** 章

块、属性及图案填充

主要内容　　　块是图形对象的集合。用户可以把常用的图形(如标准件等)定义为块，当绘制这些图形时直接插入对应的块即可。此外，用户还可以为块提供文字信息，即属性。利用图案填充功能，用户可以方便地为指定的区域填充如机械制图中的剖面线等图案。通过本章的学习，读者应掌握如何利用 AutoCAD 2011 定义块、使用块；如何为指定的区域填充图案。

本章重点
- ➢ 块及其应用
- ➢ 属性的使用
- ➢ 填充图案
- ➢ 编辑图案

7.1　块

本节将介绍如何将已有图形对象定义成块、如何使用块。

§ 7.1.1　定义块

在 AutoCAD 2011 中，单击【绘图】工具栏上的【创建块】按钮，或选择【绘图】| 【块】|【创建】命令，或执行 BLOCK 命令，均可启动创建块的操作。创建块的操作如下。

> **提示**
> ------------------
> 创建块前，用户必须绘制出用于定义块的图形。

执行 BLOCK 命令，AutoCAD 打开【块定义】对话框，如图 7-1 所示。

下面介绍该对话框中主要选项的功能。

(1)【名称】文本框

每个块都需要一个对应的名称，以便区别。【名称】文本框用于指定块的名称，在其中输入即可。

(2)【基点】选项组

用于确定块的插入基点位置。可以直接在 X、Y 和 Z 文本框输入对应的坐标值，也可以单击【拾取点】按钮 ，从绘图屏幕指定基点。如果选中【在屏幕上指定】复选框，表示在关闭对话框后将在绘图屏幕上指定基点。

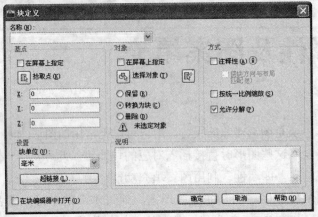

图 7-1　【块定义】对话框

> **提示**
>
> 从理论上讲，可以选择位于块上或块外的任意一点作为插入基点，但为了使块的插入更方便、更准确，一般应根据图形的特点选择基点。如选择中心点、对称线上某一点或其他具有某种特征的点作为块基点。

(3)【对象】选项组

指定用于组成块的对象。

①【在屏幕上指定】复选框

如果选中此复选框，表示通过对话框完成其他设置，单击【确定】按钮关闭对话框后，再选择组成块的对象。

②【选择对象】按钮

选择组成块的对象。单击该按钮，AutoCAD 将临时切换到绘图屏幕，并提示：

选择对象：

在此提示下选择组成块的各对象，然后按 Enter 键，AutoCAD 返回到如图 7-1 所示的【块定义】对话框，同时在【名称】文本框的右侧会显示由所选对象构成的块的预览图标，并在【对象】选项组中的最后一行显示【已选择 n 个对象】。

③【快速选择】按钮

快速选择满足指定条件的对象。单击此按钮，AutoCAD 打开【快速选择】对话框，用户可通过此对话框指定选择对象的过滤条件并进行选择，从而快速选出满足指定条件的对象。

④【保留】、【转换为块】和【删除】单选按钮

用于确定当将指定的图形定义成块后，如何处理那些用于定义块的图形。【保留】指保留这些图形，【转换为块】指将对应的图形转换成块，【删除】表示定义块后删除对应的图

形。用户根据需要从中选择即可。

(4)【方式】选项组

指定块的设置。

①【注释性】复选框

用于指定所定义的块是否为注释性对象。

②【按统一比例缩放】复选框

用于指定当插入块时，块是按统一的比例缩放，还是可以沿各坐标轴方向以不同的比例缩放。

提示

插入块时，可以设置块的插入比例。

③【允许分解】复选框

指定当插入块后，是否可以将其分解，即是否分解成组成块的各基本对象。

提示

如果选中【允许分解】复选框，当插入块后，可以用 EXPLODE 命令(菜单命令：【修改】|【分解】)对块进行分解。

(5)【设置】选项组

指定块的插入单位和超链接。

①【块单位】下拉列表框

指定插入块时的插入单位，通过对应的下拉列表选择即可。

②【超链接】按钮

通过打开的【插入超链接】对话框使超链接与块定义相关联。

(6)【说明】框

用于指定所定义块的文字说明部分。

(7)【在块编辑器中打开】复选框

用于确定当单击对话框中的【确定】按钮创建块后，是否立即在块编辑器中打开当前的块定义。如果通过块编辑器打开了块定义，可以对块的定义进行编辑(7.1.4 节将介绍块的编辑器)。

通过【块定义】对话框完成各设置后，单击【确定】按钮，即可创建出对应的块。

提示

如果用户在【块定义】对话框中选中了某个或多个【在屏幕上指定】复选框，当单击对话框的【确定】按钮后，AutoCAD 会给出对应的提示，要求用户指定对应的内容，用户响应即可。

§ 7.1.2 插入块

在 AutoCAD 2011 中，单击【绘图】工具栏上的【插入块】按钮，或选择【插入】|

【块】命令，或执行 INSERT 命令，均可启动插入块的操作。插入块的操作如下。

执行 INSERT 命令，AutoCAD 打开【插入】对话框，如图 7-2 所示。

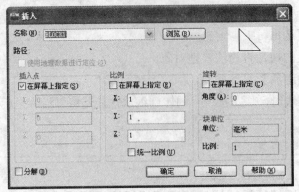

图 7-2　【插入】对话框

下面介绍该对话框中主要选项的功能。

(1)【名称】下拉列表框

用于确定所插入的块或图形(可以通过此对话框插入图形)的名称。用户可以直接输入块或图形的名称，也可以通过下拉列表框选择块，或单击【浏览】按钮，从弹出的【选择图形文件】对话框中选择图形文件。

(2)【插入点】选项组

用于确定块在图形中的插入位置。可以直接在 X、Y 和 Z 文本框中输入点的坐标，也可以选中【在屏幕上指定】复选框，即关闭对话框后在绘图窗口指定插入点。

(3)【比例】选项组

用于确定块的插入比例。可以直接在 X、Y 和 Z 文本框中输入块在 3 个方向的比例，或选中【在屏幕上指定】复选框，通过命令行指定比例。

提示

　如果在定义块时选择了按统一比例缩放，那么只需要指定沿 X 方向的缩放比例。

(4)【旋转】选项组

用于确定插入块时块的旋转角度。用户可以直接在【角度】文本框中输入角度值，或选中【在屏幕上指定】复选框，通过命令行指定旋转角度。

(5)【块单位】文本框

显示块单位的相关信息。

(6)【分解】复选框

用于确定插入块后，是否将块分解为组成块的各个基本对象。

通过【插入】对话框设置了要插入的块以及插入参数后，单击【确定】按钮，即可将块插入到当前图形中。如果用户选择了要在屏幕上指定插入点、插入比例或旋转角度，单击【确定】按钮后，AutoCAD 还会提示用户指定这些内容。

【例 7-1】绘制如图 7-3 所示的图形，并将其定义为块，其中块的名称为 MYBLOCK，块基点为中心线的交点。

图 7-3 示例图形

图 7-3 由点画线、圆以及六边形等各部分组成。

(1) 定义图层

根据表 4-3 所示要求定义图层(过程略)。

(2) 绘制图形

在对应图层绘制如图 7-3 所示的图形(过程略)。

(3) 定义块

单击【绘图】工具栏上的【创建块】按钮 ，或选择【绘图】|【块】|【创建】命令，AutoCAD 打开【块定义】对话框，在其中进行块的定义，如图 7-4 所示。

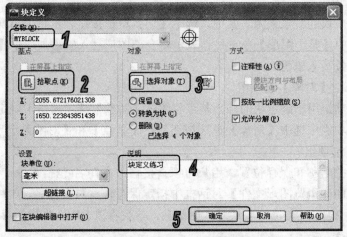

图 7-4 【块定义】对话框

从图 7-4 中可以看出，已在【名称】文本框中输入了块名 MYBLOCK；通过单击【拾取点】按钮，从绘图屏幕捕捉两条中心线的交点为块基点；通过单击【选择对象】按钮，从绘图屏幕选择了已绘出的图形对象；在【说明】文本框中输入了说明"块定义练习"。

单击【确定】按钮，完成块的定义。

用户可以利用 INSERT 命令插入已定义的块。

§ 7.1.3 定义外部块、设置基点

1. 定义外部快

7.1.1 节介绍的使用 BLOCK 命令定义的块为内部块，它从属于定义块时所在的图形。AutoCAD 2011 还提供了定义外部块的功能，即将块以单独的文件保存。用于定义外部块的命令为 WBLOCK，执行该命令，AutoCAD 打开【写块】对话框，如图 7-5 所示。

新世纪高职高专规划教材

图 7-5 【写块】对话框

下面介绍该对话框中主要选项的功能。

(1)【源】选项组

用于确定组成块的对象来源。其中，选中【块】单选按钮表示将由 BLOCK 命令创建的块写入磁盘；选中【整个图形】单选按钮表示将全部图形写入磁盘；选中【对象】单选按钮表示将指定的对象写入磁盘。

(2)【基点】、【对象】选项组

【基点】选项组用于确定块的插入基点位置；【对象】选项组用于确定组成块的对象。只有在【源】选项组中选中【对象】单选按钮后，【基点】和【对象】选项组才有效。

(3)【目标】选项组

用于确定块的名称和保存位置。用户可以直接输入文件名(包括路径)，也可以单击相应的按钮，从打开的【浏览图形文件】对话框中指定保存位置与文件名。

实际上，用 WBLOCK 命令将块写入磁盘后，该块将以 DWG 格式保存，即以 AutoCAD 图形文件格式保存。

2. 设置插入基点

使用 WBLOCK 命令创建的外部块以 AutoCAD 图形文件格式保存。实际上，用户可以用 INSERT 命令将任一个 AutoCAD 图形文件插入到当前图形。但当将某一图形文件以块的形式插入时，AutoCAD 默认将图形的坐标原点作为块上的插入基点，有时该设置不便于绘图。为此，AutoCAD 允许用户为图形重新指定插入基点。用于设置图形插入基点的命令为 BASE，选择【绘图】|【块】|【基点】命令可启动该命令。

首先，打开要设置基点的图形。执行 BASE 命令，AutoCAD 提示：

输入基点：

在此提示下指定一点，即可为图形指定新基点。

§ 7.1.4　编辑块定义

定义块后，用户可以通过块编辑器打开块定义，对其进行修改。在 AutoCAD 2011 中，单击【标准】工具栏上的【块编辑器】按钮，或选择【工具】|【块编辑器】命令，或执

行 BEDIT 命令，均可启动编辑块定义的操作。编辑块定义的操作如下：

执行 BEDIT 命令，AutoCAD 打开【编辑块定义】对话框，如图 7-6 所示。

从该对话框左侧的列表中选择要编辑的块(如选择 MYBLOCK)，然后单击【确定】按钮，AutoCAD 进入块定义编辑器，如图 7-7 所示。

图 7-6 【编辑块定义】对话框

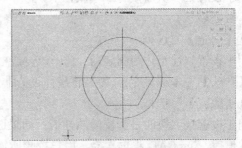

图 7-7 块定义编辑界面

编辑器中显示所要编辑的块，用户可以直接对其进行编辑。完成块编辑后，单击对应工具栏上的【关闭块编辑器】按钮 关闭块编辑器(C) ，然后根据提示确认，关闭块编辑器，并确认对块定义的修改。

提示
利用块编辑器完成块定义修改后，当前图形中插入的对应块可自动进行修改。

7.2 属性

属性是从属于块的文字信息，是块的组成部分。

§ 7.2.1 定义属性

在 AutoCAD 2011 中，选择【绘图】|【块】|【定义属性】命令，或执行 ATTDEF 命令，均可启动定义属性的操作。定义属性的操作如下：

执行 ATTDEF 命令，AutoCAD 打开【属性定义】对话框，如图 7-8 所示。

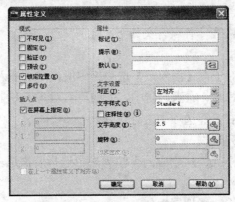

图 7-8 【属性定义】对话框

下面介绍该对话框中主要项的功能。

(1)【模式】选项组

设置属性的模式。

①【不可见】复选框

用于设置插入块后是否显示属性值。选中该复选框表示属性不可见，即属性值不在块中显示，否则显示。

②【固定】复选框

用于设置属性是否为固定值。选中该复选框表示属性为定值(该值应通过【属性】选项组中的【默认】文本框设定)。如果将属性设为非定值，则插入块时用户可以输入其他值。

③【验证】复选框

用于设置插入块时是否校验属性值。如果选中该复选框，插入块时，当用户根据提示输入属性值后，AutoCAD 将再次提示用户校验所输入的属性值是否正确，否则不要求用户校验。

④【预设】复选框

用于确定当插入有预设属性值的块时，是否将属性值设置为默认值。

⑤【锁定位置】复选框

用于确定是否锁定属性在块中的位置。如果未锁定位置，插入块后，可利用夹点功能改变属性的位置。

⑥【多行】复选框

用于指定属性值是否可以包含多行文字。如果选中该复选框，则可以通过【文字设置】选项组中的【边界宽度】文本框指定边界宽度。

(2)【属性】选项组

【属性】选项组中，【标记】文本框用于确定属性的标记(用户必须指定标记)；【提示】文本框用于确定当插入块时，AutoCAD 提示用户输入属性值的提示信息；【默认】文本框用于设置属性的默认值，用户在各相应文本框中输入具体内容即可。

(3)【插入点】选项组

用于确定属性值的插入点，即属性文字排列的参考点。指定插入点后，AutoCAD 以该点为参考点，按照在【文字设置】选项组中的【对正】下拉列表框确定的文字对齐方式放置属性值。用户可以直接在 X、Y 和 Z 文本框中输入插入点的坐标，也可以选中【在屏幕上指定】复选框，关闭对话框后通过绘图窗口指定插入点。

(4)【文字设置】选项组

用于确定属性文字的格式。各项含义如下：

①【对正】下拉列表框

用于确定属性文字相对于在【插入点】选项组中所确定的插入点的对齐方式。用户可以通过下拉列表在左对齐、对齐、布满、居中、中间、右对齐、左上、中上、右上、左中、正中、右中、左下、中下和右下等选项中进行选择。

②【文字样式】下拉列表框

用于确定属性文字的样式，从相应的下拉列表中选择所需选项即可。

③【注释性】复选框

用于确定属性值是否为注释性属性值。

④【文字高度】文本框

用于指定属性文字的高度，可以直接在对应的数值框中输入高度值，或单击对应的按钮，在绘图屏幕上指定。

⑤【旋转】文本框

用于指定属性文字行的旋转角度，可以直接在对应的数值框中输入角度值，或单击对应的按钮，在绘图屏幕上指定。

⑥【边界宽度】文本框

用于当属性值采用多行文字时，指定多行文字属性的最大长度。可以直接在对应的数值框中输入宽度值，或单击对应的按钮，在绘图屏幕上指定。0表示没有限制。

(5)【在上一个属性定义下对齐】复选框

当定义多个属性时，选中该复选框，表示当前属性将采用前一个属性的文字样式、字高以及旋转角度，并另起一行按上一个属性的对正方式排列。选中该复选框后，【插入点】与【文字设置】选项组均以灰色显示，处于不可用状态。

确定了【属性定义】对话框中的各项内容后，单击对话框中的【确定】按钮，AutoCAD完成一次属性定义，并在图形中按指定的文字样式、对齐方式显示属性标记。用户可以使用上述方法为块定义多个属性。

 提示
> 定义属性后，当执行创建块操作并选择作为块的对象时，既要选择组成块的图形对象，也要选择对应的属性标记。

【例7-2】定义含有粗糙度属性的粗糙度符号块。

(1) 定义图层

根据表4-3所示要求定义图层(过程略)。

(2) 绘制粗糙度符号

在【细实线】图层绘制如图7-9所示尺寸的粗糙度符号(过程略)。

(3) 定义属性

执行ATTDEF命令，AutoCAD打开【属性定义】对话框，在其中进行对应的属性设置，如图7-10所示。

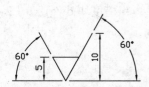

图7-9 粗糙度符号

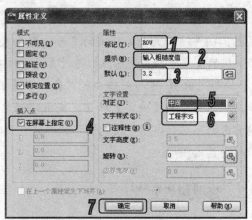

图7-10 设置属性

从图 7-10 中可以看出，已将属性标记设为 ROU；将属性提示设为"输入粗糙度值"；将粗糙度的默认值设为 3.2；将在绘图屏幕确定块属性的插入点；在【文字设置】选项组中的【对正】下拉列表框中，将文字的对正方式选择为【中间】选项，在【文字样式】下拉列表框中，将文字样式选择为在第 6 章例 6.8 节中定义的【工程字 35】。

单击对话框中的【确定】按钮，AutoCAD 提示：

指定起点：

在此提示下确定属性在块中的插入点位置，即可完成标记为 ROU 的属性定义，如图 7-11 所示。

图 7-11 定义有属性的粗糙度符号

提示

定义属性后，AutoCAD 将属性标记按指定的文字样式和对正方式显示在相应位置。

(4) 定义块

执行 BLOCK 命令，AutoCAD 打开【块定义】对话框，在其中进行相关设置，如图 7-12 所示。

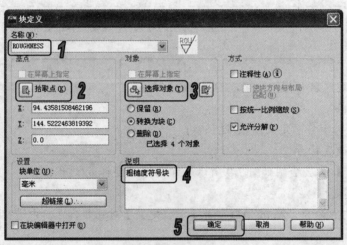

图 7-12 定义块

从图 7-12 中可以看出，将块的名称设为 ROUGHNESS；通过【拾取点】按钮，将图 7-11 中两条斜线的交点选择为块基点；通过【选择对象】按钮，选择图 7-11 中表示粗糙度符号的 3 条线和块标记 ROU 作为创建块的对象；在【说明】框中输入了"粗糙度符号块"。

单击对话框中的【确定】按钮，完成块的定义。

请读者将定义有粗糙度块的图形命名并保存(建议文件名：粗糙度块.dwg)，9.1.2 节等后续章节将用到该图形。

§ 7.2.2 修改属性定义

当定义了属性后，用户可以修改属性定义中的属性标记、提示和默认值。在 AutoCAD

2011 中，选择【修改】|【对象】|【文字】|【编辑】命令，或执行 DDEDIT 命令，均可启动修改属性定义的操作。修改属性定义的操作如下。

执行 DDEDIT 命令，AutoCAD 提示：

选择注释对象或 [放弃(U)]:

在该提示下选择属性定义标记后(如选择图 7-11 中的 ROU)，AutoCAD 打开【编辑属性定义】对话框，如图 7-13 所示。用户可通过此对话框修改属性标记、提示和默认值。

图 7-13 【编辑属性定义】对话框

§ 7.2.3 属性显示控制

当插入含有属性的块后，用户可以控制属性值的可见性。在 AutoCAD 2011 中，选择【视图】|【显示】|【属性显示】中的相应子菜单项，或执行 ATTDISP 命令，均可启动控制属性显示的操作。控制属性显示的操作如下。

执行 ATTDISP 命令，AutoCAD 提示：

输入属性的可见性设置 [普通(N)/开(ON)/关(OFF)]<普通>:

其中，【普通(N)】选项表示将按定义属性时规定的可见性模式显示各属性值；【开(ON)】选项表示将会显示出所有属性值，与定义属性时规定的属性可见性无关；【关(OFF)】选项则表示会使所有属性值均不显示，与定义属性时规定的属性可见性无关。

§ 7.2.4 利用对话框编辑属性

AutoCAD 为用户提供了利用对话框编辑块中的属性值的功能。在 AutoCAD 2011 中，单击【修改 II】工具栏中的【编辑属性】 按钮，或选择【修改】|【对象】|【属性】|【单个】命令，或执行 EATTEDIT 命令，均可启动用对话框编辑属性的操作。具体操作如下：

执行 EATTEDIT 命令，AutoCAD 提示：

选择块:

在此提示下选择块后，AutoCAD 打开【增强属性编辑器】对话框，如图 7-14 所示。

提示
在绘图窗口双击含属性的块，也可以打开【增强属性编辑器】该对话框。

该对话框中有【属性】、【文字选项】和【特性】3 个选项卡，下面分别介绍它们的功能。

新世纪高职高专规划教材

(1)【属性】选项卡

【属性】选项卡中，AutoCAD 在列表框中显示出块中每个属性的标记、提示和值，在列表框中选择某一属性，AutoCAD 将在【值】文本框中显示相应的属性值，并允许用户通过该文本框修改属性值。

(2)【文字选项】选项卡

用于修改属性文字的格式，相应的对话框如图 7-15 所示。

图 7-14 【增强属性编辑器】对话框

图 7-15 【文字选项】选项卡

用户可以通过该对话框修改属性文字的样式、对正方式、文字高度以及文字行的倾斜角度，设置文字是否反向显示、是否上下颠倒显示(即倒置)、文字的宽度比例(即宽度因子)以及倾斜角度等。

(3)【特性】选项卡

用于修改属性文字的图层及其线宽、线型、颜色和打印样式。相应的对话框如图 7-16 所示。用户通过对话框中的下拉列表框或文本框进行设置或修改即可。

图 7-16 【特性】选项卡

【增强属性编辑器】对话框中除上述 3 个选项卡外，还有【选择块】和【应用】等按钮。【选择块】按钮用于选择要编辑的块对象，【应用】按钮用于确认已作出的修改。

7.3 图案填充

本节将介绍如何为指定的区域填充图案，如何编辑图案。

§ 7.3.1 填充图案

在 AutoCAD 2011 中，单击【绘图】工具栏上的【图案填充】按钮，或选择【绘图】|

【图案填充】命令，或执行 BHATCH 命令，均可启动填充图案的操作。填充图案的操作如下。

执行 BHATCH 命令，AutoCAD 打开【图案填充和渐变色】对话框，如图 7-17 所示。

提示

　　如果读者得到的对话框与图 7-17 不同，可以单击位于对话框右下角的按钮 ⊙ 实现对话框切换，该按钮与图 7-17 中的按钮 ⊙ 是同一按钮的两种不同显示状态。

下面介绍该对话框中主要选项的功能。

(1)【类型和图案】选项组

用于确定图案的类型以及具体的图案。

①【类型】下拉列表框

用于设置填充图案的类型。用户可通过下拉列表在【预定义】、【用户定义】和【自定义】选项中选择。其中，【预定义】表示将使用 AutoCAD 提供的图案进行填充；【用户定义】表示用户将临时定义填充图案，该图案由一组平行线或相互垂直的两组平行线(即双向线，又称为交叉线)组成；【自定义】表示将选用用户事先定义的图案进行填充。

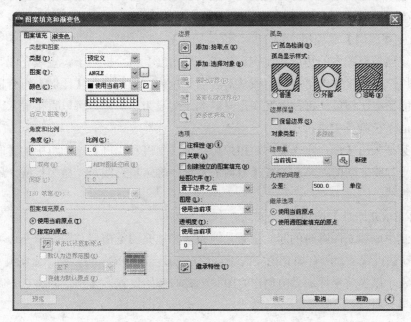

图 7-17 【图案填充和渐变色】对话框

②【图案】下拉列表框

当通过【类型】下拉列表框选用【预定义】图案类型填充时，【图案】下拉列表框用于确定填充图案。用户可以直接通过下拉列表选择图案，也可以单击位于右侧的按钮，从打开的【填充图案选项板】对话框中选择所需图案，如图 7-18 所示。

③【样例】框

用于显示当前所使用的填充图案的图案样式。单击【样例】框中的图案，AutoCAD 也会打开如图 7-18 所示的【填充图案选项板】对话框，以供用户选择图案。

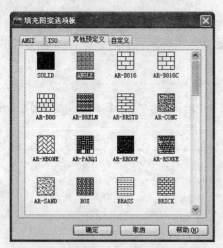

图 7-18 【填充图案选项板】对话框

④【自定义图案】下拉列表框

选择用户自定义的图案作为填充图案。当通过【类型】下拉列表选择了【自定义】填充类型时，该选项才有效。用户可以通过此下拉列表选择自定义的填充图案，也可以单击对应的按钮，从弹出的对话框中进行选择。

(2)【角度和比例】选项组

用于确定所填充图案的角度和比例。其中，【角度】组合框用于设置填充图案时的图案旋转角度，用户可直接输入角度值，或从对应的下拉列表中选择。【比例】组合框用于确定填充图案时的图案比例值。每种图案在定义时的比例设为 1。用户可以直接输入比例值，也可以从对应的下拉列表中进行选择。

当填充类型采用【用户定义】时，用户可通过【角度和比例】选项组中的【间距】文本框确定填充平行线之间的距离；通过【双向】复选框确定填充线是一组平行线，还是相互垂直的两组平行线。

(3)【图案填充原点】选项组

用于控制生成填充图案时的起始位置，因为某些填充图案需要与图案填充边界上的某一点对齐。在默认设置下，所有填充图案的原点均对应于当前 UCS 的原点。选项组中，【使用当前原点】表示以当前坐标原点(0,0)作为图案生成的起始位置，【指定的原点】则表示要指定新的图案填充原点。

(4)【边界】选项组

用于确定图案填充时的填充边界。

①【添加:拾取点】按钮

根据围绕指定点构成封闭区域的现有对象确定边界。单击该按钮，AutoCAD 临时切换到绘图屏幕，并提示：

拾取内部点或 [选择对象(S)/删除边界(B)]:

在此提示下，在需要填充的封闭区域内任意拾取一点，AutoCAD 会自动确定出包围该点的封闭填充边界，同时以虚线形式显示边界(如果设置了允许间隙，实际的填充边界则可以不

封闭)。确定填充边界后，按 Enter 键，AutoCAD 返回到【图案填充和渐变色】对话框。

②【添加:选择对象】按钮

选择作为填充边界的对象。单击该按钮，AutoCAD 临时切换到绘图屏幕，并提示：

选择对象或 [拾取内部点(K)/删除边界(B)]:

用户此时可直接选择作为填充边界的对象。确定后按 Enter 键，AutoCAD 返回到【图案填充和渐变色】对话框。

③【删除边界】按钮

从已确定的填充边界中取消某些边界对象。单击该按钮，AutoCAD 临时切换到绘图屏幕，并提示：

选择对象或 [添加边界(A)]:

此时可以选择要删除的对象，也可以通过【添加边界(A)】选项确定新边界。取消或添加填充边界后按 Enter 键，AutoCAD 返回到【图案填充和渐变色】对话框。

④【查看选择集】按钮

用于查看所选择的填充边界。单击该按钮，AutoCAD 临时切换到绘图屏幕，将已选择的填充边界以虚线形式显示，同时提示：

<按 Enter 键或单击鼠标右键返回到对话框>

用户响应此提示后，即按 Enter 键或右击，AutoCAD 会返回到【图案填充和渐变色】对话框。

(5)【选项】选项组

用于控制几个常用的图案填充设置。

①【注释性】复选框

用于指定所填充图案是否属于注释性图案。

②【关联】复选框

用于确定所填充图案是否要与边界建立关联。如果填充图案与其边界建立了关联，当使用编辑命令修改边界之后，对应的填充图案会更新，以与边界相适应。

③【创建独立的图案填充】复选框

用于控制当同时指定了几个独立的闭合边界进行填充时，是将它们创建成单个的图案填充对象(即在各闭合边界中填充的图案均属于一个对象)，还是创建成多个图案填充对象(即各闭合边界中填充的图案为各自独立的对象)。

④【绘图次序】下拉列表框

用于为填充图案指定绘图次序。填充的图案可以放在所有其他对象之后或之前、图案填充边界之后或之前。

⑤【图层】下拉列表框

用于确定所填充的图案所在的图层，从下拉列表中选择即可。

(6)【继承特性】按钮

用于选择图形中已有的填充图案作为当前填充图案。单击此按钮，AutoCAD 临时切换到

新世纪高职高专规划教材

绘图屏幕，并提示：

选择图案填充对象:(选择某一填充图案)
拾取内部点或 [选择对象(S)/删除边界(B)]:(通过拾取内部点或其他方式确定填充边界。如果在单击【继承特性】按钮前指定了填充边界，不显示此提示，直接返回到【图案填充和渐变色】对话框)
拾取内部点或 [选择对象(S)/删除边界(B)]:↙(AutoCAD 返回【图案填充和渐变色】对话框)

(7)【孤岛】选项组

用于确定对孤岛的处理模式。填充图案时，AutoCAD 将位于填充区域内的封闭区域称为孤岛。【孤岛】选项组中，【孤岛检测】复选框用于确定是否进行孤岛检测，选中该复选框表示检测，此时当以拾取点的方式确定填充边界后，AutoCAD 会自动确定出包围该点的封闭填充边界和对应的孤岛边界，如图 7-19 所示。

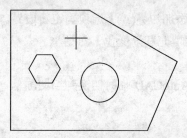
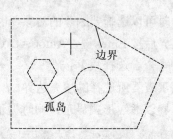
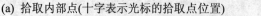

(a) 拾取内部点(十字表示光标的拾取点位置)　　(b) AutoCAD 自动确定填充边界与孤岛

图 7-19　封闭边界与孤岛

当对孤岛进行检测后，AutoCAD 对孤岛的填充方式有普通、外部和忽略 3 种。【孤岛检测】复选框下面的 3 个图像按钮形象地说明了具体的填充效果。

【普通】填充方式的填充过程：AutoCAD 从最外部边界向内填充，遇到与之相交的内部边界时断开填充线，再遇到下一个内部边界时继续填充。

【外部】填充方式的填充过程：AutoCAD 从最外部边界向内填充，遇到与之相交的内部边界时断开填充线，不再继续填充。

【忽略】填充方式的填充过程：AutoCAD 忽略边界内的对象，所有内部结构均被填充图案覆盖。

(8)【边界保留】选项组

用于确定是否将填充边界保留为单独的对象。如果保留，还可以确定对象的类型。其中，选中【保留边界】复选框表示将根据图案的填充边界创建边界对象，并将它们添加到图形中。此时可以通过【对象类型】下拉列表框确定新边界对象的类型，如多段线等。

(9)【边界集】选项组

当以拾取点的方式确定填充边界时，该选项组用于定义使 AutoCAD 确定填充边界的对象集，即 AutoCAD 将根据哪些对象确定填充边界。

(10)【允许的间隙】文本框

AutoCAD 2011 允许将实际没有完全封闭的边界作为填充边界。如果在【公差】文本框中指定了值，该值为 AutoCAD 确定填充边界时可以忽略的最大间隙，即如果边界有间隙，且各间隙均小于或等于设置的允许值，这些间隙将被忽略，AutoCAD 将对应的边界视为封闭边界。

　　如果在【公差】文本框中指定了值，当通过【拾取点】按钮指定的填充边界为非封闭边界、且边界间隙大于或等于设定的值时，AutoCAD 会打开【图案填充－开放边界警告】窗口，如图 7-20 所示。如果单击【继续填充此区域】行，AutoCAD 会对非封闭图形进行图案填充。

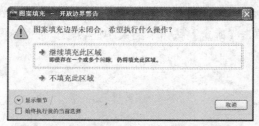

图 7-20　【图案填充－开放边界警告】窗口

(11)【预览】按钮

用于预览填充效果。确定了填充区域、填充图案以及其他参数后，单击【预览】按钮，AutoCAD 临时切换到绘图屏幕，并按当前选择的填充图案和设置进行预填充，同时提示：

拾取或按 Esc 键返回到对话框或 <单击右键接受图案填充>:

如果预览效果满足要求，可以直接右击，接受图案的填充。如果单击或按 Esc 键，AutoCAD 会返回到【图案填充和渐变色】对话框，以便修改填充设置。

(12)【渐变色】选项卡

单击【图案填充和渐变色】对话框中的【渐变色】标签，将打开【渐变色】选项卡，如图 7-21 所示。

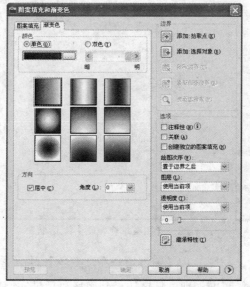

图 7-21　【渐变色】选项卡

　　该选项卡用于以渐变方式实现填充。其中，【单色】和【双色】两个单选按钮用于确定是以一种颜色填充，还是以两种颜色填充。单击位于【单色】单选按钮下方颜色框右侧的按钮，AutoCAD 打开【选择颜色】对话框，用于选择填充颜色。如果以一种颜色填充，可通过位于【双色】单选按钮下方的滑块调整所填充颜色的浓度。如果以两种颜色填充(选中【双色】

单选按钮),位于【双色】单选按钮下方的滑块变成与其左侧相同的颜色框和按钮,用于确定另一种颜色。位于选项卡中间位置的 9 个图像按钮用于确定填充方式。此外,还可以通过【角度】下拉列表框确定以渐变方式填充时的旋转角度,通过【居中】复选框指定对称的渐变配置。如果没有选中该复选框,渐变填充将朝左上方变化,可创建出光源在对象左边的图案。

完成填充设置后,单击【确定】按钮,结束 BHATCH 命令操作,并对指定的区域填充图案。

§ 7.3.2 编辑图案

在 AutoCAD 2011 中,单击【修改 II】工具栏上的【编辑图案填充】按钮 ,或选择【修改】|【对象】|【图案填充】命令,或执行 HATCHEDIT 命令,均可启动编辑图案的操作。编辑图案的操作如下。

执行 HATCHEDIT 命令,AutoCAD 提示:

选择图案填充对象:

在该提示下选择已有的填充图案,AutoCAD 打开如图 7-22 所示的【图案填充编辑】对话框。

图 7-22 【图案填充编辑】对话框

该对话框中各项的含义与图 7-17【图案填充和渐变色】对话框中各对应项的含义相同,但用户只能对以正常颜色显示的选项进行操作。利用该对话框,用户可以对已填充的图案进行编辑,如更改填充图案、填充比例或填充角度等。

提示

利用夹点功能可以编辑图案,且如果填充为关联填充,当通过夹点改变填充边界后,AutoCAD 会根据边界的新位置重新生成填充图案(见【例 7-3】)。

【例 7-3】已知有如图 7-23 所示的图形(所填充的图案属于关联填充)，利用夹点功能对其做如下修改：

(1) 删除六边形。

(2) 移动圆，使其圆心相对于原位置向左移动 25，向上移动 10。

(3) 移动外轮廓的右上角点的位置，使该点相对于原位置向右移动 60。

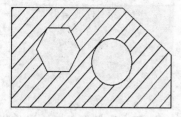

图 7-23 练习图

提示

选择对象并在对象上显示夹点后，可通过按 Esc 键的方式取消夹点显示。

(1) 删除六边形

单击【修改】工具栏上的【删除】按钮，或选择【修改】|【删除】命令，AutoCAD提示：

```
选择对象:(选择图中的六边形)
选择对象:↙
```

执行结果如图 7-24 所示，即 AutoCAD 自动进行补充填充。

(2) 更改圆的位置

直接选择圆，圆上显示夹点，然后选择位于圆心的夹点为操作点，如图 7-25 所示。此时AutoCAD 提示：

```
** 拉伸 **
指定拉伸点或 [基点(B)/复制(C)/放弃(U)/退出(X)]: @-25,10↙
```

执行结果如图 7-26 所示。

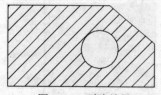 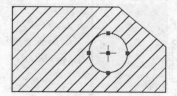 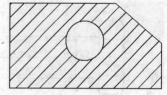

图 7-24 删除结果　　　图 7-25 选择圆心为操作点　　　图 7-26 修改结果

(3) 修改轮廓的右上角点的位置

选择位于上方的水平线和右侧的斜线，AutoCAD 显示夹点，然后选择外轮廓的右上角点为操作点，如图 7-27 所示。此时 AutoCAD 提示：

```
** 拉伸 **
指定拉伸点或 [基点(B)/复制(C)/放弃(U)/退出(X)]: @60,0↙
```

执行结果如图 7-28 所示。

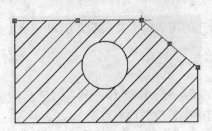

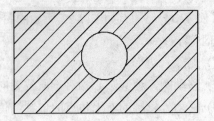

图 7-27　选择角点为操作点　　　　　　　图 7-28　修改结果

7.4　上机实战

一、绘制如图 7-29 所示的螺栓图形(图中标记字母 A 的交点只是便于后续操作说明，读者无需标记)，并将其定义为外部块，块名为"螺栓.DWG"。

(1) 定义图层

根据表 4-3 所示要求定义图层(过程略)。

(2) 绘制图形

在对应图层绘制如图 7-29 所示的图形(过程略)。

(3) 定义块

执行 WBLOCK 命令，AutoCAD 打开【写块】对话框，如图 7-30 所示。

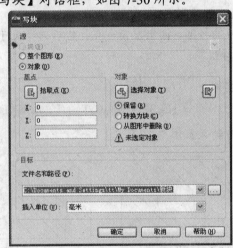

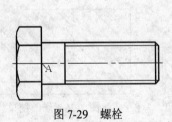

图 7-29　螺栓　　　　　　　　　图 7-30　【写块】对话框

单击【选择对象】按钮，切换到绘图屏幕，选择螺栓图形后按 Enter 键返回到【写块】对话框。单击【拾取点】按钮，AutoCAD 又切换到绘图屏幕，提示：

确定插入基点：

在此提示下捕捉图 7-29 中的 A 点，AutoCAD 返回到【写块】对话框。通过对话框中的按钮设置保存位置以及文件名，结果如图 7-31 所示。

单击【写块】按钮，完成块的定义。

新世纪高职高专规划教材

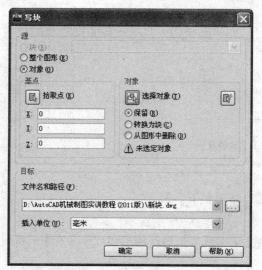

图 7-31 【写块】对话框

二、绘制如图 7-32 所示的图形，并填充图案，标注粗糙度。

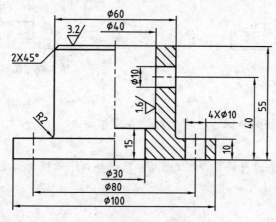

图 7-32 练习图

(1) 创建图层

根据表 4-3 所示要求创建图层(过程略)。

(2) 绘制直线

在【点画线】图层绘制一条垂直中心线，并在【粗实线】图层的适当位置绘制一条水平线，如图 7-33 所示。

(3) 偏移

将【粗实线】图层设为当前层。执行 OFFSET 命令进行偏移操作，结果如图 7-34 所示。

 提示

利用 OFFSET 命令对垂直中心线进行偏移时，通过【图层(L)】选项的设置，将通过偏移得到的直线置于当前图层，即【粗实线】图层，因此偏移得到的垂直线均为粗实线。

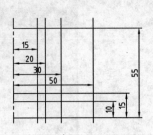

图 7-33 绘制直线　　　　　　　　　图 7-34 偏移结果

(4) 修剪

对图 7-34 进行修剪，结果如图 7-35 所示。

(5) 镜像

对图 7-35 中位于垂直中心线右侧的外轮廓相对于垂直中心线镜像，结果如图 7-36 所示。

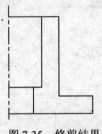

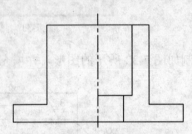

图 7-35 修剪结果　　　　　　　　　图 7-36 偏移结果

(6) 偏移

对图 7-36 继续进行偏移操作，结果如图 7-37 所示。

(7) 修剪、整理

对图 7-37 中的对象进行修剪、更改图层以及调整新中心线的长度等操作，结果如图 7-38 所示。

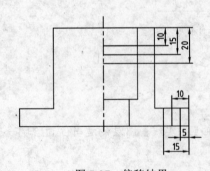

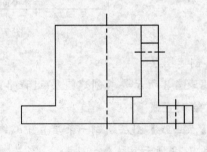

图 7-37 偏移结果　　　　　　　　　图 7-38 修剪、整理结果

(8) 创建倒角、圆角

根据图 7-32，对图 7-38 创建倒角和圆角，结果如图 7-39 所示。

(9) 绘制延伸线和倒角处的直线等

对图 7-39 绘制对应的延伸线，在倒角处绘制对应的直线，并镜像短垂直中心线，结果如图 7-40 所示。

新世纪高职高专规划教材

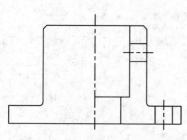

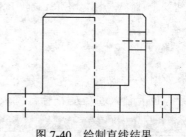

图 7-39　创建倒角、圆角结果　　　　　　　图 7-40　绘制直线结果

(10) 填充剖面线

执行 BHATCH 命令，在打开的【图案填充和渐变色】对话框中进行填充设置，如图 7-41 所示。

由图 7-41 可知，已将填充图案设为 ANSI31，将填充角度设为 90，并通过【添加:拾取点】按钮  确定了填充区域。单击【确定】按钮，完成图案的填充，结果如图 7-42 所示。

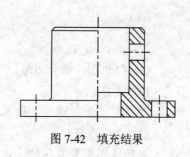

图 7-41　填充设置　　　　　　　　　　　图 7-42　填充结果

(11) 创建块

参见【例 7-2】，定义含有粗糙度属性的粗糙度符号块(过程略)。

(12) 插入块

单击【绘图】工具栏上的【插入块】按钮，或选择【插入】|【块】命令，AutoCAD 打开【插入】对话框，如图 7-43 所示。

在该对话框中，已通过【名称】下拉列表框中选择了要插入的块 ROUGHNESS，将在屏幕上指定插入点，并将插入比例设为 1，将插入角度设为 0。单击【确定】按钮，AutoCAD 提示：

新世纪高职高专规划教材

指定插入点或 [基点(B)/比例(S)/旋转(R)]:(指定块的插入位置)

输入属性值

输入粗糙度值<3.2>:✓

结果如图 7-44 所示。

在另一位置插入粗糙度符号，完成图形的绘制。

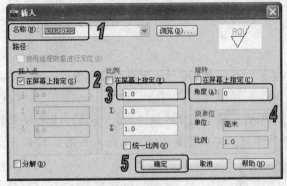

图 7-43 块插入设置

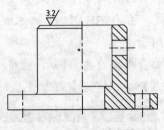

图 7-44 插入粗糙度结果

三、对在 4.3 节绘制的图 4-14 进行编辑，结果如图 7-45 所示。

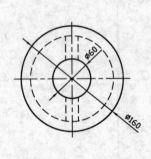
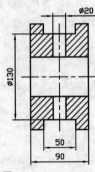

图 7-45 修改结果

(1) 打开已绘制的图形，并将重命名进行保存。

(2) 修剪

对左视图进行修剪，结果如图 7-46 所示。

(3) 更改图层

利用【图层】工具栏，将左视图中的虚线更改到【粗实线】图层，结果如图 7-47 所示。

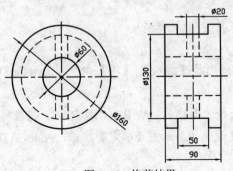
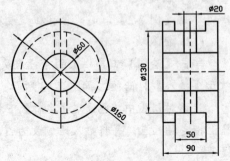

图 7-46 修剪结果　　　　　　　　　　　　　　图 7-47 更改图层结果

新世纪高职高专规划教材

(4) 填充剖面线

执行 BHATCH 命令填充剖面线，即可得到如图 7-45 所示的结果。

7.5 习题

1. 判断题

(1) 定义块时，可以将块定义成允许其沿 X 方向和 Y 方向按不同的比例插入。（ ）

(2) 插入块后，总可以用 EXPLODE 命令将其分解，即分解成组成块的各基本对象。（ ）

(3) 修改块定义后，可以使当前图形中插入的该块均自动进行修改。（ ）

(4) 使用 BLOCK 命令创建有属性的块时，既要选择组成块的图形对象，也要选择对应的各属性标记。（ ）

(5) 用户可以单独控制属性的可见性，而不受定义属性时对其可见性的设定。（ ）

(6) 插入含属性的块后，用户可以单独修改属性的值。（ ）

(7) 填充图案时，被填充区域必须完全封闭。（ ）

(8) 可以用与当前图形中已有填充图案完全相同的图案及设置填充同一图形中的其他区域。（ ）

(9) 用夹点功能修改填充边界后，其填充的图案总会自动进行对应的调整。（ ）

(10) 用户可以修改已有填充图案的填充比例和填充角度。（ ）

2. 上机习题

(1) 分别绘制如图 7-48 所示的各图形(未注尺寸由读者确定。绘制图形后命名并保存图形，第 8 章还将为它们标注尺寸)。

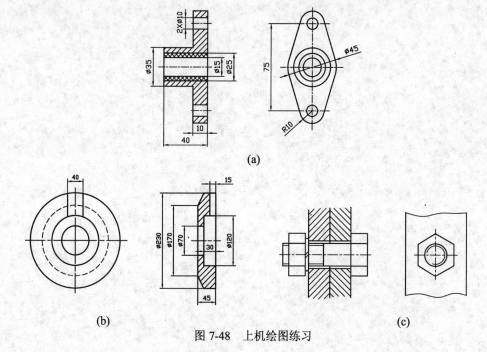

图 7-48　上机绘图练习

(2) 定义如图 7-49 所示的基准符号块,要求如下:

块名为 BASE,块的属性标记为 A,属性提示为"输入基准符号",属性默认值为 A,属性文字样式与在 6.8 节定义的"工程字 35"相同,以圆的圆心作为属性插入点,属性文字对齐方式采用"中间"模式,以符号中两条直线的交点作为块的基点。然后,在当前图形中以不同比例、不同旋转角度插入该块,并查看结果。最后,将定义有基准块的图形保存到磁盘(建议文件名为基准块.dwg)。

图 7-49 基准符号

(3) 绘制如图 7-50 所示的零件图,并定义粗糙度符号块,然后插入对应的块。

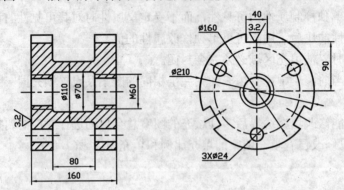

图 7-50 零件图

新世纪高职高专规划教材

第 8 章

尺 寸 标 注

主要内容   尺寸标注是机械制图中的一项重要内容。图形主要用于说明对象的形状，而对象的真实大小需要用尺寸表示。AutoCAD 允许用户定义尺寸标注样式(简称标注样式)，以满足不同国家、不同行业对尺寸标注的要求。通过本章的学习，读者可以掌握利用 AutoCAD 2011 定义标注样式，标注尺寸、尺寸公差以及形位公差。

本章重点
- ➤ 标注样式
- ➤ 标注尺寸
- ➤ 标注公差
- ➤ 编辑尺寸与公差

8.1   尺寸的基本概念

国家标准《机械制图》规定：尺寸一般由尺寸界线、尺寸线和尺寸数字组成，其中尺寸线是一条细实线，其终端可以是箭头或斜线。在 AutoCAD 中，将一个完整的尺寸分为尺寸线、尺寸箭头、延伸线(即尺寸界线)和尺寸文字(即尺寸数字)4 部分，如图 8-1 所示。其中尺寸箭头是一个广义的概念，它可以是箭头，也可以是斜线、点或其他标记。

AutoCAD 2011 将尺寸标注分为多种类型，如线性标注、对齐标注、半径标注、直径标注、角度标注、弧长标注、折弯标注、基线标注以及连续标注等。本章将具体介绍这些标注类型的含义与操作。

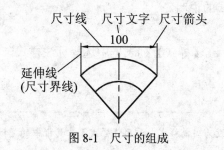

图 8-1 尺寸的组成

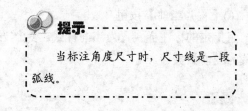

提示

当标注角度尺寸时，尺寸线是一段弧线。

8.2 标注样式

在 AutoCAD 2011 中，单击【样式】工具栏上的【标注样式】按钮，或【标注】工具栏上的【标注样式】按钮，或选择【标注】|【标注样式】命令，或执行 DIMSTYLE 命令，均可启动创建标注样式的操作。创建标注样式的操作如下。

执行 DIMSTYLE 命令，AutoCAD 打开【标注样式管理器】对话框，如图 8-2 所示。

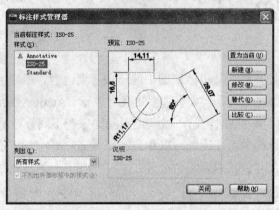

图 8-2 【标注样式管理器】对话框

下面介绍该对话框中主要选项的功能。

(1)【当前标注样式】标签

显示当前标注样式的名称。图 8-2 中说明当前标注样式为 ISO-25，该样式为 AutoCAD 提供的默认标注样式。

(2)【样式】列表框

列出了已有标注样式的名称。

(3)【列出】下拉列表框

用于确定在【样式】列表框中列出何种标注样式。有【所有样式】和【正在使用的样式】两种选择。

(4)【预览】图片框

用于预览在【样式】列表框中所选中标注样式的标注效果。

(5)【说明】标签框

用于显示在【样式】列表框中所选中标注样式的说明。

(6)【置为当前】按钮

将指定的标注样式置为当前样式。具体方法：在【样式】列表框中选择标注样式，单击【置为当前】按钮。

提示

当需要使用某一样式标注尺寸时，首先应将此样式设为当前样式。利用【样式】工具栏中的【标注样式控制】下拉列表框，可以方便地将某一样式设为当前样式。

(7)【新建】按钮

用于创建新标注样式。单击【新建】按钮，AutoCAD 打开【创建新标注样式】对话框，如图 8-3 所示。

图 8-3 【创建新标注样式】对话框

该对话框中，【新样式名】文本框用于指定新样式的名称，【基础样式】下拉列表框用于确定创建新样式的基础样式，【注释性】复选框用于确定所定义的标注样式是否为注释性样式，【用于】下拉列表框用于确定新建标注样式的适用范围，列表中有【所有标注】、【线性标注】、【角度标注】、【半径标注】、【直径标注】、【坐标标注】和【引线和公差】等选项。确定了新样式的名称并进行了相应设置后，单击【继续】按钮，AutoCAD 打开【新建标注样式】对话框，如图 8-4 所示。

该对话框中有【线】、【符号和箭头】、【文字】、【调整】、【主单位】、【换算单位】和【公差】7 个选项卡，后面将具体介绍这些选项卡的功能。

(8)【修改】按钮

用于修改已有标注样式。从【样式】列表框中选择要修改的标注样式，单击【修改】按钮，AutoCAD 打开【修改标注样式】对话框，如图 8-5 所示。此对话框与如图 8-4 所示的【新建标注样式】对话框基本相同，也由 7 个选项卡组成。

(9)【替代】按钮

用于设置当前样式的替代样式。单击【替代】按钮，AutoCAD 打开与【修改当前样式】类似的【替代当前样式】对话框，通过该对话框进行设置即可。

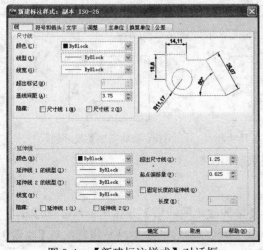

图 8-4 【新建标注样式】对话框

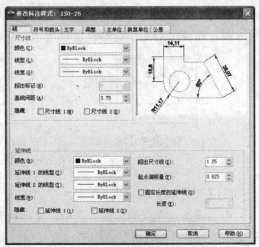

图 8-5 【修改标注样式】对话框

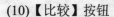

(10)【比较】按钮

用于对两个标注样式进行比较，或了解某一样式的全部特性。该功能可以使用户快速比较出不同标注样式在标注设置上的区别。单击【比较】按钮，AutoCAD 打开【比较标注样式】对话框，如图 8-6 所示。

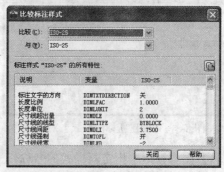

图 8-6 　【比较标注样式】对话框

在该对话框中，如果在【比较】和【与】两个下拉列表框中指定了不同的样式，AutoCAD会在大列表框中显示出它们之间的区别；如果指定了相同的样式，则在大列表框中显示该样式的全部特性。

在【新建标注样式】对话框和【修改标注样式】对话框中均有 7 个选项卡，下面分别介绍这些选项卡的作用。

1.【线】选项卡

【线】选项卡用于设置尺寸线和延伸线的格式与属性，如图 8-4 所示。

(1)【尺寸线】选项组

用于设置尺寸线的样式。其中，【颜色】、【线型】和【线宽】下拉列表框分别用于设置尺寸线的颜色、线型和线宽；【超出标记】组合框用于设置当尺寸箭头采用斜线、建筑标记、小点、积分或无标记时，尺寸线超出延伸线的长度；【基线间距】组合框用于设置当采用基线标注方式标注尺寸时(见 8.3.8 节)，各尺寸线之间的距离；与【隐藏】选项对应的【尺寸线 1】和【尺寸线 2】复选框分别用于确定是否在标注的尺寸上隐藏第一段尺寸线、第二段尺寸线及对应的箭头。选中复选框表示隐藏，其标注效果如图 8-7 所示。

  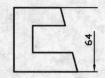

(a) 不隐藏尺寸线　　　(b) 隐藏第一条尺寸线　　　(c) 隐藏第二条尺寸线

图 8-7 　尺寸线隐藏设置示例

(2)【延伸线】选项组

用于设置延伸线的样式。其中，【颜色】、【延伸线 1 的线型】、【延伸线 2 的线型】和【线宽】下拉列表框分别用于设置延伸线的颜色、两条延伸线的线型以及线宽；与【隐藏】项对应的【延伸线 1】和【延伸线 2】复选框分别用于确定是否隐藏第一条或第二条延伸线。

选中复选框表示隐藏对应的延伸线,其标注效果如图 8-8 所示。【超出尺寸线】组合框用于确定延伸线超出尺寸线的距离;【起点偏移量】组合框用于确定延伸线的实际起始点相对于其定义点的偏移距离。如果选中【固定长度的延伸线】复选框,将使所有标注的尺寸采用相同长度的延伸线,此时可通过【长度】组合框指定延伸线的长度。

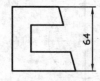
(a) 不隐藏延伸线

(b) 隐藏第一条延伸线

(c) 隐藏第二条延伸线

图 8-8　延伸线设置示例

(3) 预览窗口

AutoCAD 根据当前的样式设置,在位于对话框右上角的预览窗口中显示对应的标注效果示例。

2.【符号和箭头】选项卡

【符号和箭头】选项卡用于设置尺寸箭头、圆心标记、折断标注、弧长符号、半径折弯标注和线性折弯标注等格式,如图 8-9 所示。

下面介绍选项卡中主要选项的功能。

(1)【箭头】选项组

用于确定尺寸线两端的箭头样式。其中,【第一个】下拉列表框用于确定尺寸线在第一端点处的样式。单击位于【第一个】下拉列表框右侧的小箭头,AutoCAD 弹出下拉列表,如图 8-10 所示。列表中列出了 AutoCAD 2011 允许使用的尺寸线起始端的样式,供用户选择。当用户设置了尺寸线第一端点的样式后,尺寸线的另一端默认也采用同样的样式。如果需要尺寸线两端的样式不同,可以通过【第二个】下拉列表框设置尺寸线另一端的样式。

【引线】下拉列表框用于确定当进行引线标注时(见 8.4 节),引线在起始点处的样式,从对应的下拉列表中进行选择即可;【箭头大小】组合框用于确定尺寸箭头的长度。

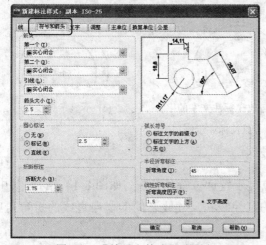
图 8-9　【符号和箭头】选项卡

图 8-10　显示箭头样式选择列

(2)【圆心标记】选项组

用于确定对圆或圆弧执行标注圆心标记操作时(见 8.3.10 节)，圆心标记的类型与大小。用户可以在【无】(无标记)、【标记】(显示标记)和【直线】(显示为中心线) 单选按钮之间选择，设置具体的标注效果如图 8-11 所示。选项组中的组合框用于确定圆心标记的大小。

| (a) 无标记 | (b) 有标记 | (c) 标记为直线 |

图 8-11 圆心标记示例

(3)【折断标注】选项

AutoCAD 2011 允许在尺寸线或延伸线与其他线的重叠处打断尺寸线或延伸线，如图 8-12 所示。其中【折断大小】组合框用于确定图 8-12(b)中的折断尺寸 h。

(4)【弧长符号】选项组

当为圆弧标注长度尺寸时，用于控制弧长标注中圆弧符号的显示方式。其中，【标注文字的前缀】表示要将弧长符号置于所标注文字的前面；【标注文字的上方】表示要将弧长符号置于所标注文字的上方；【无】表示不显示弧长符号，3 种标注效果如图 8-13 所示。

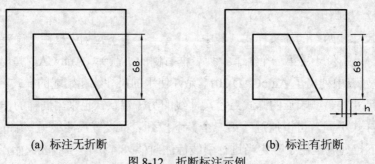

| (a) 标注无折断 | (b) 标注有折断 |

图 8-12 折断标注示例

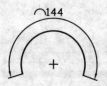
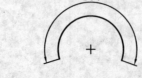
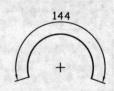

| (a) 弧长符号放在标注文字的前面 | (b) 弧长符号放在标注文字的上方 | (c) 不显示弧长符号 |

图 8-13 弧长标注示例

(5)【半径折弯标注】选项

通常用于被标注尺寸的圆弧的中心点位于较远位置的情况，如图 8-14 所示。其中【折弯角度】文本框确定用于连接半径标注的延伸线和尺寸线之间的横向直线的折弯角度。

(6)【线性折弯标注】选项

AutoCAD 2011 允许用户采用线性折弯标注，如图 8-15 所示。线性折弯标注的折弯高度 h 为折弯高度因子与尺寸文字高度的乘积。可以在【折弯高度因子】组合框中输入折弯高度因子值。

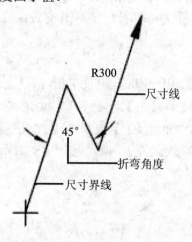

图 8-14　折弯半径标注示例

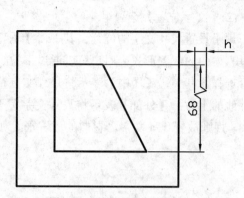

图 8-15　线性折弯标注示例

3.【文字】选项卡

【文字】选项卡用于设置尺寸文字的外观、位置以及对齐方式等，如图 8-16 所示。

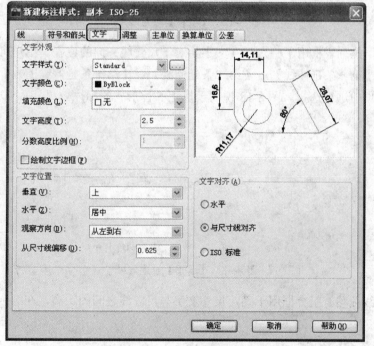

图 8-16　【文字】选项卡

该选项卡中各主要选项的功能如下。

(1)【文字外观】选项组

用于设置尺寸文字的样式等。其中，【文字样式】和【文字颜色】下拉列表框分别用于设置尺寸文字的样式与颜色；【填充颜色】下拉列表框用于确定文字的背景颜色；【文字高度】组合框用于确定尺寸文字的高度；【分数高度比例】组合框用于设置尺寸文字中的分数相对于其他尺寸文字的缩放比例。AutoCAD 将该比例值与尺寸文字高度的乘积作为所标记分数的高度(只有在【主单位】选项卡中选择了【分数】作为单位格式时，此选项才有效)；【绘制文字边框】复选框用于确定是否对尺寸文字添加边框。

(2)【文字位置】选项组

用于设置尺寸文字的位置。其中，【垂直】下拉列表框用于控制尺寸文字相对于尺寸线在垂直方向的放置形式。用户可以通过下拉列表在【居中】、【上】、【外部】和 JIS 之间进行选择。其中，【居中】表示将尺寸文字置于尺寸线的中间；【上】表示将尺寸文字置于尺寸线的上方；【外部】表示将尺寸文字置于远离延伸线起始点的尺寸线一侧；JIS 表示将按 JIS 规则放置尺寸文字。它们的放置形式如图 8-17 所示。

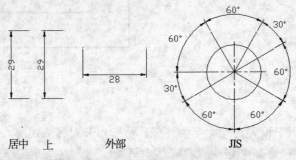

图 8-17 【垂直】设置效果

【水平】下拉列表框用于确定尺寸文字相对于尺寸线方向的位置。用户可通过下拉列表在【居中】、【第一条延伸线】、【第二条延伸线】、【第一条延伸线上方】和【第二条延伸线上方】选项中进行选择。图 8-18 说明了以上 5 种形式的标注效果。

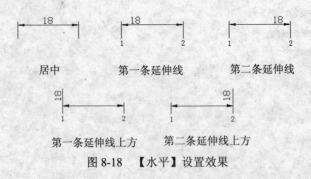

图 8-18 【水平】设置效果

【从尺寸线偏移】组合框用于确定尺寸文字与尺寸线之间的距离，在组合框中输入具体的值即可。

(3)【文字对齐】选项组

用于确定尺寸文字的对齐方式。其中，【水平】单选按钮用于确定尺寸文字是否总是水平放置；【与尺寸线对齐】单选按钮用于确定尺寸文字方向是否要与尺寸线方向相一致；【ISO 标准】单选按钮用于确定尺寸文字是否按 ISO 标准放置，即当尺寸文字在延伸线之间时，其方向要与尺寸线方向一致，而当尺寸文字在延伸线之外时，尺寸文字水平放置。

4.【调整】选项卡

【调整】选项卡用于控制尺寸文字、尺寸线以及尺寸箭头的位置和其他特征，如图 8-19 所示。

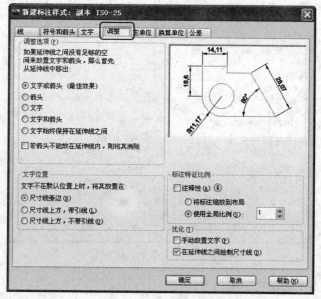

图 8-19 【调整】选项卡

该选项卡中各主要选项的功能如下。

(1)【调整选项】选项组

当在两条延伸线之间没有足够的空间同时放置尺寸文字和箭头时，用于确定应首先从延伸线之间移出尺寸文字和箭头的哪一部分，用户可以通过该选项组中的各单选按钮进行选择。

(2)【文字位置】选项组

用于确定当尺寸文字不处于默认位置时，应将其置于何处。用户可以在放置在尺寸线旁边、放置在尺寸线上方并加引线以及放置在尺寸线上方不加引线之间进行选择。

(3)【标注特征比例】选项组

用于设置所标注尺寸的缩放关系。【注释性】复选框用于确定标注样式是否为注释性样式；【将标注缩放到布局】单选按钮表示将根据当前模型空间视口和图纸空间之间的比例确定比例因子。【使用全局比例】单选按钮用于为所有标注样式设置一个缩放比例，但此比例不改变尺寸的测量值。选中该单选按钮，可以在右侧的组合框中设置具体值。

(4)【优化】选项组

用于设置标注尺寸时是否进行附加调整。其中，【手动放置文字】复选框用于确定是否使 AutoCAD 忽略对尺寸文字的水平设置，以便将尺寸文字置于用户指定的位置；【在延伸线之间绘制尺寸线】复选框用于确定当尺寸箭头放置在尺寸线之外时，是否在延伸线之内绘出尺寸线。

5.【主单位】选项卡

【主单位】选项卡用于设置主单位的格式、精度以及尺寸文字的前缀和后缀，如图 8-20

所示。

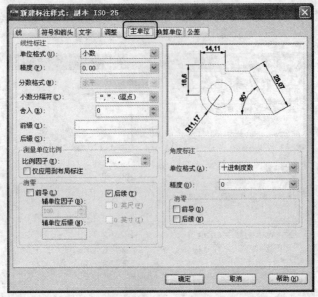

图 8-20 　【主单位】选项卡

该选项卡中各主要选项的功能如下。

(1)【线性标注】选项组

用于设置线性标注的格式与精度。其中，【单位格式】下拉列表框用于设置除角度标注外的其余各标注类型的尺寸单位，用户可以通过下拉列表在科学、小数、工程、建筑及分数之间进行选择；【精度】下拉列表框用于确定标注除角度尺寸之外的其他尺寸时的标注精度；【分数格式】下拉列表框用于确定当单位格式为分数形式时的标注格式；【小数分隔符】下拉列表框用于确定当单位格式为小数形式时的小数分隔符形式；【舍入】组合框用于确定尺寸测量值(角度标注除外)的测量精度；【前缀】和【后缀】文本框用于确定尺寸文字的前缀或后缀。

(2)【测量单位比例】选项组

用于确定测量单位的比例。其中，【比例因子】组合框用于确定测量尺寸的缩放比例。用户设置比例值后，AutoCAD 的实际标注值为测量值与该值之积；【仅应用到布局标注】复选框用于设置所确定的比例关系是否仅适用于布局。

【消零】子选项组用于确定是否显示尺寸标注中的前导或后续零等。

(3)【角度标注】选项组

用于确定标注角度尺寸时的单位、精度以及是否消零。其中，【单位格式】下拉列表框用于确定标注角度时的单位，用户可通过下拉列表在十进制度数、度/分/秒、百分度、弧度之间选择；【精度】下拉列表框用于确定标注角度时的尺寸精度；【消零】子选项组用于确定是否消除角度尺寸的前导或后续零。

6.【换算单位】选项卡

【换算单位】选项卡用于确定是否使用换算单位以及换算单位的格式，对应的选项卡如图 8-21 所示。

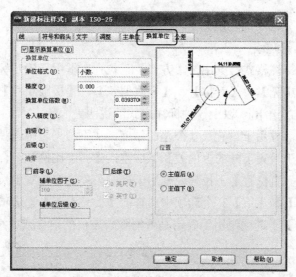

图 8-21 【换算单位】选项卡

该选项卡中各主要选项的功能如下。

(1)【显示换算单位】复选框

用于确定是否在标注尺寸中显示换算单位。选中该复选框显示，否则不显示。

(2)【换算单位】选项组

当显示换算单位时，用于确定换算单位的单位格式和精度等的设置。

(3)【消零】选项组

用于确定是否消除换算单位的前导或后续零。

(4)【位置】选项组

用于确定换算单位的位置。用户可在【主值后】与【主值下】两选项中进行选择。

7.【公差】选项卡

【公差】选项卡用于确定是否标注公差，以及标注公差的方式，如图 8-22 所示。

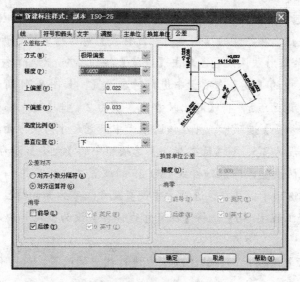

图 8-22 【公差】选项卡

新世纪高职高专规划教材

该选项卡中各主要选项的功能如下。

(1)【公差格式】选项组

用于确定公差的标注格式。其中，【方式】下拉列表框用于确定标注公差的方式，用户可以通过下拉列表在【无】、【对称】、【极限偏差】、【极限尺寸】和【基本尺寸】各选项中进行选择。图 8-23 给出了以上 5 种标注方式的说明。

【精度】下拉列表框用于设置尺寸公差的精度，从下拉列表中选择即可；【上偏差】和【下偏差】组合框用于设置尺寸的上偏差和下偏差；【高度比例】组合框用于确定公差文字的高度比例因子；【垂直位置】下拉列表框用于控制公差文字相对于尺寸文字的对齐位置，可以在【上】、【中】和【下】3 个选项中选择；【公差对齐】子选项组用于确定尺寸公差的对齐方式；【消零】子选项组用于确定是否消除公差值的前导或后续零。

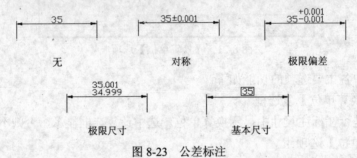

图 8-23　公差标注

(2)【换算单位公差】选项组

当标注换算单位时，用于确定换算单位公差的精度以及是否消零。

【例 8-1】定义标注样式，要求：标注样式名为"尺寸 35"，尺寸文字样式为在第 6 章 6.8 节中定义的"工程字 35"，尺寸箭头长度为 3.5。

(1) 定义文字样式

参照 6.8 节定义文字样式"工程字 35"(过程略)。

(2) 定义标注样式

执行 DIMSTYLE 命令，AutoCAD 打开【标注样式管理器】对话框(参见图 8-2)，单击对话框中的【新建】按钮，在打开的【创建新标注样式】对话框中的【新样式名】文本框中输入"尺寸 35"，其余采用默认设置，单击【继续】按钮，AutoCAD 打开【新建标注样式】对话框。在该对话框中的【线】选项卡中进行对应设置，如图 8-24 所示。

将【基线间距】设为 5.5，将【超出尺寸线】设为 2，将【起点偏移量】设为 0。

切换到【符号和箭头】选项卡，并在该选项卡中设置尺寸箭头方面的特性，如图 8-25 所示。将【箭头大小】设为 3.5；将【圆心标记】选项组中的【大小】设为 3.5，将【折断大小】设为 4，其余采用默认设置，即基础样式 ISO-25 的设置。

切换到【文字】选项卡，并在该选项卡中设置尺寸文字方面的特性，如图 8-26 所示。将【文字样式】设为【工程字 35】，将【从尺寸线偏移】设为 1，其余采用基础样式 ISO-25 的设置。

切换到【主单位】选项卡，在该选项卡中进行相应的设置，如图 8-27 所示。

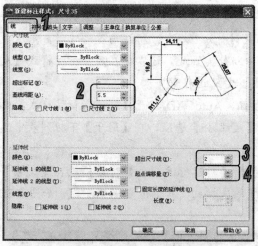

图 8-24 【线】选项卡设置

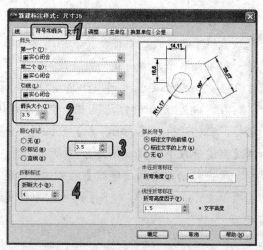

图 8-25 【符号和箭头】选项卡设置

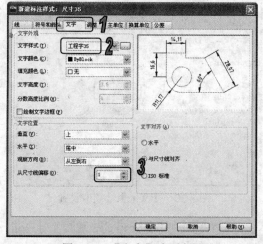

图 8-26 【文字】选项卡设置

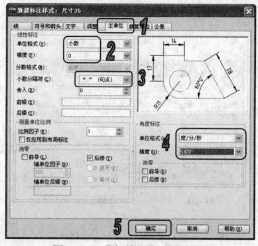

图 8-27 【主单位】选项卡设置

单击对话框中的【确定】按钮，AutoCAD 返回到【标注样式管理器】对话框，如图 8-28 所示。

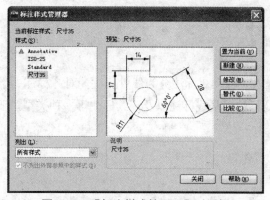

图 8-28 【标注样式管理器】对话框

从图 8-28 中可以看出，新创建的标注样式【尺寸 35】显示在【样式】列表框中。当用该标注样式标注尺寸时，虽然可以标注出符合国标要求的大多数尺寸，但标注的角度尺寸为在预览框中的形式，不符合要求。国家标准《机械制图》中规定：标注角度尺寸时，角度数字一律写成水平方向，且一般应注写在尺寸线的中断处。因此，还需要在尺寸标注样式【尺寸35】的基础上定义专门用于角度标注的子样式，定义过程如下：

在图 8-28 所示的对话框中，单击【新建】按钮，AutoCAD 打开【创建新标注样式】对话框，在对话框的【基础样式】下拉列表中选择【尺寸35】选项，在【用于】下拉列表中选择【角度标注】选项，如图 8-29 所示。

单击对话框中的【继续】按钮，AutoCAD 打开【新建标注样式】对话框，在【文字】选项卡中，选中【文字对齐】选项组中的【水平】单选按钮，其余设置保持不变，如图 8-30 所示。

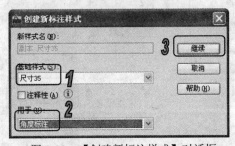

图 8-29 【创建新标注样式】对话框	图 8-30 【文字】选项卡设置

单击【确定】按钮，完成角度样式的设置，AutoCAD 返回到【标注样式管理器】对话框，单击【关闭】按钮，关闭对话框，完成尺寸标注样式【尺寸35】的设置。

建议用户将含有此标注样式的图形保存到磁盘(建议文件名：尺寸35.dwg)，9.4 节等还将用到此标注样式。

8.3 标注尺寸

前面介绍过，AutoCAD 将尺寸标注分为线性标注、对齐标注、半径标注、直径标注、角度标注、弧长标注、折弯标注、基线标注以及连续标注等多种类型，下面介绍主要尺寸类型的标注。

§ 8.3.1 线性标注

线性标注用于标注图形对象沿水平方向、垂直方向或指定方向的尺寸，如图 8-31 所示。

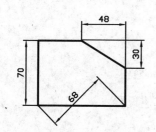

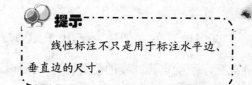

提示

　　线性标注不只是用于标注水平边、垂直边的尺寸。

图 8-31　线性标注示例

　　在 AutoCAD 2011 中，单击【标注】工具栏上的【线性】按钮，或选择【标注】|【线性】命令，或执行 DIMLINEAR 命令，均可以启用标注线性尺寸的操作。标注线性尺寸的操作如下。

　　执行 DIMLINEAR 命令，AutoCAD 提示：

指定第一条延伸线原点或 <选择对象>:

　　(1)【指定第一条延伸线原点】

　　指定第一条延伸线的起点，为默认选项。用户指定起点后，AutoCAD 提示：

指定第二条延伸线原点:(确定另一条延伸线的起始点位置)
指定尺寸线位置或
[多行文字(M)/文字(T)/角度(A)/水平(H)/垂直(V)/旋转(R)]:

　　其中各选项的含义及其操作如下：

　　①【指定尺寸线位置】

　　确定尺寸线的位置。此时通过拖动鼠标的方式确定尺寸线位置，然后单击，AutoCAD 根据自动测量得出两延伸线起始点间的对应距离标注出尺寸。

提示

　　当两条延伸线的起始点不位于同一水平线或同一垂直线上时，可通过拖动鼠标的方式确定沿水平还是垂直方向标注尺寸。具体方法：指定两延伸线的起点后，使光标位于两延伸线起点之间，上下拖动鼠标引出水平尺寸线，左右拖动鼠标则引出垂直尺寸线。

　　②【多行文字(M)】

　　利用文字编辑器输入尺寸文字。执行该选项，AutoCAD 打开【文字格式】工具栏，并将通过自动测量得到的尺寸值显示在方框中，同时使其处于编辑模式，如图 8-32 所示。

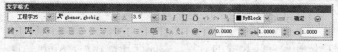

图 8-32　标注尺寸

此时，用户可以直接修改尺寸或输入新值，也可以采用自动测量值。单击【确定】按钮，

AutoCAD 提示：

> 指定尺寸线位置或
>
> [多行文字(M)/文字(T)/角度(A)/水平(H)/垂直(V)/旋转(R)]:

在此提示下确定尺寸线的位置即可(还可以进行其他设置)。

③【文字(T)】

输入尺寸文字。执行该选项，AutoCAD 提示：

> 输入标注文字:(输入尺寸文字)
>
> 指定尺寸线位置或
>
> [多行文字(M)/文字(T)/角度(A)/水平(H)/垂直(V)/旋转(R)]:(确定尺寸线的位置。也可以进行其他设置)

④【角度(A)】

确定尺寸文字的旋转角度。执行该选项，AutoCAD 提示：

> 指定标注文字的角度:(输入文字的旋转角度)
>
> 指定尺寸线位置或
>
> [多行文字(M)/文字(T)/角度(A)/水平(H)/垂直(V)/旋转(R)]:(确定尺寸线的位置。也可以进行其他设置)

⑤【水平(H)】

标注对象沿水平方向的尺寸。执行该选项，AutoCAD 提示：

> 指定尺寸线位置或 [多行文字(M)/文字(T)/角度(A)]:

用户可以在此提示下直接确定尺寸线的位置，也可以利用【多行文字(M)】、【文字(T)】或【角度(A)】选项先确定尺寸值或尺寸文字的旋转角度。

⑥【垂直(V)】

标注对象沿垂直方向的尺寸。执行该选项，AutoCAD 提示：

> 指定尺寸线位置或 [多行文字(M)/文字(T)/角度(A)]:

用户可以在此提示下直接确定尺寸线的位置或进行其他设置。

⑦【旋转(R)】

旋转标注，即标注对象沿指定方向的尺寸。执行该选项，AutoCAD 提示：

> 指定尺寸线的角度:(确定尺寸线的旋转角度)
>
> 指定尺寸线位置或
>
> [多行文字(M)/文字(T)/角度(A)/水平(H)/垂直(V)/旋转(R)]:(确定尺寸线的位置或进行其他设置)

(2)【选择对象】

选择需要标记的对象。执行该选项，即直接按 Enter 键，AutoCAD 提示：

> 选择标注对象:

该提示要求用户选择要标注尺寸的对象。完成选择操作后，AutoCAD 将该对象的两端点作为两条延伸线的起始点，并提示：

> 指定尺寸线位置或
>
> [多行文字(M)/文字(T)/角度(A)/水平(H)/垂直(V)/旋转(R)]:(确定尺寸线的位置或进行其他设置)

§ 8.3.2　对齐标注

对齐标注指所标注尺寸的尺寸线与两条延伸线起始点间的连线平行。利用该标注可以标注出斜边的长度尺寸。

在 AutoCAD 2011 中，单击【标注】工具栏上的【对齐】按钮 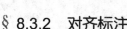，或选择【标注】|【对齐】命令，或执行 DIMALIGNED 命令，均可启动标注对齐尺寸的操作。标注对齐尺寸的操作如下。

执行 DIMALIGNED 命令，AutoCAD 提示：

指定第一条延伸线原点或 <选择对象>:

与线性标注类似，用户可以通过【指定第一条延伸线原点】选项确定延伸线的起点，或通过【<选择对象>】选项选择要标注尺寸的对象，即以所指定对象的两端点作为两条延伸线的起始点，而后 AutoCAD 会提示：

指定尺寸线位置或
[多行文字(M)/文字(T)/角度(A)]:

此时，用户可以直接确定尺寸线的位置(执行【指定尺寸线位置】选项)；也可以通过【多行文字(M)】或【文字(T)】选项确定尺寸文字；通过【角度(A)】选项确定尺寸文字的旋转角度。

§ 8.3.3　角度标注

在 AutoCAD 2011 中，单击【标注】工具栏上的【角度】按钮△，或选择【标注】|【角度】命令，或直接执行 DIMANGULAR 命令，均可启动标注角度尺寸的操作。标注角度尺寸的操作如下。

执行 DIMANGULAR 命令，AutoCAD 提示：

选择圆弧、圆、直线或 <指定顶点>:

此时，可以标注圆弧的包含角、圆上某一段圆弧的包含角、两条不平行直线之间的夹角，或根据给定的三点标注角度。下面分别对各项操作进行具体介绍。

(1) 标注圆弧的包含角

如果在【选择圆弧、圆、直线或 <指定顶点>:】提示下选择圆弧，AutoCAD 提示：

指定标注弧线位置或 [多行文字(M)/文字(T)/角度(A)/象限点(Q)]:

在该提示下直接确定标注弧线的位置，AutoCAD 会按实际测量值标注出角度。另外，可通过【多行文字(M)】、【文字(T)】以及【角度(A)】选项确定尺寸文字及其旋转角度。【象限点(Q)】选项用于指定标注应锁定到的象限位置。打开象限行为后，当将标注文字放在角度标注的延伸线之外时，尺寸线会延伸，超过延伸线。

 提示

当通过【多行文字(M)】或【文字(T)】选项重新指定尺寸文字时，只有为新输入的尺寸文字添加后缀%%D后，才会使标注出的角度值有度(°)符号。

新世纪高职高专规划教材

(2) 标注圆上某段圆弧的包含角

如果在【选择圆弧、圆、直线或 <指定顶点>:】提示下选择圆，AutoCAD 提示：

指定角的第二个端点:(在圆上指定另一点作为角的第二个端点)
指定标注弧线位置或 [多行文字(M)/文字(T)/角度(A)/象限点(Q)]:

在该提示下直接确定标注弧线的位置，AutoCAD 标注出角度值，该角度的顶点为圆心，延伸线通过选择圆时的拾取点和指定的第二个端点。另外，还可以用【多行文字(M)】、【文字(T)】、【角度(A)】以及【象限点(Q)】进行对应的设置。

(3) 标注两条不平行直线之间的夹角

如果在【选择圆弧、圆、直线或 <指定顶点>:】提示下选择直线，AutoCAD 提示：

选择第二条直线:(选择第二条直线)
指定标注弧线位置或 [多行文字(M)/文字(T)/角度(A)/象限点(Q)]:

在该提示下直接确定标注弧线的位置，AutoCAD 将标注出这两条直线的夹角。另外，还可以用【多行文字(M)】、【文字(T)】、【角度(A)】以及【象限点(Q)】进行对应的设置。

(4) 根据 3 个点标注角度

如果在【选择圆弧、圆、直线或 <指定顶点>:】提示下直接按 Enter 键，AutoCAD 提示：

指定角的顶点:(确定角的顶点)
指定角的第一个端点:(确定角的第一个端点)
指定角的第二个端点:(确定角的第二个端点)
指定标注弧线位置或 [多行文字(M)/文字(T)/角度(A)/象限点(Q)]:(确定标注弧线的位置或进行其他设置)

【例 8-2】绘制如图 8-33 所示的三角形，并标注出对应的尺寸。

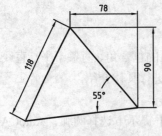

提示

本例需要标注线性尺寸、对齐尺寸和角度尺寸。

图 8-33 三角形及尺寸

(1) 绘制三角形(过程略)。

提示

绘制此三角形的方法之一：先绘制出位于右侧的斜边和表示底边的直线，然后绘制半径为 118 的辅助圆，确定左边与底边的交点，再绘制左边，最后修剪底边并删除辅助圆。

(2) 参照【例 8-1】，定义标注样式"尺寸 35"(过程略)。

(3) 标注三角形右斜边的水平尺寸和垂直尺寸(属于线性尺寸)。

单击【标注】工具栏上的【线性】按钮，或选择【标注】|【线性】命令，即执行 DIMLINEAR

命令，AutoCAD 提示：

指定第一条延伸线原点或 <选择对象>:(捕捉右斜边的左端点)

指定第二条延伸线原点:(捕捉右斜边的右端点)

指定尺寸线位置或

[多行文字(M)/文字(T)/角度(A)/水平(H)/垂直(V)/旋转(R)]:H↙

指定尺寸线位置或 [多行文字(M)/文字(T)/角度(A)]:(指定尺寸线的位置)

再次执行 DIMLINEAR 命令，AutoCAD 提示：

指定第一条延伸线原点或 <选择对象>:(捕捉右斜边的左端点)

指定第二条延伸线原点:(捕捉右斜边的右端点)

指定尺寸线位置或

[多行文字(M)/文字(T)/角度(A)/水平(H)/垂直(V)/旋转(R)]:V↙

指定尺寸线位置或 [多行文字(M)/文字(T)/角度(A)]:(指定尺寸线的位置)

结果如图 8-34 所示。

(4) 标注三角形左斜边的长度尺寸(对齐尺寸)

单击【标注】工具栏上的【对齐】按钮，或选择【标注】|【对齐】命令，即执行 DIMALIGNED 命令，AutoCAD 提示：

指定第一条延伸线原点或 <选择对象>:↙

选择标注对象:(选择左斜边)

指定尺寸线位置或

[多行文字(M)/文字(T)/角度(A)]:(指定尺寸线的位置)

结果如图 8-35 所示。

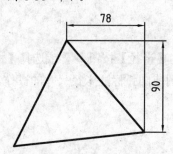

图 8-34　标注右斜边的尺寸

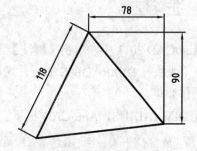

图 8-35　标注左斜边的尺寸

(5) 标注角度尺寸

单击【标注】工具栏上的【角度】按钮，或选择【标注】|【角度】命令，即执行 DIMANGULAR 命令，AutoCAD 提示：

选择圆弧、圆、直线或 <指定顶点>:(选择三角形的左斜边)

选择第二条直线:(选择三角形底边)

指定标注弧线位置或 [多行文字(M)/文字(T)/角度(A)/象限点(Q)]:T↙

输入标注文字: 55%%d

指定标注弧线位置或 [多行文字(M)/文字(T)/角度(A)/象限点(Q)]:(指定尺寸线的位置)

提示

如果用户绘制的图形正确，在上面的第一个提示【指定标注弧线位置或 [多行文字(M)/文字(T)/角度(A)/象限点(Q)]：】下可直接确定尺寸线的位置。本例用 T 响应，是为了说明当单独输入角度值时，如何使输入的角度值有度符号。

§ 8.3.4　直径标注

在 AutoCAD 2011 中，单击【标注】工具栏上的【直径】按钮，或选择【标注】|【直径】命令，或执行 DIMDIAMETER 命令，均可启动为圆或圆弧标注直径尺寸的操作。标注直径尺寸的操作如下。

执行 DIMDIAMETER，AutoCAD 提示：

选择圆弧或圆:(选择要标注直径的圆或圆弧)
指定尺寸线位置或 [多行文字(M)/文字(T)/角度(A)]:

如果在该提示下直接确定尺寸线的位置，AutoCAD 将按实际测量值标注圆或圆弧的直径。也可以通过【多行文字(M)】、【文字(T)】以及【角度(A)】选项进行其他设置。

 提示

当通过【多行文字(M)】或【文字(T)】选项指定新直径尺寸时，应在输入的尺寸文字加前缀%%C，以便使直径尺寸有直径符号。

§ 8.3.5　半径标注

在 AutoCAD 2011 中，单击【标注】工具栏上的【半径】按钮，或选择【标注】|【半径】命令，或执行 DIMRADIUS 命令，均可启动为圆或圆弧标注半径尺寸的操作。标注半径尺寸的操作如下。

执行 DIMRADIUS，AutoCAD 提示：

选择圆弧或圆:(选择要标注半径的圆弧或圆)
指定尺寸线位置或 [多行文字(M)/文字(T)/角度(A)]:(指定尺寸线的位置或进行其他操作)

提示

当通过【多行文字(M)】或【文字(T)】选项指定新半径尺寸时，应在输入的尺寸文字加前缀 R，以便使半径尺寸有此符号。

§ 8.3.6　弧长标注

在 AutoCAD 2011 中，单击【标注】工具栏上的【弧长】按钮，或选择【标注】|【弧长】

新世纪高职高专规划教材

命令，或执行 DIMARC 命令，均可启动为圆弧标注弧长尺寸操作。标注弧长尺寸的操作如下。

执行 DIMARC 命令，AutoCAD 提示：

选择弧线段或多段线弧线段:(选择圆弧段)

指定弧长标注位置或 [多行文字(M)/文字(T)/角度(A)/部分(P)/引线(L)]:

其中，【多行文字(M)】和【文字(T)】选项用于确定尺寸文字，【角度(A)】选项用于确定尺寸文字的旋转角度，【部分(P)】选项用于为部分圆弧标注长度，【引线(L)】选项用于为弧长尺寸添加引线对象。

提示

用户可以设置圆弧标注时的标注样式。参见图 8-9 以及对其【弧长符号】选项组的说明。

§ 8.3.7　折弯标注

在 AutoCAD 2011 中，单击【标注】工具栏上的【折弯】按钮，或选择【标注】|【折弯】命令，或执行 DIMJOGGED 命令，均可启动折弯标注的操作。折弯标注的操作如下。

执行 DIMJOGGED 命令，AutoCAD 提示：

选择圆弧或圆:(选择要标注尺寸的圆弧或圆)

指定图示中心位置:(指定折弯半径标注的新中心点，以替代圆弧或圆的实际中心点)

指定尺寸线位置或 [多行文字(M)/文字(T)/角度(A)]:(确定尺寸线的位置或进行其他设置)

指定折弯位置:(指定折弯位置)

§ 8.3.8　基线标注

基线标注指各尺寸线从同一条延伸线处引出，如图 8-36 所示。

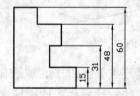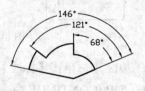

图 8-36　基线标注示例

在 AutoCAD 2011 中，单击【标注】工具栏上的【基线】按钮，或选择【标注】|【基线】命令，或执行 DIMBASELINE 命令，均可启动基线标注的操作。基线标注的操作如下。

执行 DIMBASELINE 命令，AutoCAD 提示：

指定第二条延伸线原点或 [放弃(U)/选择(S)]<选择>:

下面介绍各选项的含义及其操作。

(1)【指定第二条延伸线原点】

用于确定下一个尺寸的第二条延伸线的起点。确定后 AutoCAD 按基线标注方式标注出对应的尺寸，而后继续提示：

指定第二条延伸线原点或 [放弃(U)/选择(S)]<选择>:

此时，可以再确定下一个尺寸的第二条延伸线起点位置。标注出全部尺寸后，在同样的提示下按 Enter 键或 Space 键，结束命令的执行，完成操作。

(2)【放弃(U)】

放弃前一次操作。

(3)【选择(S)】

用于指定基线标注时作为基线的延伸线。执行该选项，AutoCAD 提示：

选择基准标注:

在该提示下选择作为基线的尺寸延伸线后，AutoCAD 继续提示：

指定第二条延伸线原点或 [放弃(U)/选择(S)]<选择>:

在该提示下标注出的各尺寸均由指定的基线引出。

 提示

执行基线标注前，必须先标注出用作基线的尺寸。当标注基线尺寸时，有时需要先执行【选择(S)】选项来选择作为基线的延伸线。

§ 8.3.9　连续标注

连续标注指所标注的尺寸中，相邻尺寸线共用一条延伸线，如图 8-37 所示。

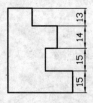
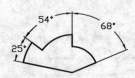

图 8-37　连续标注示例

在 AutoCAD 2011 中，单击【标注】工具栏上的【连续】按钮，或选择【标注】|【连续】命令，或执行 DIMCONTINUE 命令，均可启动连续标注操作。连续标注的操作如下。

执行 DIMCONTINUE 命令，AutoCAD 提示：

指定第二条延伸线原点或 [放弃(U)/选择(S)] <选择>:

下面介绍各选项的含义及其操作。

(1)【指定第二条延伸线原点】

用于确定下一个尺寸的第二条延伸线的起始点。用户响应后，AutoCAD 按连续标注方式标注出尺寸，即将上一个尺寸的第二条延伸线作为新尺寸标注的第一条延伸线标注出尺寸，而后 AutoCAD 继续提示：

指定第二条延伸线原点或 [放弃(U)/选择(S)]<选择>:

此时，可以再确定下一个尺寸的第二条延伸线的起点位置。标注出全部尺寸后，在上述同样的提示下按 Enter 键或 Space 键，结束命令的执行。

(2)【放弃(U)】

放弃前一次操作。

(3)【选择(S)】

用于指定连续标注将从哪一个尺寸的延伸线引出。执行该选项，AutoCAD 提示：

选择连续标注：

在该提示下选择延伸线后，AutoCAD 将继续提示：

指定第二条延伸线原点或 [放弃(U)/选择(S)]<选择>：

在该提示下标注出的下一个尺寸将以指定的延伸线作为其第一条延伸线。

 提示

在执行连续标注前，必须先标注出一个尺寸，以确定连续标注所需要的延伸线。连续标注时，有时需要首先执行【选择(S)】选项来指定引出连续尺寸的延伸线。

【例 8-3】绘制如图 8-38 所示的图形，并标注对应尺寸。

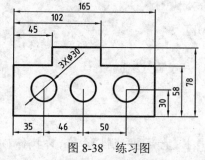

图 8-38 练习图

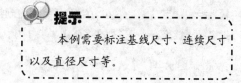

提示

本例需要标注基线尺寸、连续尺寸以及直径尺寸等。

(1) 绘制图形(过程略)。

(2) 参照【例 8-1】，定义标注样式"尺寸 35"(过程略)。

(3) 标注尺寸 35

单击【标注】工具栏上的【线性】按钮⊟，或选择【标注】|【线性】命令，即执行 DIMLINEAR 命令，AutoCAD 提示：

指定第一条延伸线原点或 <选择对象>:(捕捉外轮廓的左下角点)
指定第二条延伸线原点:(捕捉位于最左侧圆的圆心)
指定尺寸线位置或
[多行文字(M)/文字(T)/角度(A)/水平(H)/垂直(V)/旋转(R)]:(指定尺寸线的位置)

结果如图 8-39 所示。

(4) 连续标注

单击【标注】工具栏上的【连续】按钮⼗⼗，或选择【标注】|【连续】命令，即执行 DIMCONTINUE 命令，AutoCAD 提示：

指定第二条延伸线原点或 [放弃(U)/选择(S)] <选择>:(捕捉位于中间位置的圆的圆心)

标注文字 = 46

指定第二条延伸线原点或 [放弃(U)/选择(S)] <选择>:(捕捉位于右侧位置的圆的圆心)

标注文字 = 50

指定第二条延伸线原点或 [放弃(U)/选择(S)] <选择>:✓

选择连续标注:✓

结果如图 8-40 所示。

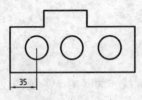
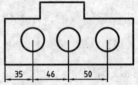

图 8-39　标注尺寸 35　　　　　图 8-40　标注连续尺寸

(5) 标注直径尺寸

单击【标注】工具栏上的【直径】按钮◎，或选择【标注】|【直径】命令，即执行 DIMDIAMETER 命令，AutoCAD 提示:

选择圆弧或圆:(选择位于左侧的圆)

指定尺寸线位置或 [多行文字(M)/文字(T)/角度(A)]:T✓

输入标注文字:3X%%c30✓(用大写 X 可得到乘号╳)

指定尺寸线位置或 [多行文字(M)/文字(T)/角度(A)]:(指定尺寸线的位置)

结果如图 8-41 所示。

(6) 标注尺寸 30

单击【标注】工具栏上的【线性】按钮⊢，或选择【标注】|【线性】命令，即执行 DIMLINEAR 命令，AutoCAD 提示:

指定第一条延伸线原点或 <选择对象>:(捕捉外轮廓的右下角点)

指定第二条延伸线原点:(捕捉位于最右侧的圆的圆心)

指定尺寸线位置或

[多行文字(M)/文字(T)/角度(A)/水平(H)/垂直(V)/旋转(R)]:(指定尺寸线的位置)

结果如图 8-42 所示。

(7) 基线标注

单击【标注】工具栏上的【基线】按钮⊢，或选择【标注】|【基线】命令，即执行 DIMBASELINE 命令，AutoCAD 提示:

指定第二条延伸线原点或 [放弃(U)/选择(S)] <选择>:(捕捉对应点)

标注文字 =58

指定第二条延伸线原点或 [放弃(U)/选择(S)] <选择>:(捕捉对应点)

标注文字 =78

指定第二条延伸线原点或 [放弃(U)/选择(S)] <选择>:✓

选择基准标注:✓

结果如图 8-43 所示。

(8) 标注图形的其余尺寸(过程略)

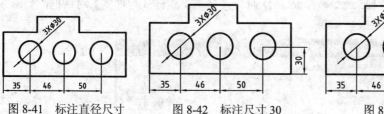

图 8-41 标注直径尺寸   图 8-42 标注尺寸 30   图 8-43 标注基线尺寸

§ 8.3.10 绘制圆心标记

在 AutoCAD 2011 中，单击【标注】工具栏上的【圆心标记】按钮⊕，或选择【标注】|【圆心标记】命令，或执行 DIMCENTER 命令，均可启动绘制圆心标记的操作。绘制圆心标记的操作如下。

执行 DIMCENTER 命令，AutoCAD 提示：

选择圆弧或圆：

在该提示下选择圆弧或圆即可。

提示

用户可以设置为圆和圆弧绘制圆心标记或中心线。设置方法参见本章 8.2 节中对【符号和箭头】选项卡中的【圆心标记】选项组(参见图 8-9)。

8.4 多重引线标注

利用 AutoCAD 的多重引线标注，可以为图形或模型标注出注释和说明等。图 8-44 中的文字以及引线就是由多重引线标注实现的。

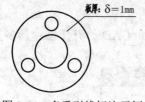

图 8-44 多重引线标注示例

提示

多重引线标注中，用户可以设置引线的样式。

§ 8.4.1 创建多重引线样式

在 AutoCAD 2011 中，单击【样式】工具栏上的【多重引线样式】按钮，或单击【多重引线】工具栏上的【多重引线样式】按钮，或选择【格式】|【多重引线样式】命令，

或执行 MLEADERSTYLE 命令，均可启动创建多重引线样式的操作。创建多重引线样式的操作如下。

执行 MLEADERSTYLE 命令，AutoCAD 打开【多重引线样式管理器】对话框，如图 8-45 所示。

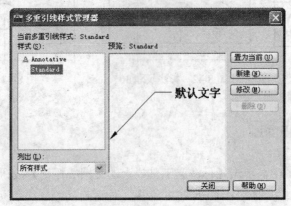

图 8-45　【多重引线样式管理器】对话框

下面介绍该对话框中主要选项的功能。

(1)【当前多重引线样式】标签

用于显示当前多重引线样式的名称。

(2)【样式】列表框

用于列出已有的多重引线样式的名称。

(3)【列出】下拉列表框

用于确定要在【样式】列表框中列出哪些多重引线样式，有【所有样式】和【正在使用的样式】两个选项供用户选择。

(4)【预览】图像框

用于预览在【样式】列表框中所选中的多重引线样式的标注效果。

(5)【置为当前】按钮

用于将指定的多重引线样式设为当前样式。设置方法：在【样式】列表框中选择对应的多重引线样式，单击【置为当前】按钮。

(6)【新建】按钮

用于创建新多重引线样式。单击【新建】按钮，AutoCAD 打开【创建新多重引线样式】对话框，如图 8-46 所示。

图 8-46　【创建新多重引线样式】对话框

用户可以通过该对话框中的【新样式名】文本框指定新样式的名称；通过【基础样式】

下拉列表框确定用于创建新样式的基础样式。如果新定义的样式为注释性样式，应选中【注释性】复选框。确定新样式的名称和相关设置后，单击【继续】按钮，AutoCAD 将打开对应的对话框，如图 8-47 所示。

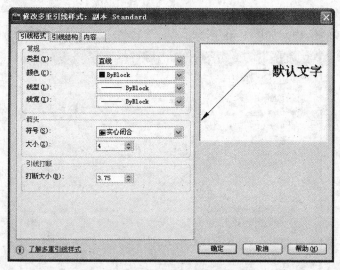

图 8-47　多重引线样式设置对话框

该对话框中有【引线格式】、【引线结构】和【内容】3 个选项卡，后面将详细介绍各选项卡的功能。

(7)【修改】按钮

修改已有的多重引线样式。从【样式】列表框中选择要修改的多重引线样式，单击【修改】按钮，AutoCAD 打开与图 8-47 类似的对话框，用于样式的修改。

(8)【删除】按钮

删除已有的多重引线样式。从【样式】列表框中选择要删除的多重引线样式，单击【删除】按钮，即可将其删除。

下面分别介绍如图 8-47 所示对话框中的【引线格式】、【引线结构】和【内容】选项卡。

(1)【引线格式】选项卡

用于设置引线的格式，如图 8-47 所示。

下面介绍该选项卡中主要选项的功能。

①【常规】选项组

用于设置引线的外观。其中，【类型】下拉列表框用于设置引线的类型，列表中有【直线】、【样条曲线】和【无】3 个选项，分别表示引线为直线、样条曲线或无引线；【颜色】、【线型】和【线宽】下拉列表框分别用于设置引线的颜色、线型以及线宽。

②【箭头】选项组

用于设置箭头的样式与大小。可通过【符号】下拉列表框选择箭头样式；通过【大小】组合框指定箭头大小。

③【引线打断】选项

用于设置引线打断时的距离值，通过【打断大小】组合框设置即可，其含义与如图 8-9

所示的【符号和箭头】选项卡中的【折断大小】项的含义相似。

④ 预览框

用于预览对应的引线样式。

(2)【引线结构】选项卡

用于设置引线的结构，如图 8-48 所示。

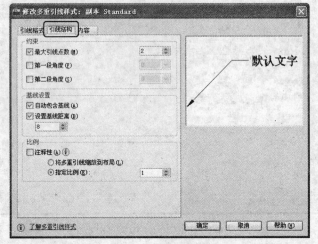

图 8-48　【引线结构】选项卡

下面介绍该选项卡中主要选项的功能。

①【约束】选项组

用于控制多重引线的结构。其中，【最大引线点数】复选框用于确定是否要指定引线端点的最大数量。选中该复选框表示需要指定，此时可通过其右侧的组合框指定具体的数值；【第一段角度】和【第二段角度】复选框分别用于确定是否设置反映引线中第一段直线和第二段直线方向的角度(如果引线是样条曲线，则分别设置第一段样条曲线和第二段样条曲线起点切线的角度)。选中复选框后，用户可以在对应的组合框中指定角度。需说明的是，当指定了角度后，对应线段(或曲线)的角度方向会按设置值的整数倍数变化。

②【基线设置】选项组

用于设置多重引线中的基线(即在如图 8-48 所示对话框中的预览框中，所标注引线上的水平直线部分)。其中，【自动包含基线】复选框用于设置在引线中是否含基线。选中该复选框表示含有基线，此时，可以通过【设置基线距离】组合框指定基线的长度。

③【比例】选项组

用于设置多重引线标注的缩放关系。【注释性】复选框用于确定多重引线样式是否为注释性样式；选中【将多重引线缩放到布局】单选按钮表示将根据当前模型空间视口和图纸空间之间的比例确定比例因子；选中【指定比例】单选按钮用于为所有多重引线标注设置一个缩放比例。

(3)【内容】选项卡

用于设置多重引线标注的内容。如图 8-49 所示为对应的对话框。

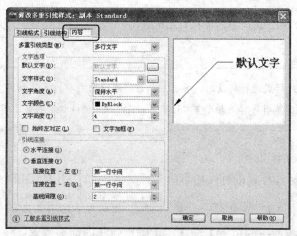

图 8-49 【内容】选项卡

下面介绍该选项卡中主要选项的功能。

①【多重引线类型】下拉列表框

用于设置多重引线标注的类型。列表中有【多行文字】、【块】和【无】3 个选项，分别表示由多重引线标注出的对象为多行文字、块或无内容。

②【文字选项】选项组

如果在【多重引线类型】下拉列表中选择【多行文字】选项，会显示该选项组，用于设置多重引线标注的文字内容。其中，【默认文字】框用于确定多重引线标注中使用的默认文字，可单击右侧的按钮，从弹出的文字编辑器中输入。【文字样式】下拉列表框用于确定采用的文字样式；【文字角度】下拉列表框用于确定文字的倾斜角度；【文字颜色】下拉列表框和【文字高度】微调框分别用于确定文字的颜色与高度；【始终左对正】复选框用于确定是否使文字左对齐；【文字加框】复选框用于确定是否为文字添加边框。

③【引线连接】选项组

如果在【多重引线类型】下拉列表中选择了【多行文字】选项，也会显示该选项组，一般用于设置所标注对象沿垂直方向相对于引线基线的位置。其中，【连接位置-左】表示引线位于多行文字的左侧，【连接位置-右】表示引线位于多行文字的右侧。在对应的列表中，【第一行顶部】表示使多行文字第一行的顶部与基线对齐；【第一行中间】表示使多行文字第一行的中间部位与基线对齐；【第一行底部】表示使多行文字第一行的底部与基线对齐；【第一行加下划线】表示使多行文字的第一行加下划线；【文字中间】表示使整个多行文字的中间部位与基线对齐；【最后一行中间】表示使多行文字最后一行的中间部位与基线对齐；【最后一行底部】表示使多行文字最后一行的底部与基线对齐；【最后一行加下划线】表示为多行文字的最后一行添加下划线；【所有文字加下划线】表示为多行文字的所有行添加下划线。

此外，【基线间距】组合框用于确定多行文字的相应位置与基线之间的距离。

§ 8.4.2 多重引线标注操作

在 AutoCAD 2011 中，单击【多重引线】工具栏上的【多重引线】按钮，或选择【标

注】|【多重引线】命令，或执行 MLEADER 命令，均可启动多重引线标注操作。

提示

　　当以某一多重引线样式进行标注时，首先应将该样式设为当前样式。利用【样式】工具栏或【多重引线】工具栏中的【多重引线样式控制】下拉列表框，可以方便地将某一多重引线样式设为当前样式。

　　多重引线标注的操作如下。

　　设当前多重引线标注样式的标注内容为多行文字。执行 MLEADER 命令，AutoCAD 提示：

指定引线箭头的位置或 [引线基线优先(L)/内容优先(C)/选项(O)] <选项>:

　　其中，【指定引线箭头的位置】选项用于确定引线的箭头位置；【引线基线优先(L)】和【内容优先(C)】选项分别用于确定引线基线的位置和标注内容的先后顺序，用户根据需要选择即可；【选项(O)】选项用于多重引线标注的设置。

　　用户在上面的提示下指定一点，即指定引线的箭头位置后，AutoCAD 提示：

指定下一点或 [端点(E)] <端点>:(指定点)
指定下一点或 [端点(E)] <端点>:

　　在该提示下依次指定各点，然后按 Enter 键，AutoCAD 打开文字编辑器，如图 8-50 所示(如果设置了最大点数，达到该点数后 AutoCAD 将自动显示文字编辑器)。

图 8-50　输入文字界面

　　通过文字编辑器输入对应的多行文字后，单击【文字格式】工具栏上的【确定】按钮，即可完成引线标注。

8.5　标注尺寸公差与形位公差

　　AutoCAD 2011 提供了标注尺寸公差和形位公差的功能。

§ 8.5.1　标注尺寸公差

　　与如图 8-22 所示的【公差】选项卡相比，当标注尺寸时，利用文字编辑器堆叠功能标注尺寸公差更为方便。本章 8.7 节的上机实战将给予详细说明。

§ 8.5.2　标注形位公差

在 AutoCAD 2011 中，单击【标注】工具栏上的【公差】按钮，或选择【标注】|【公差】命令，或执行 TOLERANCE 命令，均可启动标注形位公差的操作。标注形位公差的操作如下。

执行 TOLERANCE 命令，AutoCAD 打开【形位公差】对话框，如图 8-51 所示。

下面介绍该对话框中各主要选项的功能。

(1)【符号】选项组

用于确定形位公差的符号。单击其中的小黑方框，AutoCAD 打开【特征符号】对话框，如图 8-52 所示。用户可以从该对话框中确定所需要的符号。单击某一符号，AutoCAD 返回到【形位公差】对话框，并在对应位置显示该符号。

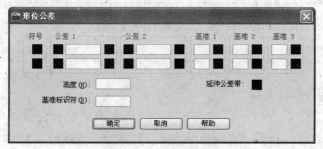

图 8-51　【形位公差】对话框

图 8-52　【特征符号】对话框

(2)【公差 1】、【公差 2】选项组

用于确定公差。用户应在对应的文本框中输入公差值。此外，可通过单击位于文本框前面的小方框确定是否在该公差值前添加直径符号；单击位于文本框后面的小方框，可以从打开的【包容条件】对话框中确定包容条件。

(3)【基准 1】、【基准 2】、【基准 3】选项组

用于确定基准和对应的包容条件。

通过【形位公差】对话框确定要标注的内容后，单击【确定】按钮，AutoCAD 切换到绘图屏幕，并提示：

输入公差位置：

在该提示下确定标注公差的位置即可。

　提示

用 TOLERANCE 命令标注形位公差时，AutoCAD 不能自动生成指引线，需要通过用创建多重引线的方式来绘制。

8.6　编辑尺寸

本节将介绍 AutoCAD 2011 提供的主要的尺寸编辑功能。

新世纪高职高专规划教材

§ 8.6.1　修改尺寸值

在 AutoCAD 2011 中，单击【文字】工具栏上的【编辑】按钮，或选择【修改】|【对象】|【文字】|【编辑】命令，或执行 DDEDIT 命令，均可启动修改尺寸文字的操作。修改尺寸文字的操作如下。

执行 DDEDIT 命令，AutoCAD 提示：

> 选择注释对象或 [放弃(U)]:

选择尺寸后，AutoCAD 打开【文字格式】工具栏，并将所选择尺寸的尺寸文字设置为编辑状态。用户可以直接对其进行修改尺寸值、修改或添加公差等操作。

> **提示**
> 修改某尺寸文字后，AutoCAD 会继续提示【选择注释对象或 [放弃(U)]:】，此时可以继续选择文字进行修改，如果按 Enter 键，则结束命令。

§ 8.6.2　修改尺寸文字的位置

在 AutoCAD 2011 中，单击【标注】工具栏上的【编辑标注文字】按钮，或执行 DIMTEDIT 命令，均可启动修改尺寸文字位置的操作。修改尺寸文字位置的操作如下。

执行 DIMTEDIT 命令，AutoCAD 提示：

> 选择标注:(选择尺寸)
> 为标注文字指定新位置或 [左对齐(L)/右对齐(R)/居中(C)/默认(H)/角度(A)]:

在以上提示中，【为标注文字指定新位置】默认选项用于确定尺寸文字的新位置，通过鼠标将尺寸文字拖动到新位置后单击即可；【左对齐(L)】和【右对齐(R)】选项仅对非角度标注起作用，它们分别用于决定尺寸文字沿尺寸线左对齐还是右对齐；选择【居中(C)】选项可将尺寸文字放在尺寸线的中间；选择【默认(H)】选项将按默认位置和方向放置尺寸文字；选择【角度(A)】选项可以使尺寸文字旋转指定的角度。

> **提示**
> 利用与【标注】|【对齐文字】命令对应的子菜单，也可以实现上述操作。此外，利用夹点功能可调整尺寸文字的位置。

§ 8.6.3　用 DIMEDIT 命令修改尺寸

在 AutoCAD 2011 中，单击【标注】工具栏上的【编辑标注】按钮，或执行 DIMEDIT 命令，均可启动修改尺寸的操作。修改尺寸的操作如下。

执行 DIMEDIT 命令，AutoCAD 提示：

输入标注编辑类型 [默认(H)/新建(N)/旋转(R)/倾斜(O)]<默认>:

下面介绍各选项的含义及其操作。

(1)【默认(H)】

按默认位置和方向放置尺寸文字。执行该选项，AutoCAD 提示：

选择对象:

在该提示下选择各尺寸对象后，按 Enter 键结束选择。

(2)【新建(N)】

修改尺寸文字。执行该选项，AutoCAD 打开【文字格式】工具栏，通过其修改或输入尺寸文字后，单击对话框中的【确定】按钮，AutoCAD 提示：

选择对象:

在该提示下设置对应的尺寸即可。

(3)【旋转(R)】

将尺寸文字旋转指定的角度，执行该选项，AutoCAD 提示：

指定标注文字的角度:(输入角度值)

选择对象:(选择尺寸)

(4)【倾斜(O)】

使非角度标注的延伸线旋转一定的角度。执行该选项，AutoCAD 提示：

选择对象:(选择尺寸)

选择对象:✓

输入倾斜角度(按 Enter 键表示无):(输入角度值，或按 Enter 键取消操作)

【例8-4】已有如图 8-53 所示的图形，修改尺寸延伸线，结果如图 8-54 所示。

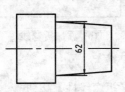
图 8-53　已有图形

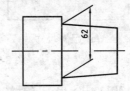
图 8-54　尺寸修改结果

单击【标注】工具栏上的【编辑标注】按钮，即执行 DIMEDIT 命令，AutoCAD 提示：

输入标注编辑类型 [默认(H)/新建(N)/旋转(R)/倾斜(O)] <默认>: O✓

选择对象:(选择尺寸 62)

选择对象:✓

输入倾斜角度 (按 ENTER 表示无): 30✓

提示

　　选择【标注】|【倾斜】命令，可直接执行使尺寸延伸线倾斜的操作。

新世纪高职高专规划教材

§ 8.6.4 翻转尺寸箭头

翻转尺寸箭头指更改尺寸标注上尺寸箭头的方向。具体操作：选择要改变方向的箭头，右击，从弹出的快捷菜单中选择【翻转箭头】命令即可。

§ 8.6.5 调整尺寸线间距

在 AutoCAD 2011 中，单击【标注】工具栏上的【等距标注】按钮 ，或选择【标注】|【标注间距】命令，或执行 DIMSPACE 命令，均可启动调整已标注尺寸的尺寸线间距离的操作。调整尺寸线间距离的操作如下。

执行 DIMSPACE 命令，AutoCAD 提示：

> 选择基准标注:(选择作为基准的尺寸)
> 选择要产生间距的标注:(依次选择要调整间距的尺寸)
> 选择要产生间距的标注:✓
> 输入值或 [自动(A)] <自动>:(如果输入距离值后按 Enter 键，AutoCAD 调整各尺寸线的位置，使它们之间的距离值为指定的值。如果直接按 Enter 键，AutoCAD 会自动调整尺寸线的位置)

§ 8.6.6 折弯标注

折弯标注指在线性或对齐标注上添加折弯线，如图 8-55 所示即为添加折弯线示例。

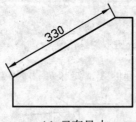
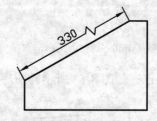

(a) 已有尺寸   (b) 添加折弯线

图 8-55 添加折弯线示例

在 AutoCAD 2011 中，单击【标注】工具栏上的【折弯线性】按钮 ，或选择【标注】|【折弯线性】命令，或执行 DIMJOGLIN 命令，均可启动折弯线性的操作。折弯线性的操作如下。

执行 DIMJOGLINE 命令，AutoCAD 提示：

> 选择要添加折弯的标注或 [删除(R)]:(选择要添加折弯的尺寸。【删除(R)】选项用于删除已有的折弯符号)
> 指定折弯位置 (或按 ENTER 键):(通过拖动鼠标的方式确定折弯的位置)

 提示

用户可以设置折弯符号的高度(见对如图 8-9 所示【符号和箭头】选项卡中的【线性折弯标注】选项的说明)。

§ 8.6.7 折断标注

折断标注指在标注或延伸线与其他线重叠处打断标注或延伸线(参加图 8-12)。

在 AutoCAD 2011 中，单击【标注】工具栏上的【折断标注】按钮 ，或选择【标注】|【标注打断】命令，或执行 DIMBREAK 命令，均可启动折断标注的操作。折断标注的操作如下。

执行 DIMBREAK 命令，AutoCAD 提示：

> 选择要添加/删除折断的标注或 [多个(M)]:(选择尺寸。可通过【多个(M)】选项选择多个尺寸)
> 选择要折断标注的对象或 [自动(A)/手动(M)/删除(R)] <自动>::

下面介绍各选项的含义。

(1)【选择要添加/删除折断的标注】

选择尺寸对象，以便进行操作。

(2)【自动(A)】

使 AutoCAD 按默认设置的尺寸进行打断。

(3)【手动(M)】

以手动方式指定打断点。执行该选项，AutoCAD 提示：

> 指定第一个打断点:(指定第一断点)
> 指定第二个打断点:(指定第二断点)

(4)【删除(R)】

恢复到打断前的效果，即取消打断操作。

提示
用户可以设置折弯标注的对应尺寸(见对如图 8-9 所示【符号和箭头】选项卡中的【折断标注】选项的说明)。

8.7 上机实战

一、对 7.4 节第三个绘图练习中绘制的如图 8-56 所示的图形(当时未标注尺寸)，对其定义标注样式"尺寸 35"，该样式的要求与【例 8-1】相同，然后标注尺寸和公差等，结果如图 8-56 所示。

(1) 标注直径尺寸 ϕ 130 及公差

首先，定义标记样式"工程字 35"，并将该样式设为当前样式，将【细实线】图层设为当前层(过程略)。

单击【标注】工具栏上的【线性】按钮 ⊟，或选择【标注】|【线性】命令，即执行 DIMLINEAR 命令，AutoCAD 提示：

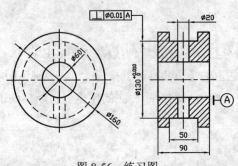

提示

　　本练习将利用文字编辑器标注尺寸公差。

图 8-56　练习图

指定第一条延伸线原点或 <选择对象>:(捕捉直径尺寸 φ 130 的任一尺寸延伸线的起点)
指定第二条延伸线原点:(捕捉尺寸延伸线的另一起点)
指定尺寸线位置或
[多行文字(M)/文字(T)/角度(A)/水平(H)/垂直(V)/旋转(R)]:M↙

AutoCAD 打开编辑器，从中输入尺寸，如图 8-57 所示。

图 8-57　输入尺寸

　　可以看出，除保留了自动测量尺寸值 130 外，在该尺寸值的前面输入了直径符号(由%%C实现)，在尺寸后面输入了+0.010^ 0。

提示

　　符号"^"用于实现堆叠。在符号"^"与后面的 0 之间要有一个空格，以便使公差值对齐。然后，选中+0.010^ 0，单击【堆叠】按钮，结果如图 8-58 所示(注意 0 的对齐效果)。

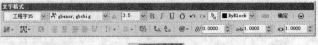

图 8-58　堆叠显示

单击【文字格式】工具栏中的【确定】按钮，AutoCAD 提示：

指定尺寸线位置或
[多行文字(M)/文字(T)/角度(A)/水平(H)/垂直(V)/旋转(R)]:

指定尺寸线的位置，完成直径尺寸的标注，如图 8-59 所示。

(2) 标注直径尺寸 φ 160

单击【标注】工具栏上的【直径】按钮，或选择【标注】|【直径】命令，即执行DIMDIAMETER 命令，AutoCAD 提示：

选择圆弧或圆:(选择位于主视图的大圆)

指定尺寸线位置或 [多行文字(M)/文字(T)/角度(A)]:(指定尺寸线的位置)

结果如图 8-60 所示。

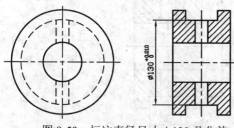 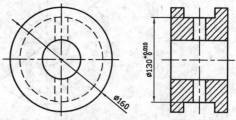

图 8-59 标注直径尺寸 φ 130 及公差   图 8-60 标注直径尺寸 φ 160

(3) 标注其他尺寸

参照图 8-56，标注其他尺寸，结果如图 8-61 所示。

(4) 标注垂直度

单击【标注】工具栏上的【公差】按钮⊞1，或选择【标注】|【公差】命令，即执行 TOLERANCE 命令，AutoCAD 打开【形位公差】对话框(参见图 8-51)，单击其中的【符号】按钮，打开【特征符号】对话框，如图 8-62 所示。

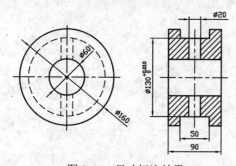 

图 8-61 尺寸标注结果   图 8-62 【特征符号】对话框

单击该对话框中的垂直度符号⊥，AutoCAD 关闭【特征符号】对话框，返回到【形位公差】对话框，并将垂直度符号显示在【形位公差】对话框的【符号】处。在对话框中进行其他设置，如图 8-63 所示。单击【确定】按钮，AutoCAD 提示：

输入公差位置:(指定公差的位置)

结果如图 8-64 所示。

(5) 绘制指引线和基准符号

利用绘制多重引线绘制垂直度的指引线，并绘制表示基准的符号(过程略)，完成图形的绘制。

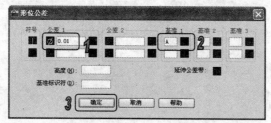

图 8-63 形位公差设置

新世纪高职高专规划教材

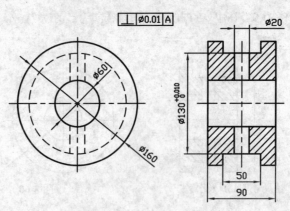

图 8-64　标注垂直度结果

> **提示**
> AutoCAD 未提供标注基准符号的功能，用户需要单独绘制此类符号。也可以创建对应的块，需要时插入即可。

二、对前面标注的图形尺寸进行编辑，结果如图 8-65 所示。

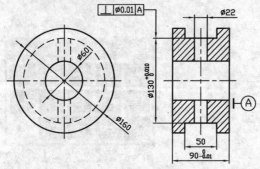

图 8-65　练习图

> **提示**
> 本练习将原图中的直径尺寸 $\phi\,20$ 改为 $\phi\,22$，并为尺寸 90 添加公差。

(1) 将尺寸 $\phi\,20$ 改为 $\phi\,22$

打开对应的图形，选择【修改】|【对象】|【文字】|【编辑】命令，AutoCAD 提示：

选择注释对象或 [放弃(U)]:

选择尺寸 $\phi\,20$，AutoCAD 进入编辑模式，将 20 改为 22，如图 8-66 所示。

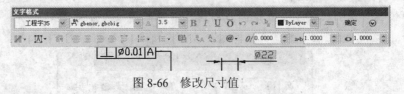

图 8-66　修改尺寸值

单击【确定】按钮，AutoCAD 提示：

选择注释对象或 [放弃(U)]: ✓

结果如图 8-67 所示。

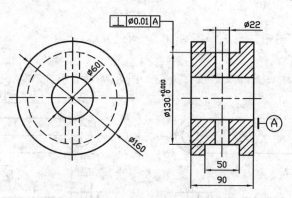

图 8-67 尺寸修改结果

(2) 为尺寸 90 添加公差

选择【修改】|【对象】|【文字】|【编辑】命令，AutoCAD 提示：

选择注释对象或 [放弃(U)]:

选择尺寸 90，AutoCAD 进入编辑模式，输入对应的公差内容，如图 8-68 所示。选中 0^ - 0.01，单击【堆叠】按钮，然后单击【确定】按钮，完成尺寸的修改。

图 8-68 输入公差内容

三、绘制如图 8-69 所示的图形。

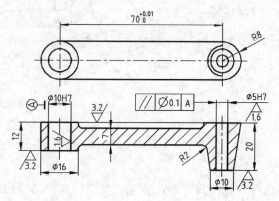

图 8-69 练习图

主要操作步骤如下：

(1) 定义图层、文字样式和标注样式

根据表 4-3 定义图层。参照 6.8 节，定义文字样式"工程字 35"。参照【例 8-1】，定义标注样式"尺寸 35"(过程略)。

(2) 定义粗糙度符号块和基准符号块

参照【例 7-2】，定义粗糙度符号块，并定义基准符号块(过程略)。

新世纪高职高专规划教材

(3) 绘制图形

参照图 8-69 绘制图形，结果如图 8-70 所示(过程略)。

(4) 标注尺寸、公差

标注各尺寸、尺寸公差以及形位公差，如图 8-71 所示(过程略)。

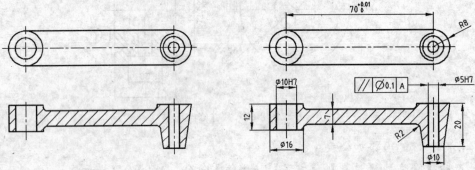

图 8-70　绘制图形　　　　　　　图 8-71　标注尺寸与公差

(5) 插入粗糙度符号、基准符号等

插入粗糙度符号、基准符号，如图 8-72 所示(过程略)。

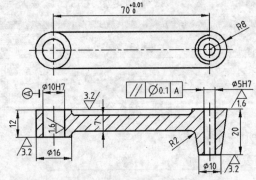

图 8-72　插入粗糙度符号、基准符号

8.8　习题

1. 判断题

(1) 当使用某一标注样式标注尺寸时，首先应将该样式设为当前样式。(　　)

(2) 用户可以对直径、半径、角度等的标注形式定义专门的标注子样式。(　　)

(3) 线性标注仅用来专门标注直线的长度尺寸。(　　)

(4) 采用连续标注或基线标注时，必须先标注出一个对应尺寸。(　　)

(5) 使用 DIMDIAMETER 命令为圆或圆弧标注直径尺寸时，如果直接以 AutoCAD 的测量值作为尺寸值，AutoCAD 会自动在直径值前添加直径符号 ϕ。(　　)

(6) 可以为圆上某一段圆弧标注角度尺寸。(　　)

(7) 使用 TOLERANCE 命令可以标注形位公差，同时能够绘出指引线。(　　)

(8) 可以使用 DDEDIT 命令修改尺寸及公差。(　　)

(9) 标注尺寸后，用户可以更改尺寸文字的位置。(　　)

(10) 标注出尺寸后，可以单独反转尺寸箭头。(　　)

2. 上机习题

(1) 定义尺寸标注样式，要求如下：

尺寸标注样式名为"尺寸5"，尺寸文字样式与6.8节对应的"工程字35"类似，但字高为5。其余主要要求如下。

在【线】和【符号和箭头】选项卡中，分别将【基线间距】设为8；【超出尺寸线】设为3；【起点偏移量】设为0；【箭头大小】和【圆心标记】选项组中的【大小】均设为5。

在【文字】选项卡中，将【文字样式】设为【文字 5】；【文字高度】设为5；【从尺寸线偏移】设为1.5。

其余设置与在例8-1定义的"尺寸35"样式相同。创建"尺寸5"样式后，还应创建其"角度"子样式，以标注符合国标要求的角度尺寸。

(2) 打开7.5节练习中图7-48(a)所示的图形，参见【例8-1】定义标注样式"尺寸35"，并为图形标注尺寸。

(3) 分别绘制如图8-73所示的各图形，定义标注样式"尺寸35"(要求与【例8-1】相同)，并用该样式标注尺寸(未注尺寸部分由读者确定)。

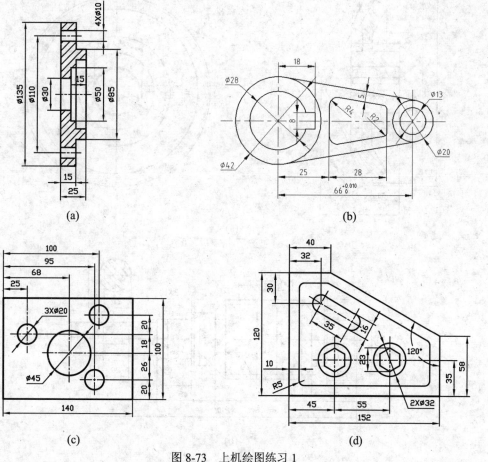

图8-73　上机绘图练习1

(4) 修改如图 8-73(a)所示图形的尺寸，修改结果如图 8-74 所示。

(5) 修改如图 8-73(d)所示图形的尺寸，修改结果如图 8-75 所示。

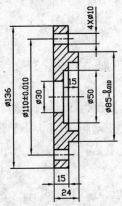

图 8-74　上机绘图练习 2

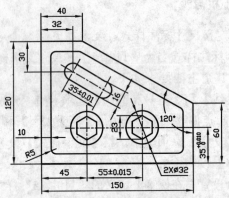

图 8-75　上机绘图练习 3

(6) 绘制如图 8-76 所示的各图形，定义标注样式"尺寸 35"(要求与【例 8-1】相同)，并使用该样式为图形标注尺寸以及尺寸公差和形位公差等(图中给出了主要尺寸，其余尺寸由读者确定)。

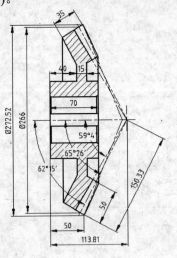

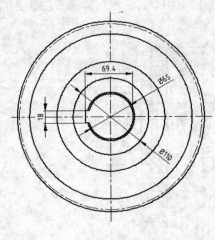

(a)

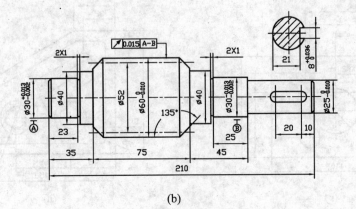

(b)

图 8-76　上机绘图练习 4

第 *9* 章

设计中心、打印图形及样板文件

主要内容　　　利用 AutoCAD 设计中心，用户可以将在其他图形中定义的图层、文字样式、标注样式、表格样式以及块等直接插入到当前图形中，以提高绘图效率。通过本章的学习，读者可以掌握 AutoCAD 的图形数据查询、设计中心、样本文件以及图形打印等功能。

本章重点
- ➢ AutoCAD 设计中心的组成
- ➢ AutoCAD 设计中心的使用
- ➢ 样板文件的使用
- ➢ 打印图形

9.1 AutoCAD 设计中心

AutoCAD 设计中心(简称设计中心)类似于 Windows 资源管理器，不仅可用来浏览文件，而且还能够将在其他图形中定义的图层、文字样式、标注样式、表格样式以及块等插入到当前图形中。

§ 9.1.1 设计中心简介

在 AutoCAD 2011 中，单击【标准】工具栏上的【设计中心】按钮，或选择【工具】|
【设计中心】命令，或执行 ADCENTER 命令，均可打开设计中心。

执行 ADCENTER 命令，AutoCAD 打开设计中心，如图 9-1 所示。

设计中心如图 9-1 所示，位于左侧的大区域称为树状视图区，位于右侧的大区域称为内容区。设计中心中还有一些按钮。下面简要介绍它们的功能。

(1) 树状视图区

用于显示用户计算机和网络驱动器上的文件与文件夹的层次结构、所打开图形的列表、自定义内容以及上次访问过的位置的历史记录。

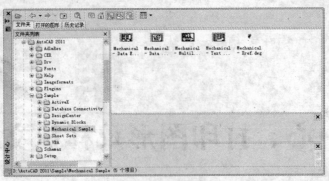

图 9-1　设计中心

(2) 内容区

内容区显示在树状视图区中所选定的"容器"中的内容。容器指设计中心可以访问的网络、计算机、磁盘、文件夹、文件或网址(URL)。根据在树状视图区中选定的容器的不同，在内容区可以显示含有图形或其他文件的文件夹、图形中包含的命名对象(命名对象指块、布局、图层、表格样式、标注样式和文字样式等)、块图像或图标、基于 Web 的内容以及由第三方开发的自定义内容等。

(3) 按钮

位于设计中心顶部的是一行按钮，其中【加载】按钮用于在内容区中显示指定图形文件的相关内容。【上一页】按钮用于返回到历史记录列表中最近一次的位置。【下一页】按钮用于返回到历史记录列表中下一次的位置。用户也可以利用位于按钮右边的小箭头，直接返回到以前显示过的某一位置。【上一级】按钮用于显示所激活容器中的上一级内容，此处的容器可以是目录，也可以是图形。【搜索】按钮用于快速查找对象。单击该按钮，AutoCAD 将打开一个【搜索】对话框，从中可以指定搜索条件并在图形中查找图形、块和非图形对象。【收藏夹】按钮用于在内容区显示【收藏夹】文件夹中的内容。【收藏夹】文件夹中包含经常访问项目的快捷方式。向收藏夹添加快捷访问路径的方法：在设计中心的树状视图区或内容区中选中要添加快捷路径的内容，右击，从快捷菜单中选择【添加到收藏夹】菜单命令。【主页】按钮用于返回到固定的文件夹或文件，即在内容区中显示固定文件夹或文件中的内容。AutoCAD 默认将此文件夹设为 DesignCenter 文件夹。用户可以设置自己的文件夹或文件。设置方法：在视图区某文件夹或文件名右击，从弹出的快捷菜单中选择【设置为主页】命令。【树状图切换】按钮用于显示或隐藏树状视图区，单击该按钮可实现相应的切换。【预览】按钮用于在内容区中打开或关闭预览窗格(图 9-1 中位于右侧中间位置的窗格)的切换。打开预览窗格后，在内容区中选中某一项，如果该项目包含有预览图像或图标(如块中包含预览图标)，在预览窗格中会显示此预览图像或图标。【说明】按钮用于在内容区中打开或关闭说明窗格(图 9-1 中位于右侧最下方的窗格)之间的切换，以确认是否显示说明内容。打开说明窗格后，单击内容区中的某一项，如果该项包含有文字描述信息，则在说明窗格中显示此信息。【视图】按钮用于控制在内容区中所显示内容的格式。单击位于按钮右侧的小箭头，AutoCAD 弹出一个列表，列表中有【大图标】、【小图标】、【列表】和【详细信息】4 个选项，分别用于在内容区上显示的内容以大图标、小图标、列表或详细信息的格式显示。

(4) 选项卡

AutoCAD 设计中心有【文件夹】、【打开的图形】和【历史记录】3 个选项卡。其中，【文件夹】选项卡用于显示驱动器盘符、文件夹列表等。【打开的图形】选项卡用于显示当前打开的图形文件列表。【历史记录】选项卡用于显示在设计中心以前打开过的文件列表。

§9.1.2 设计中心的使用

在设计中心，可以通过内容区，按项目的层次顺序显示项目的详细信息。例如，可以显示在树状视图区内所选中图形的相应对象的图标，如标注样式、表格样式、图层以及块等图标，如图 9-2 所示。如果在内容区双击某一图标，会显示下一层的对应信息。例如，双击图 9-2 中的【图层】图标 ，将得到如图 9-3 所示的形式，说明对应图形拥有的图层。

利用 AutoCAD 设计中心，能够将其他图形中的图层、表格样式、文字样式、标注样式等以及用户自定义的内容添加到当前图形，也可以将其他图形中的块插入到当前图形。

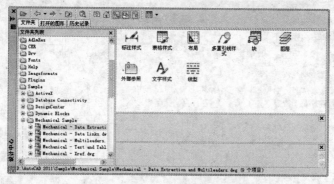

图 9-2 在内容区显示命名对象图标

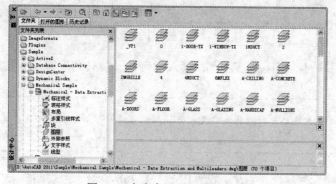

图 9-3 在内容区显示图层样式

1. 插入图层、文字样式、标注样式等

利用设计中心将已有图形中的图层、线型、文字样式、标注样式以及表格样式等对象插入到当前图形的方法：在内容区中找到对应的内容，然后将它们拖至当前打开图形的绘图窗口中即可。

例如，在如图 9-3 所示设计中心的内容区中选中各图层项，将它们拖至当前图形，则当

新世纪高职高专规划教材

前图形中会添加对应的图层定义。

2. 插入块

通过设计中心为当前图形插入块的方法通常有两种：一种方法是插入块时自动换算插入比例；另一种方法是插入块时由用户确定插入比例和旋转角度。

(1) 插入块时自动换算插入比例。

通过树状视图区找到并选中包含所需要块的图形，在内容区双击对应的块图标，并找到要插入的块，将其拖至 AutoCAD 绘图窗口，即可实现块的插入，且插入时 AutoCAD 按定义块时确定的块插入单位自动转换插入比例，块的插入旋转角为 0。

(2) 按指定的插入点、插入比例和旋转角度插入块。

AutoCAD 还允许用户通过设计中心，通过指定插入点、插入比例和旋转角度的方式插入块。具体方法：从设计中心的内容区选中要插入的块，右击，从弹出的快捷菜单选择【插入块】命令，AutoCAD 打开【插入】对话框，如图 9-4 所示。

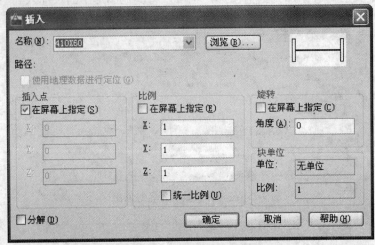

图 9-4 【插入】对话框

用户可以利用该对话框确定插入点、插入比例以及旋转角度等，并实现插入操作。

> **提示·**
> 通过设计中心插入块后，对应的块定义也会插入到当前图形，即以后可以直接执行 INSERT 命令插入对应的块。

【例 9-1】创建一幅新图形，并用设计中心将在 6.8 节第一个绘图练习中创建的文字样式"工程字 35"(位于文件"工程字 35.dwg")和在 7.2.1 节【例 7-2】中创建的粗糙度符号块的定义(位于文件"粗糙度块.dwg")插入到新图形。

(1) 启动 AutoCAD 2011，单击【标准】工具栏上的【新建】按钮 ⃞，或选择【文件】|
【新建】命令，从打开的【选择样板】对话框中选择样板文件 acadiso.dwt，单击【打开】按钮，建立新图形。

(2) 插入文字样式

打开设计中心，找到对应的文件(工程字 35.dwg)，如图 9-5 所示。

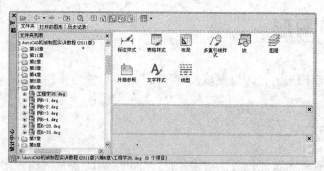

图 9-5　从设计中心找到文件【工程字 35.dwg】

在内容区双击【文字样式】图标，结果如图 9-6 所示。

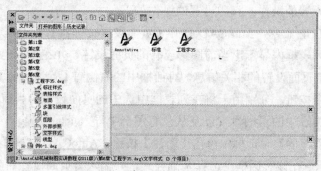

图 9-6　在内容区显示文字样式

将内容区中的【工程字 35】图标拖至当前图形，即可将对应文字样式【工程字 35】添加到当前图形。

(3) 插入块定义

从设计中心找到对应的文件(粗糙度块.dwg)，并在内容区单击块图标，结果如图 9-7 所示。将图 9-7 中的粗糙度块图标拖至当前图形，即可将对应的块定义插入到当前图形。

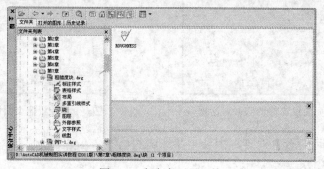

图 9-7　在内容区显示块

提示

将含属性的粗糙度块图标拖至当前图形后，AutoCAD 将打开【编辑属性】对话框，要求用户输入对应的属性值。如果用户只是添加块定义，而没有在图形中插入具体的块，应单击【编辑属性】对话框中的【取消】按钮，再删除在图形中插入的块即可。

新世纪高职高专规划教材

9.2 打印图形

本节将介绍用于图形的打印设置以及打印。

§ 9.2.1 打印设置

可以将打印设置称为页面设置，指设置打印 AutoCAD 图形时所使用的图纸尺寸以及打印设备等。

在 AutoCAD 2011 中，选择【文件】|【页面设置管理器】命令，或执行 PAGESETUP 命令，均可启动打印设置的操作。打印设置的操作如下。

执行 PAGESETUP 命令，AutoCAD 打开【页面设置管理器】对话框，如图 9-8 所示。

对话框中的大列表框内显示出当前图形已有的页面设置，并在【选定页面设置的详细信息】框中显示出指定页面设置的相关信息。对话框中的右侧有【置为当前】、【新建】、【修改】和【输入】4 个按钮，分别用于将在列表框中选中的页面设置为当前设置、新建页面设置、修改在列表框中选中的页面设置以及从已有图形中导入页面设置。

在【页面设置管理器】对话框中单击【新建】按钮，AutoCAD 打开【新建页面设置】对话框，如图 9-9 所示。在该对话框中选择基础样式，并输入新页面设置的名称，单击【确定】按钮，AutoCAD 打开【页面设置】对话框，如图 9-10 所示。

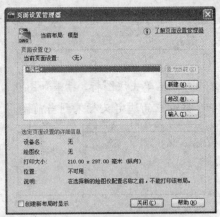

图 9-8 【页面设置管理器】对话框

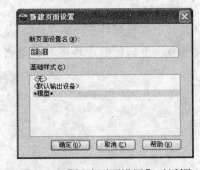

图 9-9 【新建页面设置】对话框

下面介绍【页面设置】对话框中各主要选项的功能。

(1)【页面设置】框

用于显示当前所设置的页面设置的名称。

(2)【打印机/绘图仪】选项组

用户可通过该选项组中的【名称】下拉列表框选择打印设备，如图 9-10 中已选择了打印机 hp Laser Jet 1010。选择打印设备后，AutoCAD 会显示与该设备对应的信息。

(3)【图纸尺寸】选项

通过下拉列表框确定输出图纸的规格。

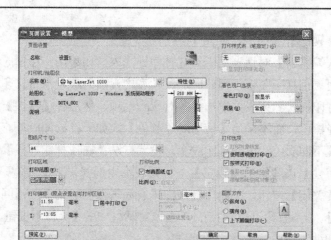

图 9-10　【页面设置】对话框

(4)【打印区域】选项

用于确定图形的打印范围。用户可在下拉列表框的【窗口】、【图形界限】和【显示】选项中选择。其中，【窗口】表示打印位于指定矩形窗口中的图形，【图形界限】表示打印位于由 LIMITS 命令设置的绘图范围内的全部图形，【显示】则表示打印当前显示的图形。

(5)【打印偏移】选项组

用于确定打印区域相对于图纸左下角点的偏移量。

(6)【打印比例】选项组

用于设置图形的打印比例。

(7)【打印样式表】选项组

用于选择、新建打印样式表。用户可通过下拉列表框选择已有的样式表。如果在此下拉列表框选择【新建】选项，则允许用户新建打印样式表，此时 AutoCAD 打开【添加颜色相关打印样式表-开始】对话框，如图 9-11 所示。

在该对话框中选中【创建新打印样式表】单选按钮，单击【下一步】按钮，打开【添加颜色相关打印样式表-文件名】对话框，如图 9-12 所示。

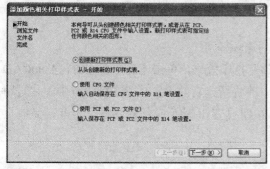

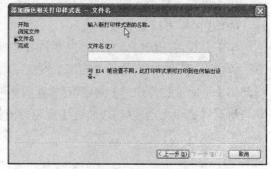

图 9-11　【添加颜色相关打印样式表-开始】对话框　　图 9-12　【添加颜色相关打印样式表-文件名】对话框

在对话框中输入打印样式表的名称，如输入 MyPlotStyle，单击【下一步】按钮，AutoCAD 打开【添加颜色相关打印样式表-完成】对话框，如图 9-13 所示。

单击对话框中的【打印样式表编辑器】按钮，AutoCAD 打开【打印样式表编辑器】对话

新世纪高职高专规划教材

框，切换到【表格视图】选项卡，如图 9-14 所示。

  【打印样式表编辑器】对话框用于设置打印样式表。如果用户绘图时为各图层设置了颜色，而实际需要用黑色打印图形，因此应通过【表格视图】选项卡将打印颜色设置为黑色，设置方法：在【打印样式】列表框中选择各对应颜色项，然后在【特性】选项组的【颜色】下拉列表框中选择黑色，而不采用【使用对象颜色】。如果在绘图时没有设置线宽，还可以通过此对话框设置不同颜色线条的打印线宽。设置方法：在【打印样式】列表框中选择各对应颜色项，在【特性】选项组的【线宽】下拉列表框中选择需要的线宽。

  单击【保存并关闭】按钮，关闭【打印样式表编辑器】对话框，返回到【添加颜色相关打印样式表-完成】对话框(参见图 9-13)。单击该对话框中的【完成】按钮，AutoCAD 返回到【页面设置】对话框，完成打印样式的建立。

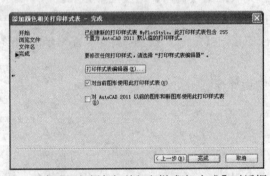

图 9-13 【添加颜色相关打印样式表-完成】对话框

图 9-14 【打印样式表编辑器】对话框

  (8)【着色视口选项】选项组

  用于确定指定着色和渲染视口的打印方式，并确定它们的分辨率级别和每英寸点数。

  (9)【打印选项】选项组

  用于确定是按图形的线宽打印图形，还是根据打印样式打印图形等。

  (10)【图形方向】选项组

  用于确定图形的打印方向，从中选择需要的选项即可。

  完成上述设置后，单击【预览】按钮，可预览打印效果。单击【确定】按钮，AutoCAD 返回到【页面设置管理器】对话框(参见图 9-8)，并将新建立的设置显示在列表框中。此时用户可将新样式设为当前样式(通过【置为当前】按钮设置)，然后关闭对话框。至此，完成页面设置。

§9.2.2 图形的打印

  在 AutoCAD 2011 中，单击【标准】工具栏上的【打印】按钮🖨，或选择【文件】|【打印】命令，或直接执行 PLOT 命令，均可启动打印图形的操作。打印图形的操作如下。

  执行 PLOT 命令，AutoCAD 打开【打印】对话框，如图 9-15 所示。

如果用户已进行了页面设置，可在【页面设置】选项组中的【名称】下拉列表框选择对应的页面设置，然后在对话框中会显示与其对应的打印设置。此外，用户也可以对打印对话框中的各项进行单独设置。

对话框中的【预览】按钮用于预览打印效果。如果预览满足打印要求，单击【确定】按钮，即可将图形通过打印机或绘图仪输出到图纸上。

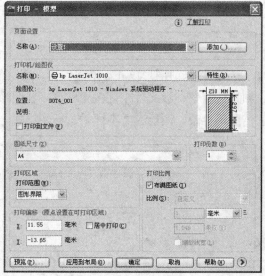

图 9-15 【打印】对话框

 提示

利用【页面设置】选项组的【名称】下拉列表中的【输入】选项，可以导入其他图形中的打印设置。

9.3 样板文件

虽然利用设计中心可以避免在每幅图形中都要执行定义图层、定义各种样式以及创建块等重复操作，但仍然需要通过拖放等操作来复制这些项目。如果采用样板文件，则可以进一步提高绘图效率，避免大量重复性操作。

样板文件是扩展名为 dwt 的 AutoCAD 文件，文件中通常除了包含一些通用设置之外，如绘图单位、图形界限、图层、文字样式、标注样式和表格样式等，还包含一些常用的图形对象，如图框、标题栏及各种常用块等。

创建样板文件的一般过程如下。

(1) 建立新图形

执行 NEW 命令建立新图形(也可以打开已有图形，在其基础上进行修改)。

(2) 绘图设置

进行必要的绘图设置，如设置绘图单位、图形界限、图层、文字样式、标注样式、表格样式、栅格显示以及极轴追踪等。有些设置可以通过设计中心完成。

新世纪高职高专规划教材

(3) 绘制固定图形

如绘制图框、标题栏等。

(4) 定义常用符号块

如定义粗糙度符号块、基准符号块及常用零件块等。可以直接通过设计中心从有这些块的图形中进行复制。

(5) 打印设置

设置打印页面、打印设备等。

(6) 保存图形

最后，执行 SAVEAS 命令，将当前图形以 dwt 格式保存，即可创建出对应的样板文件。

创建了样板文件后，如果选择该样板文件来创建新图形，新图形中将包含样板文件具有的全部信息，如绘图单位、图形界限、图层、文字样式、标注样式、表格样式的设置以及各种块等。

9.4 上机实战

本章的上机练习可使读者进一步掌握设计中心的使用、样板文件等内容。

一、3.21 节第一个绘图练习中绘制了如图 3-43 所示的图形，该图形没有线型信息。试通过设计中心，根据表 4-3 所示为图形建立图层，并将图中的图形对象更改到对应的图层。

(1) 打开图 3-43，利用设计中心找到在 4.3 节第一个练习中创建有对应图层的图形文件(文件名：图层.dwg)，并在内容区显示其图层，如图 9-16 所示。选中各图层项，拖至当前图形，即可为当前图形建立图层。

(2) 更改图层

利用【图层】工具栏更改图形对象所在的图层。方法：选中图形，从【图层】工具栏的【图层控制】下拉列表中选择对应的图层项。结果如图 9-17 所示。

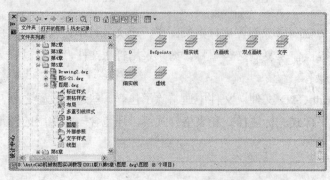

图 9-16　在内容区显示图层项

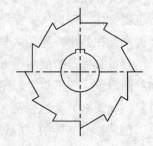

图 9-17　更改结果

二、定义样板文件。要求：文件名为 A4.dwt。图幅规格为 A4(竖装，尺寸为 210×297)。图层设置与表 4-3 相同。文字样式名为"工程字 35"，其设置与 6.8 节第一个练习中定义的样式相同。标注样式名为"尺寸 35"，其设置与 8.2 节【例 8-1】中定义的样式相同，并定义有粗糙度符号块等。

(1) 建立新图形

启动 AutoCAD 2011，单击【标准】工具栏上的【新建】按钮 ，或选择【文件】|【新建】命令，从打开的【选择样板】对话框中选择样板文件 acadiso.dwt，单击对话框中的【打开】按钮，建立新图形。

(2) 设置绘图单位、图形界限

分别使用 UNITS 命令和 LIMITS 命令设置绘图单位和图形界限(参见 1.6.1 节中的【例 1-1】和 1.6.2 节中的【例 1-2】，过程略)。

(3) 定义图层

根据表 4-3 定义图层(也可以利用设计中心复制已有图层设置，过程略)。

(4) 绘制图框

在对应的图层绘制 A4 图幅的图框，绘图尺寸如图 9-18 所示。

(5) 绘制标题栏

在对应位置、对应图层绘制对应的标题栏(过程略)，并填写对应的文字。标题栏尺寸及内容如图 9-19 所示。

(6) 定义文字样式

定义文字样式为"工程字 35"(参见 6.8 节的第一个练习，也可以利用设计中心复制已有文字样式，过程略)。

(7) 定义标注样式

定义标注样式"尺寸 35"(参见 8.2 节【例 8-1】，也可以利用设计中心复制已有标注样式，过程略)。

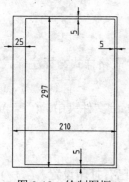

图 9-18　绘制图框

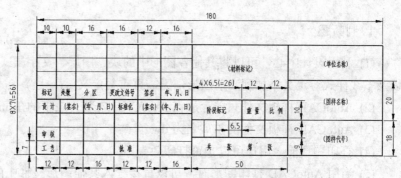

图 9-19　标题栏尺寸及内容

(8) 创建粗糙度符号块(参见 7.2 节中的【例 7-2】，可利用设计中心复制已有块，过程略)

(9) 保存图形

选择【文件】|【另存为】命令，在打开的【图形另存为】对话框中进行设置，如图 9-20 所示。

从图 9-20 中可以看出，已在【文件类型】下拉列表框选择了【AutoCAD 图形样板 (*.dwt)】选项，并将文件名设为 A4(用户可以单独指定保存位置)。单击【保存】按钮，AutoCAD 打开【样板选项】对话框，如图 9-21 所示。在对话框的说明框中输入说明(如输入"A4 样板")，单击【确定】按钮，完成样板文件的定义。

将本练习得到的结果以样板文件保存(建议文件名：A4.dwt)，9.5 节将用到此文件。

提示

在样板文件中，用户还可以根据所使用的打印机或绘图仪进行打印设置。

图 9-20 【图形另存为】对话框

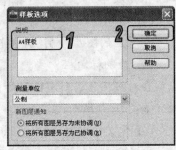

图 9-21 【样板选项】对话框

9.5 习题

1. 判断题

(1) 利用设计中心，可以将其他各图形中的块、图层、文字样式、表格样式、标注样式以及多线样式等定义添加到当前图形，无需再重复定义。(   )

(2) AutoCAD 样板文件只能存放在 AutoCAD 安装目录下的 Template 文件夹中。(   )

(3) AutoCAD 样板文件的扩展名为 dwg。(   )

(4) 打印图形前，用户可以预览打印效果。(   )

(5) 当用 AutoCAD 打印图形时，可以直接导入其他图形文件中的已有打印设置。(   )

(6) 在打印设置中，可以根据绘图颜色设置输出图形时的图线宽度，即使用计算机绘制的不同颜色的图线输出到图纸时，其线宽可以不同。(   )

(7) 同一幅图形中可以有不同的打印设置，即可以用不同的输出设备、按不同的比例等设置输出图形。(   )

2. 上机习题

(1) 打开如图 3-53(a)所示的图形，首先，利用设计中心对其进行如下操作：

将在 4.3 节第一个练习中创建的图层(位于文件"图层.dwg")添加到该图形。

将在 7.2 节【例 7-2】中创建的粗糙度符号块定义(位于文件"粗糙度块.dwg")插入到该图形。

将在 8.2 节【例 8-1】中定义的尺寸样式"尺寸 35"添加到该图形。

然后,对图形进行如下操作:

将图形的各图线更改到对应的图层;在【细实线】图层标注各尺寸和对应的形位公差;最后,插入基准符号块和粗糙度符号块(先定义该块),结果如图 9-22 所示。

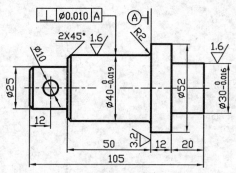

图 9-22 上机绘图练习 1

(2) 定义样板文件,要求如下:

文件名为 A3.dwt。图幅规格为 A3(横装,尺寸为 420×297)。图层设置与表 4-3 相同,文字样式为"工程字 35",标注样式为"尺寸 35",并定义有粗糙度符号块、基准符号块等。

(3) 定义样板文件,要求如下:

文件名为 A2.dwt。图幅规格为 A2(横装,尺寸为 594×420)。图层设置与表 4-3 相同,文字样式为"工程字 35",标注样式为"尺寸 35",并定义有粗糙度符号块、基准符号块等。

(4) 以 9.4 节第二个绘图练习中定义的文件 A4.dwt 为样板,建立新图形,绘制如图 9-23 所示的图形(包括标注尺寸。用户还可以根据所学的专业知识标注公差等),并填写标题栏。最后,将其打印到图纸上。

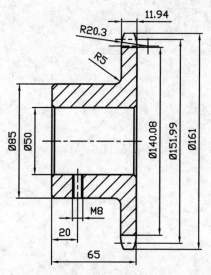

图 9-23 上机绘图练习 2

新世纪高职高专规划教材

三维绘图基本操作

主要内容　AutoCAD 2011 提供了三维绘图功能，并专门提供了用于三维绘图的工作界面——三维建模界面和三维基础界面，因此，用户可以通过 AutoCAD 创建曲面模型和基本实体模型，并可以将基本实体模型编辑成复杂模型。通过本章的学习，读者可以了解 AutoCAD 的三维绘图基本概念与基本操作。

本章重点
> 三维建模界面
> 视觉样式
> 用户坐标系

> 视点
> 创建曲面模型
> 创建基本实体模型

10.1 三维建模界面

如果以文件 ACADISO3D.DWT 为样板建立新图形，可以直接进入三维绘图工作界面，即三维建模界面，如图 10-1 所示。

提示
　如果读者打开的界面与图 10-1 不一致，可以单击状态栏上的【切换工作空间】按钮，从弹出的菜单(参见图 1-3)中选择【三维建模】命令。

从图 10-1 中可以看出，AutoCAD 2011 的三维建模界面中除了有菜单浏览器、快速访问工具栏等外，还有功能区等，下面主要介绍它与经典工作界面的不同之处。

提示
　在三维建模工作界面中，可以显示下拉菜单栏。方法：单击【快速访问】工具栏右侧的小箭头，从弹出的菜单中选择【显示菜单栏】命令。

1. 坐标系图标

坐标系图标显示为三维图标，而且默认显示在当前坐标系的坐标原点位置，而不是显示在绘图窗口的左下角位置。

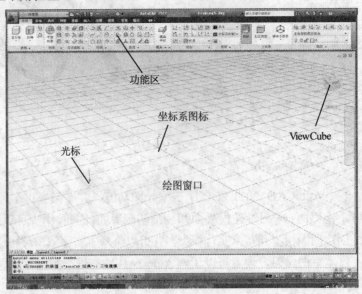

图 10-1 三维建模界面

提示

通过菜单命令【视图】|【显示】|【UCS 图标】，可以控制是否显示坐标系图标及其显示位置。如果将 UCS(用户坐标系)设置成显示在坐标系的原点位置(默认设置)，当新建一 UCS 或对图形进行某些操作后，如果坐标系图标位于绘图窗口之外，或部分图标位于绘图窗口之外，AutoCAD 会将其显示在绘图窗口的左下角位置。

2. 光标

在图 10-1 所示的三维建模工作空间中，光标显示出了 z 轴。用户可以单独控制是否在十字光标中显示 z 轴以及坐标轴标签。

3. 功能区

功能区中有【常用】、【实体】、【曲面】、【网格】、【渲染】、【插入】、【注释】、【视图】、【管理】和【输出】10 个选项卡，每个选项卡中又有一些面板，每个面板上有一些对应的命令按钮。单击选项卡标签，可打开对应的面板。例如，图 10-1 所示工作界面为【常用】选项卡及其面板，其中有【建模】、【网格】、【实体编辑】、【绘图】、【修改】、【截面】、【坐标】、【视图】、【子对象】和【图层】等面板。利用功能区，可以方便地执行相应的命令。同样，将光标置于面板上的命令按钮上时，会显示对应的工具提示或展开的工具提示。

对于有小黑三角的面板或按钮，单击三角图标后，可将面板或按钮展开。图 10-2 所示为展开的【常用】面板上的【拉伸】按钮，图 10-3 所示为展开的【绘图】面板。

图 10-2　展开【拉伸】按钮

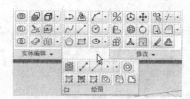

图 10-3　展开【绘图】面板

 提示

通过选择与下拉菜单【工具】|【工具栏】|AutoCAD 对应的子菜单命令，可以在三维建模界面中打开 AutoCAD 的各工具栏。

AutoCAD 2011 还提供了【三维基础】工作界面，用于创建各种基本三维图形。

10.2　视觉样式

AutoCAD 2011 通过视觉样式来控制三维模型的显示方式，可以将模型以二维线框、三维隐藏、三维线框、概念或真实等视觉样式显示。

AutoCAD 2011 中，用于设置视觉样式的命令为 VSCURRENT。利用 AutoCAD 提供的视觉样式面板、菜单或工具栏，也可以方便地设置视觉样式。如图 10-4(a)所示为【视觉样式】面板(位于【视图】选项卡)，图 10-4(b)所示为【视觉样式】菜单(位于【视图】下拉菜单)，图 10-4(c)所示为【视觉样式】工具栏。在图 10-4(a)所示的【视觉样式】面板中，展开后是一些图像按钮，从左到右、从上到下依次是用于二维线框、概念、三维隐藏、真实、着色、带边框着色、灰度、勾画、三维线框以及 X 射线视觉样式的图像按钮。

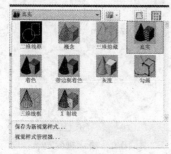

(a)　【视觉样式】面板

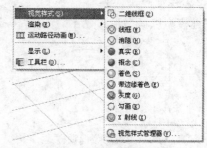

(b)　【视觉样式】菜单

(c)　【视觉样式】工具栏

图 10-4　视觉样式控制面板、工具栏和菜单

 提示

本书在介绍三维绘图过程中，如无特殊说明，用于启动三维操作的功能区选项卡和面板是指三维建模界面中的选项卡和面板。三维基础界面中也有功能区选项卡和面板，用到它们时将作专门说明。

下面以如图 10-5 所示的楔体和圆柱体为例，讲解各种视觉样式的效果。

图 10-5　楔体和圆柱体

提示

图 10-5 所示模型是以真实视觉样式显示的。

(1) 二维线框视觉样式

将三维模型通过表示模型边界的直线和曲线，以二维形式显示。与图 10-5 所示模型对应的二维线框视觉样式如图 10-6 所示。

(2) 三维线框视觉样式

将三维模型以三维线框模式显示。与图 10-5 所示模型对应的三维线框视觉样式如图 10-7 所示。

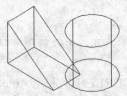

图 10-6　二维线框视觉样式

图 10-7　三维线框视觉样式

(3) 三维隐藏视觉样式

将三维模型以三维线框模式显示，且不显示隐藏线。与图 10-5 所示模型对应的三维隐藏视觉样式如图 10-8 所示。

(4) 概念视觉样式

将三维模型以概念形式显示。如图 10-5 所示模型对应的概念视觉样式如图 10-9 所示。

图 10-8　三维隐藏视觉样式

图 10-9　概念视觉样式

(5) 真实视觉样式

将模型实现体着色，并显示三维线框。如图 10-5 所示即为真实视觉样式。

(6) 着色视觉样式

将模型着色。

(7) 带边框着色视觉样式

将模型着色，并显示出线框。

(8) 灰度着色视觉样式

利用单色面颜色模式形成灰度效果。

(9) 勾画色视觉样式

形成人工绘制的草图的效果。

(10) X 射线色视觉样式

在此视觉样式中，可以更改各表面的透明性，使对应的表面具有透明效果。

10.3　用户坐标系

AutoCAD 2011 为用户默认提供的坐标系为世界坐标系(World Coordinate System，WCS)，世界坐标系又称通用坐标系或绝对坐标系，其原点以及各坐标轴的方向固定不变。二维绘图时使用的坐标系一般为世界坐标系。AutoCAD 2011 还允许用户自定义坐标系，即用户坐标系(User Coordinate System，UCS)。三维绘图时一般要用到用户坐标系。

AutoCAD 2011 中，用于定义 UCS 的命令为 UCS，但利用 AutoCAD 2011 提供的菜单、功能区按钮或工具栏，可以方便地创建 UCS。如图 10-10 所示即为用于 UCS 操作的菜单命令、功能区以及工具栏。

(a) 菜单(位于【工具】下拉菜单)　　　(b) 功能区面板(位于【常用】选项卡)

(c) UCS 工具栏　　　　　　　　　(d) UCS Ⅱ 工具栏

图 10-10　用于 UCS 管理的菜单、功能区面板及工具栏

下面介绍创建 UCS 的几种常用方法。

(1) 根据三点创建 UCS

根据三点创建 UCS 是创建 UCS 的最常用的方法之一，它是根据 UCS 的原点及其 X 轴和 Y 轴的正方向上的点来创建新 UCS。选择【工具】|【新建 UCS】|【三点】命令，或单击【UCS】工具栏上的【三点】按钮，或单击功能区【常用】|【坐标】|【三点】按钮 即可实现该操作。选择对应的菜单命令或单击工具栏按钮，AutoCAD 提示：

指定新原点:(指定新 UCS 的坐标原点位置)
在正 X 轴范围上指定点:(指定新 UCS 的 X 轴正方向上的任意一点)
在 UCS XY 平面的正 Y 轴范围上指定点:(指定新 UCS 的 Y 轴正方向上的任一点)

(2) 通过改变原坐标系的原点位置创建新 UCS

可以通过将原坐标系随其原点平移到某一位置的方式创建新 UCS。应用此方法得到的新 UCS 的各坐标轴方向与原 UCS 的坐标轴方向一致。选择【工具】|【新建 UCS】|【原点】命令，或单击【UCS】工具栏上的【原点】按钮，或单击功能区【常用】|【坐标】|【原点】按钮 即可实现该操作。选择对应的菜单命令或单击工具栏按钮，AutoCAD 提示：

指定新原点 <0,0,0>:

新世纪高职高专规划教材

在此提示下指定 UCS 的新原点位置，即可创建出对应的 UCS。

(3) 将原坐标系绕某一坐标轴旋转一定的角度创建新 UCS

可以通过将原坐标系绕其某一坐标轴旋转一定的角度来创建新 UCS。选择【工具】|【新建 UCS】|X(或 Y、Z)命令，或单击 UCS 工具栏上的 X 按钮 🗐(或 Y 按钮 🗐、Z 按钮 🗐)，或单击对应的功能区按钮，均可实现将原 UCS 绕 X 轴(或 Y 轴、Z 轴)的旋转。例如，单击 UCS 工具栏中的 Z 按钮 🗐，AutoCAD 提示：

指定绕 Z 轴的旋转角度:

在此提示下输入对应的角度值，然后按 Enter 键，即可创建对应的 UCS。

(4) 返回到前一个 UCS 设置

选择【工具】|【新建 UCS】|【上一个】命令，或单击【UCS】工具栏上的【上一个 UCS】按钮 🗐，可以返回到前一个 UCS 设置。

(5) 创建 XY 面与计算机屏幕平行的 UCS

选择【工具】|【新建 UCS】|【视图】命令，或单击【UCS】工具栏上的【视图】按钮 🗐，或单击功能区【常用】|【坐标】|【视图】按钮 🗐，均可创建 XY 面与计算机屏幕平行的 UCS。进行三维绘图时，当需要在当前视图进行标注文字等操作时，一般应首先创建这样的 UCS。

(6) 恢复到 WCS

选择【工具】|【新建 UCS】|【世界】命令，或单击【UCS】工具栏上的【世界】按钮 🗐，或单击功能区【常用】|【坐标】|【世界】按钮 🗐，可以将当前坐标系恢复到 WCS。

10.4 视点

视点用于确定观察三维对象的观察方向。当用户指定视点后，AutoCAD 将该点与坐标原点的连线方向作为观察方向，并在屏幕上显示图形沿此方向的投影。如图 10-11 所示为同一个三维图形在不同视点下的显示效果。

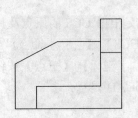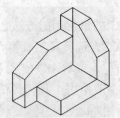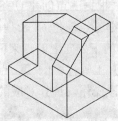

图 10-11   用不同的视点观看三维模型(二维线框视觉样式)

AutoCAD 2011 提供了多种设置视点的方法，下面分别进行介绍。

§ 10.4.1   利用命令设置视点

在 AutoCAD 2011 中，选择【视图】|【三维视图】|【视点】命令，或执行 VPOINT 命令，均可启动设置视点的操作。设置视点的操作如下。

执行 VPOINT 命令，AutoCAD 提示：

指定视点或 [旋转(R)]<显示坐标球和三轴架>:

下面介绍各选项的含义及其操作。

(1)【指定视点】

用于指定一点为视点方向,为默认选项。确定视点位置后(可以通过坐标或其他方式确定),AutoCAD 将该点与坐标系原点的连线方向作为观察方向,并在屏幕上按该方向显示图形的投影。

(2)【旋转(R)】

用于根据角度确定视点方向。执行该选项,AutoCAD 提示:

输入 XY 平面中与 X 轴的夹角:(输入视点方向在 XY 平面内的投影与 X 轴正方向的夹角)

输入与 XY 平面的夹角:(输入视点方向与其在 XY 面上投影之间的夹角)

(3)【显示坐标球和三轴架】

用于根据坐标球和三轴架确定视点。在【指定视点或 [旋转(R)]<显示坐标球和三轴架>:】提示下直接按 Enter 键,即执行【<显示坐标球和三轴架>】选项后,AutoCAD 显示坐标球和三轴架,如图 10-12 所示。拖动鼠标,使光标在坐标球范围内移动时,三轴架的 X 轴、Y 轴也将绕 Z 轴转动。三轴架转动的角度与光标在坐标球上的位置对应。光标在坐标球的位置不同,对应的视点也不相同。

坐标球实际上是球体的俯视投影图,其中心点为北极(0,0,n),相当于视点位于 Z 轴正方向;内环为赤道(n,n,0);整个外环为南极(0,0,-n)。当光标位于内环内时,相当于视点位于上半球体;当光标位于内环与外环之间时,表示视点位于下半球体。随着光标的移动,三轴架也发生变化,即视点位置改变。确定视点位置后单击,则 AutoCAD 按该视点显示图形。

§ 10.4.2 快速设置特殊视点

利用下拉菜单【视图】|【三维视图】中位于第二栏和第三栏中的命令,如图 10-13 所示,可以快速确定一些特殊视点。

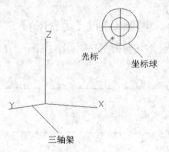

图 10-12 坐标球与三轴架

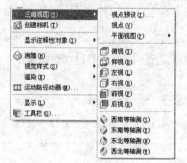

图 10-13 设置视点菜单

§ 10.4.3 设置平面视图

平面视图指用视点(0,0,1)观察图形而得到的视图,即对应坐标系的 XY 面与绘图屏幕平行。平面视图在三维绘图中很重要,因为三维绘图时一般也是在当前 UCS 的 XY 面或与 XY

新世纪高职高专规划教材

面平行的平面上进行。利用平面视图，可以方便地进行绘图操作。

用户除了可以通过执行 VPOINT 命令，用 0,0,1 响应来设置平面视图外，还可以使用专门的命令 PLAN 设置平面视图。执行 PLAN 命令，AutoCAD 提示：

> 输入选项 [当前 UCS(C)/UCS(U)/世界(W)]<当前 UCS>:

其中，【当前 UCS(C)】选项表示切换到当前 UCS 的平面视图；【UCS(U)】选项表示恢复命名保存的 UCS 的平面视图；【世界(W)】选项则表示切换到 WCS 的平面视图。

 提示
> 也可以使用与菜单浏览器【视图】|【三维视图】|【平面视图】命令对应的子菜单设置平面视图。

10.5　绘制简单三维对象

本节介绍如何绘制三维多段线及螺旋线等。

§ 10.5.1　绘制、编辑三维多段线

1. 绘制三维多段线

在 AutoCAD 2011 中，选择【绘图】|【三维多段线】命令，或执行 3DPOLY 命令，均可启动绘制三维多段线的操作。绘制三维多段线的操作如下。

执行 3DPOLY 命令，AutoCAD 提示：

> 指定多段线的起点:(确定起始点位置)
> 指定直线的端点或 [放弃(U)]:(确定多段线的下一端点位置)
> 指定直线的端点或 [放弃(U)]:(确定多段线的下一端点位置)
> 指定直线的端点或 [闭合(C)/放弃(U)]:

在此提示下，用户可以继续确定多段线的端点位置，也可以通过【闭合(C)】选项封闭三维多段线；通过【放弃(U)】选项放弃上次的操作；如果按 Enter 键，则结束命令的执行。

 提示
> 当用 3DPOLY 命令绘制三维多段线时，既不能设置线宽，也不能绘制圆弧段。

2. 编辑三维多段线

编辑三维多段线与编辑二维多段线使用的命令相同，即 PEDIT 命令。执行 PEDIT 命令，AutoCAD 提示：

> 选择多段线 [多条(M)]:(选择三维多段线)
> 输入选项 [闭合(C)/编辑顶点(E)/样条曲线(S)/非曲线化(D)/反转(R)/放弃(U)]:

新世纪高职高专规划教材

提示中各选项的含义与对二维多段线使用 PEDIT 命令编辑时的含义相同,在此不再介绍。

§ 10.5.2　绘制螺旋线

在 AutoCAD 2011 中,单击【建模】工具栏上的【螺旋】按钮,或单击功能区中的【常用】|【绘图】|【螺旋】按钮 ,或选择【绘图】|【螺旋】命令,或执行 HELIX 命令,均可启动绘制螺旋线的操作。绘制螺旋线的操作如下。

执行 HELIX 命令,AutoCAD 提示:

圈数 = 3.0000　　　扭曲=CCW (表示螺旋线的当前设置)
指定底面的中心点:(指定螺旋线底面的中心点位置)
指定底面半径或 [直径(D)]:(输入螺旋线的底面半径或通过【直径(D)】选项输入直径)
指定顶面半径或 [直径(D)]:(输入螺旋线的顶面半径或通过【直径(D)】选项输入直径)
指定螺旋高度或 [轴端点(A)/圈数(T)/圈高(H)/扭曲(W)]:

下面介绍提示中各选项的含义。

(1)【指定螺旋高度】

指定螺旋线的高度。执行该选项,即输入高度值后按 Enter 键,AutoCAD 将按当前圈数设置绘制出螺旋线。

(2)【轴端点(A)】

确定螺旋线轴的另一端点位置。执行该选项,AutoCAD 提示:

指定轴端点:

在此提示下指定轴端点的位置即可。指定轴端点后,所绘螺旋线的轴线沿螺旋线底面中心点与轴端点的连线方向。

(3)【圈数(T)】

设置螺旋线的圈数(默认值为 3,最大值为 500)。执行该选项,AutoCAD 提示:

输入圈数:(输入圈数值)
指定螺旋高度或 [轴端点(A)/圈数(T)/圈高(H)/扭曲(W)]:(继续进行对应的操作)

(4)【圈高(H)】

指定螺旋线的圈高(即螺旋线旋转一圈后沿轴线方向移动的距离)。执行该选项,AutoCAD 提示:

指定圈间距:(指定圈高值)
指定螺旋高度或 [轴端点(A)/圈数(T)/圈高(H)/扭曲(W)]:(继续进行对应的操作)

(5)【扭曲(W)】

确定螺旋线的旋转方向(即旋向)。执行该选项,AutoCAD 提示:

输入螺旋的扭曲方向 [顺时针(CW)/逆时针(CCW)] <CCW>:(指定螺旋方向)
指定螺旋高度或 [轴端点(A)/圈数(T)/圈高(H)/扭曲(W)]:(继续进行对应的操作)

【例 10-1】绘制一螺旋线,直径为 100,圈高为 10,螺旋线的高度为 120。

新世纪高职高专规划教材

执行 HELIX 命令，AutoCAD 提示：

指定底面的中心点:(在绘图屏幕适当位置指定一点)

指定底面半径或 [直径(D)]: 100↙

指定顶面半径或 [直径(D)]: 100↙

指定螺旋高度或 [轴端点(A)/圈数(T)/圈高(H)/扭曲(W)]:H↙

指定圈间距: 10↙

指定螺旋高度或 [轴端点(A)/圈数(T)/圈高(H)/扭曲(W)]:120↙

用户还可以选择下拉菜单【视图】|【三维视图】中的相应命令查看所绘制的螺旋线。

§ 10.5.3 绘制其他图形

用户可以在三维空间绘制点、线段、射线、构造线以及样条曲线等对象，绘制这些对象的命令与绘制二维同类对象的命令相同，只是当启动对应的命令后，一般应根据提示输入或捕捉三维空间的点。

10.6 创建曲面对象

AutoCAD 2011 允许用户创建各种形式的曲面模型；也可以从不同视点观察曲面模型、利用夹点功能编辑构成曲面模型的网格。

§ 10.6.1 创建平面曲面

在 AutoCAD 2011 中，单击【建模】工具栏上的【平面曲面】按钮，或单击三维基础界面功能区中的【常用】|【创建】|【平面】按钮，或选择【绘图】|【建模】|【曲面】|【平面】命令，或执行 PLANESURF 命令，均可启动创建平面曲面的操作。创建平面曲面的操作如下。

执行 PLANESURF 命令，AutoCAD 提示：

指定第一个角点或 [对象(O)] <对象>:

下面介绍各选项的含义及其操作。

(1)【指定第一个角点】

通过指定对角点创建矩形平面对象。执行该选项，即指定矩形的第一角点后，AutoCAD提示：

指定其他角点:

在该提示下指定另一角点即可。

(2)【对象(O)】

将指定的平面封闭曲线转换为平面对象。执行该选项，AutoCAD 提示：

选择对象:(选择平面封闭曲线)
选择对象:↙(也可以进行选择对象)

§ 10.6.2　创建三维面

在 AutoCAD 2011 中，选择【绘图】|【建模】|【网格】|【三维面】命令，或执行 3DFACE 命令，均可启动创建三维面的操作。创建三维面的操作如下。

执行 3DFACE 命令，AutoCAD 提示：

指定第一点或 [不可见(I)]:(确定三维面上的第一点)
指定第二点或 [不可见(I)]:(确定三维面上的第二点)
指定第三点或 [不可见(I)]<退出>:(确定三维面上的第三点)
指定第四点或 [不可见(I)]<创建三侧面>:(确定三维面上的第四点创建由 4 条边构成的面，或按 Enter 键创建由 3 条边构成的面)
指定第三点或 [不可见(I)]<退出>:(确定三维面上的第三点，或按 Enter 键结束命令的执行)
指定第四点或 [不可见(I)]< 创建三侧面>:(确定三维面上的第四点创建由 4 条边构成的面，或按 Enter 键创建由 3 条边构成的面)
…

执行的结果：AutoCAD 创建出三维面。

在上面所示的执行过程中，【不可见(I)】选项用于控制是否显示面上的对应边。

用 3DFACE 命令创建的三维面的各顶点可以共面，也可以不共面。在创建三维面过程中，AutoCAD 总是将前一个面上的第三、第四点作为下一个面的第一、第二点，因此 AutoCAD 重复提示输入第三点、第四点，以继续创建其他面。如果在【指定第四点或 [不可见(I)]<创建三侧面>:】提示下直接按 Enter 键，AutoCAD 将第三点和第四点合为一点，此时，将创建出由 3 条边构成的面。

§ 10.6.3　创建旋转曲面

旋转曲面指将曲线绕旋转轴旋转一定角度而形成的曲面(网格面)，如图 10-14 所示。

在 AutoCAD 2011 中，选择【绘图】|【建模】|【网格】|【旋转网格】命令，或执行 REVSURF 命令，均可启动创建旋转曲面的操作。创建旋转曲面的操作如下。

(a) 旋转曲线与旋转轴　　(b) 旋转曲面

图 10-14　旋转曲面

执行 REVSURF 命令，AutoCAD 提示：

选择要旋转的对象:(选择旋转对象)

选择定义旋转轴的对象:(选择作为旋转轴的对象)

指定起点角度:(输入旋转起始角度)

指定包含角(+=逆时针, -=顺时针)<360>:(输入旋转曲面的包含角。如果输入的角度值以符号"+"为前缀或没有前缀,沿逆时针方向旋转;如果以符号"-"为前缀,则沿顺时针方向旋转。默认旋转角度是 360°)

创建旋转曲面时,应首先绘制旋转对象和旋转轴。旋转对象可以是直线段、圆弧、圆、样条曲线、二维多段线及三维多段线等;旋转轴则可以是直线段、二维多段线和三维多段线等对象。如果将多段线作为旋转轴,则其首尾端点的连线为旋转轴。

当 AutoCAD 提示【选择定义旋转轴的对象:】时,选择旋转轴对象时的拾取点位置影响对象的旋转方向,该方向由右手法则判断。方法:使拇指沿旋转轴指向远离拾取点的旋转轴端点,弯曲四指,四指所指方向即为对象的旋转方向。

> **提示**
>
> 在创建的旋转网格中,沿旋转方向的网格面数由系统变量 SURFTAB1 控制;沿旋转轴方向的网格面数由系统变量 SURFTAB2 控制,它们的默认值均为 6。应先设系统变量,再创建旋转曲面。

§ 10.6.4　创建平移曲面

平移曲面是指将轮廓曲线沿方向矢量平移后构成的曲面(网格面),如图 10-15 所示。

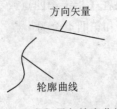

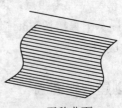

(a) 方向矢量与轮廓曲线　　　　　　(b) 平移曲面

图 10-15　平移曲面

在 AutoCAD 2011 中,单击三维基础界面功能区中的【常用】|【创建】|【平移曲面】按钮，或选择【绘图】|【建模】|【网格】|【平移网格】命令,或执行 TABSURF 命令,均可启动创建平移曲面的操作。创建平移曲面的操作如下。

执行 TABSURF 命令,AutoCAD 提示:

选择用作轮廓曲线的对象:(选择对应的曲线对象)

选择用作方向矢量的对象:(选择对应的方向矢量)

创建平移曲面时,必须先绘制出作为轮廓曲线和方向矢量的对象。作为轮廓曲线的对象可以是直线段、圆弧、圆、样条曲线、二维多段线或三维多段线等;作为方向矢量的对象则可以是直线段或非闭合的二维多段线和三维多段线等。

在创建的平移网格中，对应的网格面数由系统变量 SURFTAB1 控制。应先设系统变量，再创建平移曲面。

§ 10.6.5　创建直纹曲面

直纹曲面指在两条曲线之间构成的曲面(网格面)，如图 10-16 所示。

(a) 已有曲线　　　　　　　　　　　(b) 直纹曲面

图 10-16　直纹曲面

在 AutoCAD 2011 中，单击三维基础界面功能区中的【常用】|【创建】|【直纹曲面】按钮，或选择【绘图】|【建模】|【网格】|【直纹网格】命令，或执行 RULESURF 命令，均可启动创建直纹曲面的操作。创建直纹曲面的操作如下。

执行 RULESURF 命令，AutoCAD 提示：

> 选择第一条定义曲线:(选择第一条曲线)
> 选择第二条定义曲线:(选择第二条曲线)

创建直纹曲面时，应先绘出用于创建直纹曲面的曲线，可以是直线段、点、圆弧、圆、样条曲线、二维多段线及三维多段线等对象。对于两条曲线，如果一条曲线封闭，另一条曲线也必须封闭或者是一个点。

AutoCAD 将选择的第一个对象所在的方向作为边界曲面的 M 方向；将其邻边方向作为边界曲面的 N 方向。系统变量 SURFTAB1 控制边界曲面沿 M 方向的网格面数；系统变量 SURFTAB2 控制边界曲面沿 N 方向的网格面数。

10.7　创建基本实体模型

实体是具有体特征(如质量、体积、重心及惯性矩等)的三维对象。利用 AutoCAD 2011，可以创建出一些基本实体模型。

§ 10.7.1　创建长方体

在 AutoCAD 2011 中，单击功能区中的【常用】|【建模】|【长方体】按钮，或单击

新世纪高职高专规划教材

【建模】工具栏上的【长方体】按钮□，或选择【绘图】|【建模】|【长方体】命令，或执行 BOX 命令，均可启动创建长方体的操作。创建长方体的操作如下。

执行 BOX 命令，AutoCAD 提示：

指定第一个角点或 [中心(C)]:

下面介绍各选项的含义及其操作。

(1)【指定第一个角点】

根据长方体一角点位置创建长方体，为默认选项。执行该选项，即确定一角点的位置，AutoCAD 提示：

指定其他角点或 [立方体(C)/长度(L)]:

①【指定其他角点】

根据另一角点创建长方体，为默认选项。用户响应后，即给出另一角点后如果该角点与第一角点的 Z 坐标不同，AutoCAD 以这两个角点作为长方体的对角点创建出长方体；如果第二角点与第一个角点位于同一高度，即两角点具有相同的 Z 坐标，AutoCAD 提示：

指定高度或 [两点(2P)]:

在此提示下输入长方体的高度值，或通过指定两点、以两点间的距离值作为高度，即可创建出长方体。

②【立方体(C)】

创建立方体。执行该选项，AutoCAD 提示：

指定长度:(输入立方体的边长即可)

③【长度(L)】

根据长方体的长、宽和高创建长方体。执行该选项，AutoCAD 提示：

指定长度:(输入长度值)
指定宽度:(输入宽度值)
指定高度或 [两点(2P)]:(确定高度)

(2)【中心(C)】

根据长方体的中心点位置创建长方体。执行该选项，AutoCAD 提示：

指定中心:(确定中心点的位置)
指定角点或 [立方体(C)/长度(L)]:

①【指定角点】

确定长方体的另一角点位置，为默认选项。用户响应后，如果该角点与中心点的 Z 坐标不同，AutoCAD 根据这两个点创建长方体；如果该角点与中心点有相同的 Z 坐标，AutoCAD 提示：

指定高度或[两点(2P)]:(确定高度)

②【立方体(C)】、【长度(L)】

【立方体(C)】选项用于创建立方体。【长度(L)】选项用于根据长方体的长、宽和高创建长方体。其操作方法与前面介绍的同名选项的操作相同，在此不再介绍。

§ 10.7.2 创建楔体

在 AutoCAD 2011 中，单击功能区中的【常用】|【建模】|【楔体】按钮 ，或单击【建模】工具栏上的【楔体】按钮 ，或选择【绘图】|【建模】|【楔体】命令，或执行 WEDGE 命令，均可启动创建楔体的操作。创建楔体的操作如下。

执行 WEDGE 命令，AutoCAD 提示：

指定第一个角点或 [中心(C)]:

下面介绍各选项的含义及其操作。

(1)【指定第一个角点】

根据楔体上的角点位置创建楔体，为默认选项。用户响应后，即给出楔体的一角点位置后，AutoCAD 提示：

指定其他角点或 [立方体(C)/长度(L)]:

①【指定其他角点】

根据另一角点位置创建楔体，为默认选项。与创建长方体类似，用户响应后，即给出另一角点位置后，如果此角点与第一角点的 Z 坐标不同，AutoCAD 根据这两个角点创建出楔体；如果第二角点与第一角点有相同的 Z 坐标，AutoCAD 提示：

指定高度或 [两点(2P)]:

在该提示下确定楔体的高度即可。

②【立方体(C)】

创建两个直角边及宽均相等的楔体。执行该选项，AutoCAD 提示：

指定长度:

在该提示下输入楔体直角边的长度值即可。

③【长度(L)】

按指定的长、宽和高创建楔体。执行该选项，AutoCAD 提示：

指定长度:(输入长度值)
指定宽度:(输入宽度值)
指定高度或 [两点(2P)]:(确定高度)

(2)【中心(C)】

按指定的中心点位置创建楔体，此中心点指楔体斜面上的中心点。执行该选项，AutoCAD 提示：

指定中心:

此提示要求用户确定中心点的位置。响应后，AutoCAD 提示：

指定角点或 [立方体(C)/长度(L)]:

新世纪高职高专规划教材

在此提示下的操作过程与前面介绍的绘制长方体类似，此处不再介绍。

§ 10.7.3 创建球体

在 AutoCAD 2011 中，单击功能区中的【常用】|【建模】|【球体】按钮○，或单击【建模】工具栏上的【球体】按钮○，或选择【绘图】|【建模】|【球体】命令，或执行 SPHERE 命令，均可启动创建球体的操作。创建球体的操作如下。

执行 SPHERE 命令，AutoCAD 提示：

指定中心点或 [三点(3P)/两点(2P)/相切、相切、半径(T)]:

下面介绍各选项的含义及其操作。

(1)【指定中心点】

确定球心位置，为默认选项。执行该选项，即指定球心位置后，AutoCAD 提示：

指定半径或 [直径(D)]:(输入球体的半径，或通过【直径(D)】选项确定直径)

(2)【三点(3P)】

通过指定球体上的三点创建球体。执行该选项，AutoCAD 提示：

指定第一点:(指定球体上的第一点)
指定第二点:(指定球体上的第二点)
指定第三点:(指定球体上的第三点)

(3)【两点(2P)】

通过指定球体上某一直径的两个端点来创建球体。执行该选项，AutoCAD 提示：

指定直径的第一个端点:(指定球体某一直径的第一点)
指定直径的第二个端点:(指定球体直径的第二点)

(4)【相切、相切、半径(T)】

创建与已有两对象相切，且半径为指定值的球体。执行该选项，AutoCAD 提示：

指定对象的第一个切点:(指定第一个相切对象)
指定对象的第二个切点:(指定第二个相切对象)
指定圆的半径:(输入球体的半径值)

提示

用【相切、相切、半径(T)】选项创建球体时，两个被切对象应为二维对象(如二维圆、直线、椭圆等)，且这两个对象位于同一平面。

§ 10.7.4 创建圆柱体

在 AutoCAD 2011 中，单击功能区中的【常用】|【建模】|【圆柱体】按钮▢，或单击【建模】工具栏上的【圆柱体】按钮▢，或者选择【绘图】|【建模】|【圆柱体】命令，或执行 CYLINDER 命令，均可启动创建圆柱体的操作。创建圆柱体的操作如下。

执行 CYLINDER 命令，AutoCAD 提示：

指定底面的中心点或 [三点(3P)/两点(2P)/相切、相切、半径(T)/椭圆(E)]：

下面介绍各选项的含义及其操作。

(1)【指定底面的中心点】

用于确定圆柱体底面的中心点位置，为默认选项。用户响应后，AutoCAD 提示：

指定底面半径或 [直径(D)]：(输入圆柱体的底面半径或执行【直径(D)】选项输入直径)
指定高度或 [两点(2P)/轴端点(A)]：

①【指定高度】

该提示要求用户指定圆柱体的高度，即根据柱体高度创建圆柱体，为默认选项。用户响应后，即可创建出圆柱体，且圆柱体的两端面与当前 UCS 的 XY 面平行。

②【两点(2P)】

用于指定两点，以这两点之间的距离为圆柱体的高度。执行该选项，AutoCAD 依次提示：

指定第一点：(确定第一点)
指定第二点：(确定第二点)

③【轴端点(A)】

用于根据圆柱体另一端面上的圆心位置创建圆柱体。执行该选项，AutoCAD 提示：

指定轴端点：

此提示要求用户确定圆柱体的另一轴端点，即另一端面上的圆心位置，用户响应后，AutoCAD 创建出圆柱体。利用该方法，可以创建沿任意方向放置的圆柱体。

(2)【三点(3P)】、【两点(2P)】、【相切、相切、半径(T)】

【三点(3P)】、【两点(2P)】和【相切、相切、半径(T)】3 个选项分别用于以不同方式确定圆柱体的底面圆，其操作与使用 CIRCLE 命令绘制圆的操作相同。确定了圆柱体的底面圆后，AutoCAD 继续提示：

指定高度或 [两点(2P)/轴端点(A)]：

用户响应即可。

(3)【椭圆(E)】

创建椭圆柱体，即横截面是椭圆的圆柱体。执行该选项，AutoCAD 提示：

指定第一个轴的端点或 [中心(C)]：

此提示要求用户确定椭圆柱体的底面椭圆，其操作过程与使用 ELLIPSE 命令绘制椭圆相似，在此不再介绍。确定了椭圆柱体的底面椭圆后，AutoCAD 继续提示：

指定高度或 [两点(2P)/轴端点(A)]：(根据提示响应即可)

§ 10.7.5　创建圆锥体

在 AutoCAD 2011 中，单击功能区中的【常用】|【建模】|【圆锥体】按钮△，或单击【建模】工具栏上的【圆锥体】按钮△，或选择【绘图】|【建模】|【圆锥体】命令，或直

接执行 CONE 命令，均可启动创建圆锥体的操作。创建圆锥体的操作如下。

执行 CONE 命令，AutoCAD 提示：

指定底面的中心点或 [三点(3P)/两点(2P)/相切、相切、半径(T)/椭圆(E)]:

下面介绍各选项的含义及其操作。

(1)【指定底面的中心点】

该提示要求确定圆锥体底面的中心点位置，为默认选项。用户响应后，AutoCAD 提示：

指定底面半径或 [直径(D)]:(输入圆锥体底面的半径或执行【直径(D)】选项输入直径)

指定高度或 [两点(2P)/轴端点(A)/顶面半径(T)]:

①【指定高度】

用于确定圆锥体的高度。输入高度值后按 Enter 键，AutoCAD 按此高度创建出圆锥体，且该圆锥体的中心线与当前 UCS 的 Z 轴平行。

②【两点(2P)】

指定两点，以这两点之间的距离作为圆锥体的高度。执行该选项，AutoCAD 依次提示：

指定第一点:(确定第一点)

指定第二点:(确定第二点)

③【轴端点(A)】

用于确定圆锥体的锥顶点位置。执行该选项，AutoCAD 提示：

指定轴端点:

在此提示下确定圆锥体的顶点(即轴端点)位置后，AutoCAD 创建出圆锥体。利用该方法，可以创建出沿任意方向放置的圆锥体。

④【顶面半径(T)】

用于创建圆台。执行该选项，AutoCAD 提示：

指定顶面半径:(指定顶面半径)

指定高度或 [两点(2P)/轴端点(A)] >:(响应某一选项即可)

(2)【三点(3P)】、【两点(2P)】、【相切、相切、半径(T)】

【三点(3P)】、【两点(2P)】和【相切、相切、半径(T)】3 个选项分别用于以不同方式确定圆锥体的底面圆，其操作与使用 CIRCLE 命令绘制圆相同。确定了圆锥体的底面圆后，AutoCAD 继续提示：

指定高度或 [两点(2P)/轴端点(A)/顶面半径(T)]:

用户在此提示下响应即可。

(3)【椭圆(E)】

创建椭圆锥体，即横截面为椭圆的锥体。执行该选项，AutoCAD 提示：

指定第一个轴的端点或 [中心(C)]:

此提示要求用户确定圆锥体的底面椭圆，其操作过程与用 ELLIPSE 命令绘制椭圆类似，

此处不再介绍。确定了椭圆锥体的底面椭圆后，AutoCAD 提示：

指定高度或 [两点(2P)/轴端点(A)/顶面半径(T)]:

用户在此提示下响应即可。

§ 10.7.6 创建圆环体

在 AutoCAD 2011 中，单击功能区中的【常用】|【建模】|【圆环体】按钮◎，或单击【建模】工具栏上的【圆环体】按钮◎，或选择【绘图】|【建模】|【圆环体】命令，或执行 TORUS 命令，均可启动创建圆环体的操作。创建圆环体的操作如下。

执行 TORUS 命令，AutoCAD 提示：

指定中心点或 [三点(3P)/两点(2P)/相切、相切、半径(T)]:

下面介绍各选项的含义及其操作。

(1)【指定中心点】

指定圆环体的中心点位置，为默认选项。执行该选项，即指定圆环体的中心点位置后，AutoCAD 提示：

指定半径或 [直径(D)]:(输入圆环体的半径或执行【直径(D)】选项输入直径)
指定圆管半径或 [两点(2P)/直径(D)]:(输入圆管的半径，或执行【两点(2P)】、【直径(D)】选项确定圆管的直径)

(2)【三点(3P)】、【两点(2P)】、【相切、相切、半径(T)】

这 3 个选项分别用于以不同的方式确定圆环体的中心线圆，其操作方式与使用 CIRCLE 命令绘制圆相同。确定了圆环体的中心线圆后，AutoCAD 继续提示：

指定圆管半径或 [两点(2P)/直径(D)]:(用户根据需要响应即可)

§ 10.7.7 创建多段体

在 AutoCAD 2011 中，单击功能区中的【常用】|【建模】|【多段体】按钮▯，或单击【建模】工具栏上的【多段体】按钮▯，或选择【绘图】|【建模】|【多段体】命令，或执行 POLYSOLID 命令，均可启动创建多段体的操作。创建的多段体如图 10-17 所示。

创建多段体的操作如下。

执行 POLYSOLID 命令，AutoCAD 提示：

指定起点或 [对象(O)/高度(H)/宽度(W)/对正(J)] <对象>:

图 10-17　多段体

 提示

多段体是具有矩形截面的实体，就像是具有宽度和高度的多段线。

新世纪高职高专规划教材

图 10-17　多段体

下面介绍该提示中各选项的含义。

(1)【指定起点】

指定多段体的起点。用户响应后，AutoCAD 提示：

指定下一个点或 [圆弧(A)/放弃(U)]:

①【指定下一个点】

继续指定多段体的端点，指定后，AutoCAD 提示：

指定下一个点或 [圆弧(A)/放弃(U)]:(指定点)
指定下一个点或 [圆弧(A)/闭合(C)/放弃(U)]:(指定点)
指定下一个点或 [圆弧(A)/闭合(C)/放弃(U)]:✓(也可以继续执行指定点操作)

②【圆弧(A)】

切换到绘圆弧模式。执行该选项，AutoCAD 提示：

指定圆弧的端点或 [方向(D)/直线(L)/第二个点(S)/放弃(U)]:

其中，【指定圆弧的端点】选项用于指定圆弧的另一端点；【方向(D)】选项用于确定圆弧在起点处的切线方向；【直线(L)】选项用于切换到绘制直线模式；【第二个点(S)】选项用于确定圆弧的第二点；【放弃(U)】选项用于放弃前一次操作。用户根据提示响应即可。

③【放弃(U)】

放弃前一次的操作。

(2)【对象(O)】

将二维对象转换为多段体。执行该选项，AutoCAD 提示：

选择对象:

在此提示下选择相应的对象后，AutoCAD 按当前的宽度和高度设置将其转换成多段体。用户可以将使用 LINE 命令绘制的直线、使用 CIRCLE 命令绘制的圆、使用 PLINE 命令绘制的多段线和使用 ARC 命令绘制的圆弧等转换为多段体。

(3)【高度(H)】、【宽度(W)】

设置多段体的高度和宽度，执行某一选项后，根据提示进行设置即可。

(4)【对正(J)】

设置多段体相对于光标的位置，即设置多段体上的哪条边(从上向下观察)要随光标移动。执行该选项，AutoCAD 提示：

输入对正方式 [左对正(L)/居中(C)/右对正(R)] <居中>:

①【左对正(L)】

表示当从左向右绘多段体时，多段体的上边随光标移动。

②【居中(C)】

表示绘多段体时，多段体的中心线(该线不显示)随光标移动。

③【右对正(R)】

表示当从左向右绘多段体时，多段体的下边随光标移动。

§ 10.7.8 拉伸

拉伸指通过将二维封闭对象按指定的高度或路径拉伸来创建三维实体(或三维面)，如图 10-18 所示。

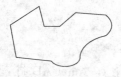

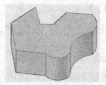

(a) 已有对象   (b) 拉伸实体(概念视觉样式)

图 10-18 通过拉伸创建实体

在 AutoCAD 2011 中，单击功能区中的【常用】|【建模】|【拉伸】按钮🔼，或单击【建模】工具栏上的【拉伸】按钮🔼，或选择【绘图】|【建模】|【拉伸】命令，或执行 EXTRUDE 命令，均可启动创建拉伸实体的操作。创建拉伸实体的操作如下。

执行 EXTRUDE 命令，AutoCAD 提示：

> 选择要拉伸的对象或 [模式(MO)]:

(1)【模式(MO)】

确定通过拉伸创建实体还是曲面。执行该选项，AutoCAD 提示：

> 闭合轮廓创建模式 [实体(SO)/曲面(SU)] <实体>:

其中，【实体(SO)】选项用于创建实体，【曲面(SU)】选项用于创建曲面。选择【实体(SO)】选项后，AutoCAD 继续提示：

> 选择要拉伸的对象或 [模式(MO)]:

(2)【选择要拉伸的对象】

选择对象进行拉伸。如果创建拉伸实体，此时应选择二维封闭对象。选择了要拉伸的对象后，AutoCAD 提示：

> 选择要拉伸的对象或 [模式(MO)]:↙(也可以继续选择对象)
>
> 指定拉伸的高度或 [方向(D)/路径(P)/倾斜角(T)/表达式(E)]:

①【指定拉伸的高度】

确定拉伸高度，使对象按该高度拉伸，为默认项。用户响应后，即输入高度值后按 Enter 键，即可创建出对应的拉伸实体。

②【方向(D)】

确定拉伸方向。执行该选项，AutoCAD 提示：

> 指定方向的起点:
>
> 指定方向的端点:

用户依次响应后，AutoCAD 以所指定两点之间的距离为拉伸高度，以两点之间的连接方向为拉伸方向创建出拉伸对象。

③【路径(P)】

按路径拉伸。执行该选项，AutoCAD 提示：

选择拉伸路径或 [倾斜角(T)]:

用于选择拉伸路径，为默认项，用户直接选择路径即可。用于拉伸的路径可以是直线、圆、圆弧、椭圆、椭圆弧、二维多段线、三维多段线及二维样条曲线等，作为拉伸路径的对象可以封闭，也可以不封闭。

④【倾斜角(T)】

确定拉伸倾斜角。执行该选项，AutoCAD 提示：

指定拉伸的倾斜角度或 [表达式(E)] <0>:

此提示要求确定拉伸的倾斜角度。如果以 0(0°)响应，AutoCAD 将二维对象按指定的高度拉伸成柱体；如果输入了角度值，拉伸后实体截面沿拉伸方向按此角度变化。也可以通过表达式确定倾斜角度。

⑤【表达式(E)】

通过表达式确定拉伸角度。

§ 10.7.9　旋转

本节介绍的旋转是指通过绕轴旋转封闭二维对象来创建三维实体(或三维面)，如图 10-19 所示。

(a) 封闭对象与旋转轴　　　　　　　(b) 旋转实体(真实视觉样式)

图 10-19　通过旋转创建实体

在 AutoCAD 2011 中，单击功能区中的【常用】|【建模】|【旋转】按钮，或单击【建模】工具栏上的【旋转】按钮，或选择【绘图】|【建模】|【旋转】命令，或执行 REVOLVE 命令，均可启动创建旋转实体的操作。创建旋转实体的操作如下。

执行 REVOLVE 命令，AutoCAD 提示：

选择要旋转的对象或 [模式(MO)]:

(1)【模式(MO)】

确定通过拉伸创建实体还是曲面。执行该选项，AutoCAD 提示：

闭合轮廓创建模式 [实体(SO)/曲面(SU)] <实体>:

其中，【实体(SO)】选项用于创建实体，【曲面(SU)】选项用于创建曲面。选择【实体(SO)】选项后，AutoCAD 继续提示：

选择要旋转的对象或 [模式(MO)]:

(2)【选择要旋转的对象】

选择对象进行旋转。如果是创建旋转实体，此时应选择二维封闭对象。选择了要旋转的对象后，AutoCAD 提示：

选择要旋转的对象或 [模式(MO)]:↙(也可以继续选择对象)

指定轴起点或根据以下选项之一定义轴 [对象(O)/X/Y/Z] <对象>:

①【指定轴起点】

通过指定旋转轴的两端点位置来确定旋转轴，为默认项。用户响应后，即指定旋转轴的起点后，AutoCAD 提示：

指定轴端点:(指定旋转轴的另一端点位置)

指定旋转角度或 [起点角度(ST)/反转(R)/表达式(EX)] <360>:

a.【指定旋转角度】

确定旋转角度，为默认项。用户响应后，即输入角度值后按 Enter 键，AutoCAD 将选择的对象按指定的角度创建出对应的旋转实体(默认角度是 360°)。

b.【起点角度(ST)】

确定旋转的起始角度。执行该选项，AutoCAD 提示：

指定起点角度:(输入旋转的起始角度后按 Enter 键)

指定旋转角度或 [起点角度(ST)/表达式(EX)] <360>:(输入旋转角度后按 Enter 键)

c.【反转(R)】

改变旋转方向，直接执行该选项即可。

d.【表达式(EX)】

通过表达式或公式来确定旋转角度。

②【对象(O)】

绕指定的对象旋转。执行该选项，AutoCAD 提示：

选择对象:

此提示要求选择作为旋转轴的对象。此时只能选择使用 LINE 命令绘制的直线或使用 PLINE 命令绘制的多段线。选择多段线时，如果拾取的多段线为直线段，旋转对象将绕该线段旋转；如果拾取的是圆弧段，AutoCAD 以该圆弧两端点的连线作为旋转轴旋转。确定了旋转轴对象后，AutoCAD 提示：

指定旋转角度或 [起点角度(ST)/反转(R)/表达式(EX)] <360>: (输入旋转角度值后按 Enter 键，默认值为旋转 360°，或通过其他选项进行设置)

③【X】、【Y】、【Z】

分别绕 x 轴、y 轴或 z 轴旋转成实体。执行某一选项，AutoCAD 提示：

指定旋转角度或 [起点角度(ST)/反转(R)/表达式(EX)] <360>:

根据提示响应即可。

10.8　上机实战

一、创建如图 10-20 所示的实体。

(1) 以文件 acadiso3D.dwt 为样板，建立新图形。

新世纪高职高专规划教材

(2) 创建位于底面的长方体

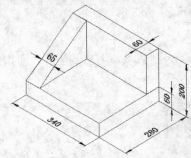

图 10-20 实体模型

单击功能区中的【常用】|【建模】|【长方体】按钮□，或选择【绘图】|【建模】|【长方体】命令，即执行 BOX 命令，AutoCAD 提示：

指定第一个角点或 [中心(C)]: 0,0,0✓
指定其他角点或 [立方体(C)/长度(L)]: 280,340,60✓

选择【视图】|【三维视图】|【东北等轴测】命令，改变视点，结果如图 10-21 所示(二维线框视觉样式)。

(3) 创建位于侧面的长方体

执行 BOX 命令，AutoCAD 提示：

指定第一个角点或 [中心(C)]:(捕捉图 10-21 所示长方体的最高点)
指定其他角点或 [立方体(C)/长度(L)]:@60,340,140✓

结果如图 10-22 所示。

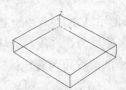

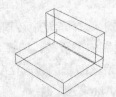

图 10-21 创建长方体 1

图 10-22 创建长方体 2

(4) 创建楔体

单击功能区中的【常用】|【建模】|【楔体】按钮◣，或单击【建模】工具栏上的【楔体】按钮◣，即执行 WEDGE 命令，AutoCAD 提示：

指定第一个角点或 [中心(C)]:(捕捉图 10-22 所示两长方体交线上位于左侧的点)
指定其他角点或 [立方体(C)/长度(L)]:@220,60,140✓

二、创建如图 10-23 所示的两个圆柱体和一个圆环体，其中两圆柱体的半径均为 20，高均为 300；圆环体的圆环半径为 150，圆管半径为 25。

(1) 以文件 acadiso3D.dwt 为样板，建立新图形。

(2) 改变视点

选择【视图】|【三维视图】|【东北等轴测】命令，改变视点。

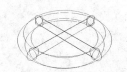

(a) 三维线框视觉样式

(b) 真实视觉样式

图 10-23 实体模型

(3) 建立 UCS，使 UCS 的 XY 面与所创建圆柱体的底面平行。

选择【工具】|【新建 UCS】|X 命令，AutoCAD 提示：

指定绕 X 轴的旋转角度 <90>:✓ (结果如图 10-24 中的 UCS 图标)

(4) 创建圆柱体

单击功能区中的【常用】|【建模】|【圆柱体】按钮▢，或单击【建模】工具栏上的【圆柱体】按钮▢，即执行 CYLINDER 命令，AutoCAD 提示：

指定底面的中心点或 [三点(3P)/两点(2P)/切点、切点、半径(T)/椭圆(E)]: 0,0,150✓
指定底面半径或 [直径(D)]: 20✓
指定高度或 [两点(2P)/轴端点(A)]:-300✓

结果如图 10-24 所示。

(5) 建立 UCS

选择【工具】|【新建 UCS】|Y 命令，AutoCAD 提示：

指定绕 Y 轴的旋转角度 <90>:✓ (结果参见图 10-25 中的 UCS 图标)

(6) 创建圆柱体

单击功能区中的【常用】|【建模】|【圆柱体】按钮▢，或单击【建模】工具栏上的【圆柱体】按钮▢，即执行 CYLINDER 命令，AutoCAD 提示：

指定底面的中心点或 [三点(3P)/两点(2P)/切点、切点、半径(T)/椭圆(E)]: 0,0,150✓
指定底面半径或 [直径(D)] <20.0000>:✓
指定高度或 [两点(2P)/轴端点(A)] <-300.0000>:✓

结果如图 10-25 所示。

图 10-24 创建圆柱体 1

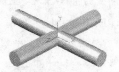
图 10-25 创建圆柱体 2

(7) 建立 UCS

选择【工具】|【新建 UCS】|X 命令，AutoCAD 提示：

指定绕 X 轴的旋转角度 <90>:✓

(8) 创建圆环体

单击功能区中的【常用】|【建模】|【圆环体】按钮◎，或单击【建模】工具栏上的【圆环体】按钮◎，即执行 TORUS 命令，AutoCAD 提示：

新世纪高职高专规划教材

指定中心点或 [三点(3P)/两点(2P)/切点、切点、半径(T)]: 0,0,0✓

指定半径或 [直径(D)]: 150✓

指定圆管半径或 [两点(2P)/直径(D)]: 25✓

10.9 习题

1. 判断题

(1) 利用 AutoCAD 2011 绘制三维图形时，只能在它提供的三维建模界面中进行。(　　)

(2) AutoCAD 2011 三维建模界面与经典工作界面的主要区别在于三维建模界面中不能显示菜单栏和工具栏。(　　)

(3) AutoCAD 2011 提供了 10 种三维模型的显示方式，即二维线框、概念、三维隐藏、真实、着色、带边框着色、灰度、勾画、三维线框以及 X 射线视觉样式。(　　)

(4) 平移视图(PAN 命令)和图形显示缩放(ZOOM 命令)功能在三维绘图中不能使用。(　　)

(5) 用户可以在 AutoCAD 中建立坐标位于任意位置、指向任意方向的 UCS。(　　)

(6) 可以在三维空间创建任意放置的长方体、楔体及圆柱体等实体。(　　)

(7) 在 AutoCAD 中，只能用 BOX 命令创建长方体。(　　)

(8) 绘制圆、圆弧、直线以及正多边形等命令在三维绘图中均可以使用。(　　)

(9) 可以将任意二维轮廓拉伸成实体。(　　)

2. 上机习题

(1) 根据图 8-74 所示图形创建对应的三维实体(暂不创建直径为 10 的 4 个孔)，结果如图 10-26 所示。提示：首先绘制对应的截面轮廓(或通过更改已有图形得到)和旋转轴，使用 PEDIT 命令将轮廓合并成一条闭合多段线，然后执行 REVOLVE 命令绕轴旋转轮廓。

(2) 根据图 3-32 所示图形创建对应的三维实体，拉伸高度为 50(暂不创建直径为 70 的孔和键槽)，结果如图 10-27 所示。

 提示 --------------------------------------

　首先绘制对应的轮廓(或通过更改已有图形得到)，使用 PEDIT 命令将轮廓合并成一条闭合多段线，然后执行 EXTRUDE 命令拉伸轮廓。

图 10-26　旋转实体

图 10-27　拉伸实体

新世纪高职高专规划教材

第**11**章

三维编辑、创建复杂实体

主要内容　　本书第 3 章介绍的许多编辑命令仍适用于三维操作，如复制、移动以及删除等，但执行这些操作时可能需要指定三维空间的点，而某些编辑命令对三维操作有特殊的要求。此外，AutoCAD 2011 还提供了专门用于三维编辑的命令。通过本章的学习，读者可以掌握进行三维编辑以及创建复杂实体模型的方法。

本章重点
- ➢ 创建倒角与圆角
- ➢ 三维旋转、阵列、镜像

- ➢ 布尔操作
- ➢ 通过基本实体创建复杂实体

11.1　三维编辑

本节将介绍 AutoCAD 2011 的三维编辑功能。

§ 11.1.1　创建圆角

创建圆角指为三维实体的凸边或凹边切出或添加圆角，如图 11-1 所示。

 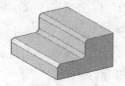

(a) 创建圆角前　　　　　　　　(b) 创建圆角后

图 11-1　创建圆角示例

为实体创建圆角的命令与为二维图形创建圆角的命令相同，均为 FILLET 命令。可通过单击功能区【常用】|【修改】|【圆角】按钮，或单击【修改】工具栏上的【圆角】按钮，或选择【修改】|【圆角】命令，启动创建圆角的操作。创建圆角的操作如下。

执行 FILLET 命令，AutoCAD 提示：

选择第一个对象或 [放弃(U)/多段线(P)/半径(R)/修剪(T)/多个(M)]:(选择实体)

输入圆角半径:(输入圆角半径)

选择边或 [链(C)/半径(R)]:

在此提示下选择要创建圆角的各边,即可对它们创建圆角。

§ 11.1.2 创建倒角

在三维绘图中,利用创建倒角功能,可以切去实体的外角(凸边)或填充实体的内角(凹边),如图 11-2 所示。

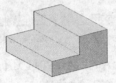

(a) 创建倒角前   (b) 创建倒角后

图 11-2 创建倒角示例

为实体创建倒角的命令与创建二维倒角使用的命令相同,均为 CHAMFER 命令。可通过单击功能区【常用】|【修改】|【倒角】按钮，或单击【修改】工具栏上的【倒角】按钮，或选择【修改】|【倒角】命令,启动创建倒角的操作。

执行 CHAMFER 命令,AutoCAD 提示:

选择第一条直线或 [放弃(U)/多段线(P)/距离(D)/角度(A)/修剪(T)/方式(E)/多个(M)]:

在此提示下选择实体上需要倒角的边,AutoCAD 可以自动识别该实体,并将选择边所在的某一个面亮显,同时提示:

基面选择...

输入曲面选择选项 [下一个(N)/当前(OK)]<当前>:

此提示要求用户选择用于倒角的基面。基面是指构成选择边的两个面中的某一个面。如果选择当前亮显面为基面,按 Enter 键即可(即执行【当前(OK)】选项);如果执行【下一个(N)】选项,则另一个面亮显,表示该面成为倒角基面。确定基面后,AutoCAD 继续提示:

指定基面的倒角距离:(输入在基面上的倒角距离)

指定其他曲面的倒角距离:(输入与基面相邻的另一个面上的倒角距离)

选择边或 [环(L)]:

该提示中两个选项的含义如下。

(1)【选择边】

对基面上指定的边倒角,为默认选项。用户指定各边后,即可对它们实现倒角。

(2)【环(L)】

对基面上的各边均给予倒角。执行该选项,AutoCAD 提示:

选择边环或 [边(E)]:

在此提示下选择基面上要倒角的边，AutoCAD 对它们创建倒角。

§11.1.3 三维旋转

三维旋转指将选定的对象绕空间轴旋转指定的角度。

单击功能区中的【常用】|【修改】|【三维旋转】按钮 ，或选择【修改】|【三维操作】|【三维旋转】命令，或执行 3DROTATE 命令，均可启动三维旋转的操作。三维旋转的操作如下。

执行 3DROTATE 命令，AutoCAD 提示：

> 选择对象:(选择旋转对象)
> 选择对象:✓(也可以继续选择对象)
> 指定基点:

给出【指定基点:】提示的同时，AutoCAD 会显示随光标一起移动的三维旋转图标，如图 11-3 所示。

在【指定基点:】提示下指定旋转基点后，AutoCAD 将图 11-3 所示图标固定在旋转基点位置(图标中心点与基点重合)，并提示：

> 拾取旋转轴:

在此提示下，将光标置于图 11-3 所示图标的某一椭圆上，该椭圆将以黄色显示，并显示与该椭圆所在平面垂直、且通过图标中心的一条线，此线即为对应的旋转轴，如图 11-4 所示。

用此方法确定旋转轴后，单击，AutoCAD 提示：

> 指定角的起点或键入角度:(指定一点作为角的起点，或直接输入角度)
> 指定角的端点:(指定一点作为角的终止点，AutoCAD 执行对应的旋转)

图 11-3　三维旋转图标

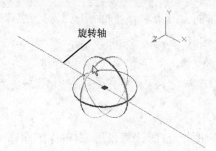

图 11-4　显示旋转轴

§11.1.4 三维镜像

三维镜像指将选定的对象在三维空间相对于某一平面镜像。

单击功能区中的【常用】|【修改】|【三维镜像】按钮 ，或选择【修改】|【三维操作】|【三维镜像】命令，或执行 MIRROR3D 命令，均可启动三维镜像的操作。三维镜像的

新世纪高职高专规划教材

操作如下。

执行 MIRROR3D 命令，AutoCAD 提示：

选择对象:(选择镜像对象)

选择对象:↙(也可以继续选择对象)

指定镜像平面(三点)的第一个点或

[对象(O)/最近的(L)/Z 轴(Z)/视图(V)/XY 平面(XY)/YZ 平面(YZ)/ZX 平面(ZX)/三点(3)] <三点>:

该提示要求用户确定镜像平面。下面介绍各选项的含义及其操作。

(1)【指定镜像平面(三点)的第一个点】

通过三点确定镜像面，为默认选项。执行该默认选项，即确定镜像面上的第一点后，AutoCAD 继续提示：

在镜像平面上指定第二点:(确定镜像面上的第二点)

在镜像平面上指定第三点:(确定镜像面上的第三点)

是否删除源对象? [是(Y)/否(N)]<否>:(确定镜像后是否删除源对象)

(2)【对象(O)】

以指定对象所在的平面作为镜像面。执行该选项，AutoCAD 提示：

选择圆、圆弧或二维多段线线段:(选择圆、圆弧或二维多段线线段)

是否删除源对象? [是(Y)/否(N)]<否>:(确定镜像后是否删除源对象)

(3)【最近的(L)】

以最近一次定义的镜像面作为当前镜像面。执行该选项，AutoCAD 提示：

是否删除源对象? [是(Y)/否(N)]<否>:(确定镜像后是否删除源对象)

(4)【Z 轴(Z)】

通过确定平面上一点和该平面法线上的一点来定义镜像面。执行该选项,AutoCAD 提示：

在镜像平面上指定点:(确定镜像面上的任一点)

在镜像平面的 Z 轴(法向)上指定点:(确定镜像面法线上的任一点)

是否删除源对象? [是(Y)/否(N)]<否>:(确定镜像后是否删除源对象)

(5)【视图(V)】

以与当前视图平面(即计算机屏幕)平行的面作为镜像面。执行该选项，AutoCAD 提示：

在视图平面上指定点:(确定视图面上任一点)

是否删除源对象? [是(Y)/否(N)]<否>:(确定镜像后是否删除源对象)

(6)【XY 平面(XY)】、【YZ 平面(YZ)】、【ZX 平面(ZX)】

3 个选项分别表示以与当前 UCS 的 XY、YZ 或 ZX 面平行的平面作为镜像面。执行某一选项(如执行【XY 平面(XY)】选项)，AutoCAD 提示：

指定 XY 平面上的点:(确定对应点)

是否删除源对象? [是(Y)/否(N)]<否>:(确定镜像后是否删除源对象)

(7)【三点(3)】

通过指定三点来确定镜像面，其操作与默认选项相同。

§ 11.1.5　三维阵列

三维阵列指将选定的对象在三维空间实现阵列。

单击功能区中的【常用】|【修改】|【三维阵列】按钮 ，或选择【修改】|【三维操作】|【三维阵列】命令，或执行 3DARRAY 命令；均可启动三维阵列的操作。三维阵列的操作如下。

执行 3DARRAY 命令，AutoCAD 提示：

选择对象:(选择阵列对象)
选择对象:↙(也可以继续选择对象)
输入阵列类型 [矩形(R)/环形(P)]:

此提示要求用户确定阵列的类型，有矩形阵列和环形阵列两种选择，下面分别进行介绍。

(1) 矩形阵列

【矩形(R)】选项用于矩形阵列，执行该选项，AutoCAD 依次提示：

输入行数(---):(输入阵列的行数)
输入列数(|||):(输入阵列的列数)
输入层数(...):(输入阵列的层数)
指定行间距(---):(输入行间距)
指定列间距(|||):(输入列间距)
指定层间距(...):(输入层间距)

执行结果：将所选择对象按指定的行、列和层阵列。

提示

矩形阵列中，行、列和层分别沿当前 UCS 的 X、Y 和 Z 轴方向。当 AutoCAD 提示输入沿某方向的间距值时，可以输入正值或负值，正值表示将沿对应坐标轴的正方向阵列，否则沿负方向阵列。

(2) 环形阵列

在【输入阵列类型 [矩形(R)/环形(P)]:】提示下执行【环形(P)】选项，表示将进行环形阵列，AutoCAD 提示：

输入阵列中的项目数目:(输入阵列的项目个数)
指定要填充的角度(+=逆时针, -=顺时针) <360>:(输入环形阵列的填充角度)
旋转阵列对象？[是(Y)/否(N)]:

该提示要求用户确定当阵列指定对象时，是否使对象发生对应的旋转(与二维阵列时的效果类似)。用户响应该提示后，AutoCAD 继续提示：

指定阵列的中心点:(确定阵列的中心点位置)
指定旋转轴上的第二点:(确定阵列旋转轴上的另一点。阵列中心点为阵列旋转轴上的一点)

新世纪高职高专规划教材

11.2 布尔操作

布尔操作指对实体进行并集、差集或交集等操作,这些操作均属于编辑操作。

§ 11.2.1 并集操作

利用并集操作,可以将多个实体组合成一个实体,如图 11-5 所示(注意两者在侧面的区别)。

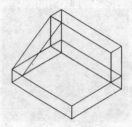 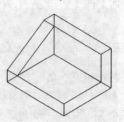

(a) 并集操作前   (b) 并集操作后

图 11-5 并集操作示例(三维线框视觉样式)

单击功能区中的【常用】|【实体编辑】|【并集】按钮 ⑩,或单击【建模】工具栏上的【并集】按钮 ⑩,或选择【修改】|【实体编辑】|【并集】命令,或执行 UNION 命令,均可启动并集操作。并集的操作如下。

执行 UNION 命令,AutoCAD 提示:

选择对象:(选择要进行并集操作的实体对象,如选择图 11-5(a)中的各实体)
选择对象:(继续选择实体对象)
…
选择对象:✓

执行结果:AutoCAD 将多个实体组合为一个实体。

 提示

执行 UNION 命令,当在【选择对象:】提示下选择各实体对象后,如果各实体彼此不接触或不重叠,AutoCAD 同样会对这些实体进行并集操作,并将它们组合成一个实体。

§ 11.2.2 差集操作

差集操作指从一些实体中去掉另一些实体,从而得到新实体,如图 11-6 所示。

(a) 差集操作前   (b) 差集操作后

图 11-6 差集操作示例(真实视觉样式)

单击功能区中的【常用】|【实体编辑】|【差集】按钮◎，或单击【建模】工具栏上的【差集】按钮◎，或选择【修改】|【实体编辑】|【差集】命令，或执行 UNION 命令，均可启动差集操作。差集的操作如下。

执行 SUBTRACT 命令，AutoCAD 提示：

> 选择要从中减去的实体、曲面和面域...
> 选择对象:(选择对应的实体对象，如选择图 11-6(a)中的长方体)
> 选择对象:✓(也可以继续选择对象)
> 选择要减去的实体、曲面和面域...
> 选择对象:(选择对应的实体对象，如选择图 11-6(a)中的圆柱体)
> 选择对象:✓(也可以继续选择对象)

执行结果：AutoCAD 从指定的实体中去掉一些实体后得到一个新实体。

§ 11.2.3 交集操作

交集操作指由各实体的公共部分创建一个新实体，如图 11-7 所示。

(a) 交集操作前   (b) 交集操作后

图 11-7 交集操作示例(真实视觉样式)

单击功能区中的【常用】|【实体编辑】|【交集】按钮◎，或单击【建模】工具栏上的【交集】按钮◎，或选择【修改】|【实体编辑】|【交集】命令，或执行 INTERSECT 命令，均可启动交集操作。交集的操作如下。

执行 INTERSECT 命令，AutoCAD 提示：

> 选择对象:(选择进行交集操作的实体对象)
> 选择对象:(继续选择对象)
> ...
> 选择对象:✓

执行结果：AutoCAD 由各实体的公共部分创建出一个新实体。

11.3 创建复杂实体

本节将通过下面的例子说明创建复杂实体模型的过程。

【例 11-1】为 7.4 节创建的如图 11-8(a)所示的零件创建实体模型，结果如图 11-8(b)所示

(通过剖开查看内部结构)。

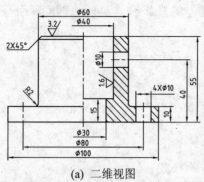

(a) 二维视图

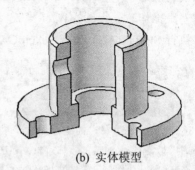

(b) 实体模型

图 11-8　练习图

(1) 执行 NEW 命令，以文件 acadiso3D.dwt 为样板建立新图形。

(2) 创建直径分别为 100、60、30 和 40 的 4 个圆柱体。

单击功能区中的【常用】|【建模】|【圆柱体】按钮▣，或选择【绘图】|【建模】|【圆柱体】命令，或执行 CYLINDER 命令，AutoCAD 提示：

> 指定底面的中心点或 [三点(3P)/两点(2P)/切点、切点、半径(T)/椭圆(E)]: 0,0✓(因为 Z 坐标为 0，所以可不输入 Z 坐标)
> 指定底面半径或 [直径(D)]: d✓
> 指定直径: 100✓
> 指定高度或 [两点(2P)/轴端点(A)]: 10✓

再次执行 CYLINDER 命令，AutoCAD 提示：

> 指定底面的中心点或 [三点(3P)/两点(2P)/切点、切点、半径(T)/椭圆(E)]: 0,0✓
> 指定底面半径或 [直径(D)]: d✓
> 指定直径: 60✓
> 指定高度或 [两点(2P)/轴端点(A)]: 55✓

再次执行 CYLINDER 命令，AutoCAD 提示：

> 指定底面的中心点或 [三点(3P)/两点(2P)/切点、切点、半径(T)/椭圆(E)]: 0,0✓
> 指定底面半径或 [直径(D)]: d✓
> 指定直径: 30✓
> 指定高度或 [两点(2P)/轴端点(A)]: 55✓

再次执行 CYLINDER 命令，AutoCAD 提示：

> 指定底面的中心点或 [三点(3P)/两点(2P)/切点、切点、半径(T)/椭圆(E)]: 0,0,15✓
> 指定底面半径或 [直径(D)]: d✓
> 指定直径: 40✓
> 指定高度或 [两点(2P)/轴端点(A)]:55✓

执行结果如图 11-9 所示(为使读者看清所创建模型及坐标系图标，图中采用了二维线框视觉样式)。

(3) 并集操作

单击功能区中的【常用】|【实体编辑】|【并集】按钮⑩，或选择【修改】|【实体编辑】|【并集】命令，AutoCAD 提示：

选择对象:(分别选择直径为 100 和 60 的圆柱体)
选择对象:(继续选择实体对象)✓

(4) 差集操作

单击功能区中的【常用】|【实体编辑】|【差集】按钮⑩，或选择【修改】|【实体编辑】|【差集】命令，AutoCAD 提示：

选择要从中减去的实体、曲面和面域...
选择对象:(选择由并集得到的实体)
选择对象:✓
选择要减去的实体、曲面和面域...
选择对象:(分别选择直径为 30 和 40 的圆柱体)
选择对象:✓

执行结果如图 11-10 所示。

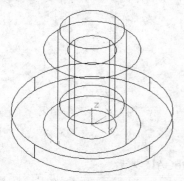 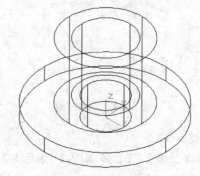

图 11-9　创建圆柱体　　　　　　图 11-10　布尔操作结果

(5) 创建位于底面的直径为 10 的圆柱体

执行 CYLINDER 命令，AutoCAD 提示：

指定底面的中心点或 [三点(3P)/两点(2P)/切点、切点、半径(T)/椭圆(E)]: 0,40,0✓
指定底面半径或 [直径(D)]: d✓
指定直径: 10✓
指定高度或 [两点(2P)/轴端点(A)]:20✓

执行结果如图 11-11 所示。

阵列新创建的圆柱体。选择【修改】|【阵列】命令，即执行 ARRAY 命令，AutoCAD 打开【阵列】对话框，从中进行设置，如图 11-12 所示(因在 XY 面内阵列，所以采用二维阵列即可)。

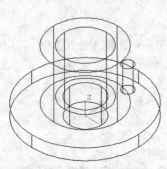

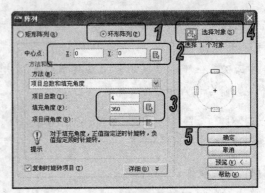

图 11-11 创建小圆柱体 　　　　　　　　图 11-12 阵列设置

从图 11-12 中可以看出，已将阵列模式设为环形阵列，并选择了阵列中心点(实际为 0,0)，阵列数为 4，选择小圆柱体为阵列对象。

单击【确定】按钮，完成阵列，结果如图 11-13 所示。

(6) 差集操作

对图 11-13 中的大实体和 4 个直径为 10 的小圆柱体执行差集操作，结果如图 11-14 所示。

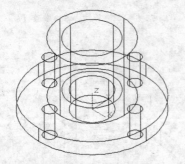

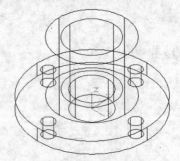

图 11-13 阵列结果 　　　　　　　　　图 11-14 差集结果

(7) 建立 UCS

选择【工具】|【新建 UCS】|【原点】命令，AutoCAD 提示：

指定新原点 <0,0,0>:0,0,40✓

选择【工具】|【新建 UCS】|X 命令，AutoCAD 提示：

指定绕 X 轴的旋转角度<90>:✓

执行结果如图 11-15 所示。

(8) 创建直径为 10 的圆柱体

执行 CYLINDER 命令，AutoCAD 提示：

指定底面的中心点或 [三点(3P)/两点(2P)/切点、切点、半径(T)/椭圆(E)]: 0,0,50✓

指定底面半径或 [直径(D)]: d✓

指定直径: 10✓

指定高度或 [两点(2P)/轴端点(A)]:-100✓

执行结果如图 11-16 所示。

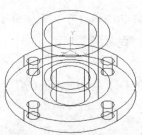

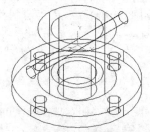

图 11-15 建立 UCS　　　　　　　图 11-16 创建圆柱体

(9) 差集操作

对图 11-16 中的大实体和直径为 10 的圆柱体执行差集操作，结果如图 11-17 所示。

(10) 创建倒角

选择【修改】|【倒角】命令，AutoCAD 提示:

选择第一条直线或 [放弃(U)/多段线(P)/距离(D)/角度(A)/修剪(T)/方式(E)/多个(M)]:(选择对应的棱边)
基面选择...
输入曲面选择选项 [下一个(N)/当前(OK)] <当前(OK)>:✓
指定基面的倒角距离: 2✓
指定其他曲面的倒角距离 <2.0000>:✓
选择边或 [环(L)]:(选择倒角棱边)
选择边或 [环(L)]:✓

执行结果如图 11-18 所示。

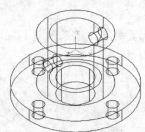

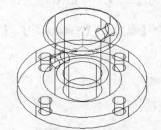

图 11-17 差集结果　　　　　　　图 11-18 创建倒角

11.4 上机实战

一、创建 3.22 节如图 3-53(a)所示轴的实体模型，结果如图 11-19 所示。

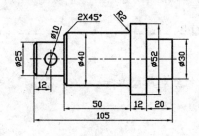

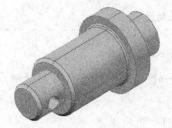

(a) 二维图形　　　　　　　　　　　(b) 实体模型

图 11-19 练习图

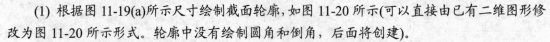
(1) 根据图 11-19(a)所示尺寸绘制截面轮廓,如图 11-20 所示(可以直接由已有二维图形修改为图 11-20 所示形式。轮廓中没有绘制圆角和倒角,后面将创建)。

(2) 合并

选择【修改】|【对象】|【多段线】命令,即执行 PEDIT 命令,AutoCAD 提示:

> 选择多段线或 [多条(M)]:(选择图 11-20 中的任一条直线)
> 选定的对象不是多段线
> 是否将其转换为多段线? <Y>✓
> 输入选项 [闭合(C)/合并(J)/宽度(W)/编辑顶点(E)/拟合(F)/样条曲线(S)/非曲线化(D)/线型生成(L)/放弃(U)]:J✓
> 选择对象:(选择图 11-20 中其余所有直线)
> 选择对象:✓
> 输入选项 [闭合(C)/合并(J)/宽度(W)/编辑顶点(E)/拟合(F)/样条曲线(S)/非曲线化(D)/线型生成(L)/放弃(U)]:C✓(闭合多段线)

(3) 旋转成实体

选择【绘图】|【建模】|【旋转】命令,即执行 REVOLVE 命令,AutoCAD 提示:

> 选择要旋转的对象或 [模式(MO)]:(选择通合并得到的对象)
> 选择要旋转的对象或 [模式(MO)]:✓
> 指定轴起点或根据以下选项之一定义轴 [对象(O)/X/Y/Z] <对象>:(捕捉图 11-20 所示轮廓的左下角点)
> 指定轴端点:(捕捉轮廓的右下角点)
> 指定旋转角度或 [起点角度(ST)/反转(R)/表达式(EX)] <360>:✓

选择命令【视图】|【三维视图】|【西南等轴测】改变视点,结果如图 11-21 所示。

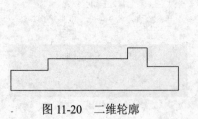

图 11-20　二维轮廓

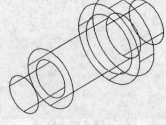

图 11-21　旋转实体

　提示

　如果用户获得的模型观看方向与图 11-21 不一致,可以继续改变视点,或直接在所观看的方位完成后面的操作。

(4) 建立 UCS

创建如图 11-22 中坐标系图标所示的 UCS(二维线框模型显示。UCS 原点位于轴的左端面的圆心)

(5) 创建圆柱体

单击功能区中的【常用】|【建模】|【圆柱体】按钮,或选择【绘图】|【建模】|【圆

柱体】命令，即执行 CYLINDER 命令，AutoCAD 提示：

> 指定底面的中心点或 [三点(3P)/两点(2P)/切点、切点、半径(T)/椭圆(E)]:12,0,15↙
> 指定底面半径或 [直径(D)]: d↙
> 指定直径: 10↙
> 指定高度或 [两点(2P)/轴端点(A)]:-30↙

结果如图 11-23 所示。

(6) 差集操作

对图 11-23 中的大实体和直径为 10 小圆柱体执行差集操作，结果如图 11-24 所示。

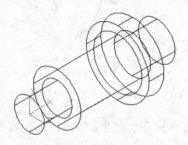

图 11-22　建立 UCS

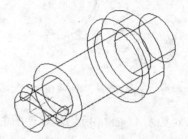

图 11-23　创建圆柱体

(7) 创建圆角

选择【修改】|【圆角】命令，即执行 FILLET 命令，AutoCAD 提示：

> 选择第一个对象或 [放弃(U)/多段线(P)/半径(R)/修剪(T)/多个(M)]:(选择创建圆角的边)
> 输入圆角半径:2↙
> 选择边或 [链(C)/半径(R)]: (选择创建圆角的边)
> 选择边或 [链(C)/半径(R)]:↙

执行结果如图 11-25 所示。

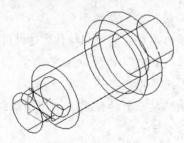

图 11-24　差集结果

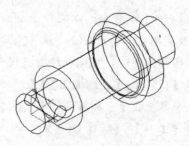

图 11-25　创建圆角

(8) 创建倒角

选择【修改】|【倒角】命令，AutoCAD 提示：

> 选择第一条直线或 [放弃(U)/多段线(P)/距离(D)/角度(A)/修剪(T)/方式(E)/多个(M)]:(选择左端面上的棱边)
> 基面选择...
> 输入曲面选择选项 [下一个(N)/当前(OK)] <当前(OK)>:↙
> 指定基面的倒角距离:2↙

指定其他曲面的倒角距离 <2.0000>:✓

选择边或 [环(L)]:(选择左端面上的棱边)

选择边或 [环(L)]:✓

执行结果如图 11-26 所示。

对另一条边创建倒角，结果如图 11-27 所示。

至此，完成轴实体的创建，用户可以使用不同的视觉样式对其进行查看。

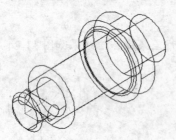
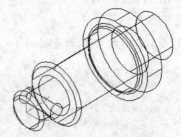

图 11-26 创建倒角 1   图 11-27 创建倒角 2

二、对如图 11-28(a)所示的零件图创建对应的实体模型，结果如图 11-28(b)所示。

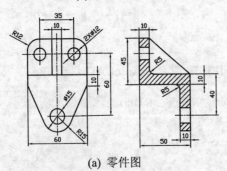

(a) 零件图   (b) 实体模型

图 11-28 练习图

(1) 执行 NEW 命令，以文件 acadiso3D.dwt 为样板，建立新图形。

(2) 改变视点、建立 UCS、设置平面视图(为参照本书介绍的步骤操作，建议用户执行以下操作。实际绘图时，可根据绘图习惯来设置视点和 UCS)

选择【视图】|【三维视图】|【东北等轴测】命令改变视点。

如果屏幕上显示出栅格线，单击状态栏上的【栅格显示】按钮▦，关闭栅格线的显示。

选择【工具】|【新建 UCS】|Z 命令，AutoCAD 提示：

指定绕 Z 轴的旋转角度 <90>:✓

选择【工具】|【新建 UCS】|X 命令，AutoCAD 提示：

指定绕 X 轴的旋转角度 <90>:✓

此时的坐标系图标如图 11-29 所示。

选择【视图】|【三维视图】|【平面视图】|【当前 UCS】命令，设置平面视图(参见 10.4.3 节)，设置后的坐标系图标如图 11-30 所示，即当前 UCS 的 XY 面与计算机屏幕平行。

图 11-29 UCS 1

图 11-30 UCS 2

(3) 绘制封闭轮廓

根据图 11-28 标注的尺寸，绘制其中的一部分二维轮廓，如图 11-31 所示。

 提示

> 如果用户绘制出的图形颜色较浅，可通过【特性】工具栏的【颜色控制】列表将其改为黑色。

然后，执行 PEDIT 命令将其合并成一条封闭多段线。

(4) 拉伸

单击功能区中的【常用】|【建模】|【拉伸】按钮 ，或选择【绘图】|【建模】|【拉伸】命令，即执行 EXTRUDE 命令，AutoCAD 提示：

选择要拉伸的对象或 [模式(MO)]:(选择封闭轮廓)
选择要拉伸的对象或 [模式(MO)]:↙
指定拉伸的高度或 [方向(D)/路径(P)/倾斜角(T)/表达式(E)]:10↙

选择【视图】|【三维视图】|【东北等轴测】命令，改变视点，结果如图 11-32 所示。

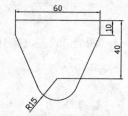

图 11-31 绘制二维轮廓

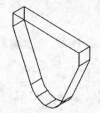

图 11-32 拉伸实体

(5) 建立 UCS，如图 11-33 所示(新 UCS 的原点位于左侧面上对应圆弧段的圆心)。

(6) 创建圆柱体

执行 CYLINDER 命令，AutoCAD 提示：

指定底面的中心点或 [三点(3P)/两点(2P)/切点、切点、半径(T)/椭圆(E)]: 0,0↙
指定底面半径或 [直径(D)]: d↙
指定直径: 15↙
指定高度或 [两点(2P)/轴端点(A)]: -20↙

执行结果如图 11-34 所示。

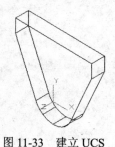

图 11-33 建立 UCS

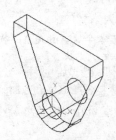

图 11-34 创建圆柱体

新世纪高职高专规划教材

(7) 差集操作

执行 SUBTRACT 命令，AutoCAD 提示：

选择要从中减去的实体、曲面和面域...
选择对象:(选择图 11-34 中由拉伸得到的实体)
选择对象:✓
选择要减去的实体、曲面和面域...
选择对象:(选择图 11-34 中的圆柱体)
选择对象:✓

结果如图 11-35 所示。

(8) 建立 UCS

为方便后面的绘图，建立新 UCS，如图 11-36 所示。

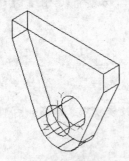

图 11-35　差集结果

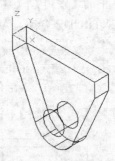

图 11-36　建立新 UCS

(9) 创建长方体

执行 BOX 命令，AutoCAD 提示：

指定第一个角点或 [中心(C)]: 0,0,-10✓
指定其他角点或 [立方体(C)/长度(L)]: 60,50,0✓

然后执行 BOX 命令，AutoCAD 提示：

指定第一个角点或 [中心(C)]: 0,50,0✓
指定其他角点或 [立方体(C)/长度(L)]: @60,-10,35✓

执行结果如图 11-37 所示。

(10) 建立 UCS

建立如图 11-38 所示新 UCS。

(11) 创建楔体

执行 WEDGE 命令，AutoCAD 提示：

指定第一个角点或 [中心(C)]:0,0✓
指定其他角点或 [立方体(C)/长度(L)]:40,10✓
指定高度或 [两点(2P)] <28.1459>:35✓

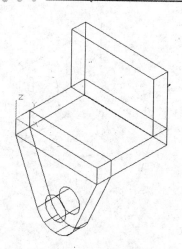

图 11-37　创建长方体

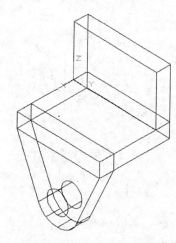

图 11-38　建立新 UCS

(12) 移动楔体，创建两个圆柱体

执行 MOVE 命令，AutoCAD 提示：

选择对象:(选择已创建的楔体)

选择对象:✓

指定基点或 [位移(D)] <位移>:(拾取任意一点)

指定第二个点或 <使用第一个点作为位移>:@0,25,0✓

执行 CYLINDER 命令，创建对应的两个圆柱体，结果如图 11-39 所示。

提示

创建圆柱体前应先建立如 UCS 图标所示的 UCS。

(13) 布尔操作

并集操作。执行 UNION 命令，AutoCAD 提示：

选择对象:(选择除新创建的两个圆柱体外的所有实体)

选择对象:✓

差集操作。执行 SUBTRACT 命令，AutoCAD 提示：

选择要从中减去的实体、曲面和面域...

选择对象:(选择通过并集得到的实体)

选择对象:✓

选择要减去的实体、曲面和面域...

选择对象:(选择两个圆柱体)·

选择对象:✓

执行结果如图 11-40 所示。

新世纪高职高专规划教材

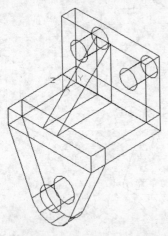

图 11-39 移动楔体，创建圆柱体

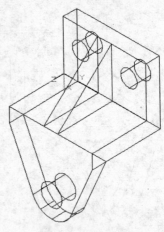

图 11-40 建立新 UCS

(14) 在各对应位置创建圆角，完成实体的创建。

11.5 习题

1. 判断题

(1) 执行 FILLET 命令或 CHAMFER 命令并选择三维实体的边后，AutoCAD 能够识别出该对象属于实体模型，并给出用于为实体创建圆角或倒角的对应提示。(   )

(2) 三维阵列时，阵列的行、列、层分别沿当前坐标系的 X、Y、Z 轴方向。(   )

(3) 可以相对于空间任意指定的平面镜像所指定的对象。(   )

(4) 要对几个实体执行并集操作时，这些实体必须彼此交叠。(   )

(5) 如果使用一个实体与另一个没有与其交叠的实体执行差集操作，其结果是删除另一个实体。(   )

(6) 如果使对彼此不交叠的几个实体执行交集操作，执行结果为删除这些实体。(   )

2. 上机习题

(1) 在 10.9 节的上机习题中分别根据图 8-74 和图 3-32 所示创建了对应的实体，如图 10-26 和图 10-27 所示。继续完成实体的其余部分，结果分别如图 11-41(a)和图 11-41(b)所示。

(a)

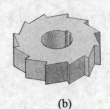

(b)

图 11-41 上机练习 1

(2) 创建如图 11-42(a)所示轴的三维实体模型，结果如图 11-42(b)所示。

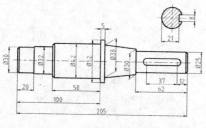

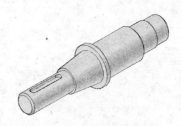

(a) 二维图形

(b) 实体模型

图 11-42　上机练习 2

(3) 创建如图 11-43 所示的管接头实体模型。

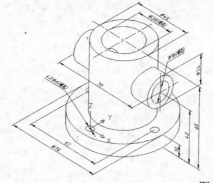

图 11-43　管接头

(4) 创建如图 11-44 所示的定位块实体模型。

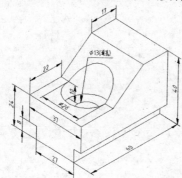

图 11-44　定位块

新世纪高职高专规划教材